U0180411

中国大锅菜

自助餐副食卷

纪念版

李建国◎主编

首都保健营养美食学会大锅菜烹饪技术专业委员会
北京大地亿仁餐饮管理有限公司
联合推荐

中国铁道出版社有限公司
CHINA RAILWAY PUBLISHING HOUSE CO., LTD.

图书在版编目（CIP）数据

中国大锅菜：纪念版. 自助餐副食卷/李建国主编. —北京：中国铁道出版社有限公司，2022.5

ISBN 978-7-113-28944-7

Ⅰ.①中… Ⅱ.①李… Ⅲ.①中式菜肴-自助餐-菜谱 Ⅳ.①TS972.182

中国版本图书馆CIP数据核字（2022）第039827号

书　　名：中国大锅菜·自助餐副食卷（纪念版）
ZHONGGUO DAGUOCAI·ZIZHUCAN FUSHI JUAN（JINIAN BAN）
作　　者：李建国

责任编辑：土淑艳　　编辑部电话：（010）51873022　　电子邮箱：554890432@qq.com
封面设计：崔丽芳
责任校对：孙　玫
责任印制：赵星辰

出版发行：中国铁道出版社有限公司（100054，北京市西城区右安门西街8号）
网　　址：http://www.tdpress.com
印　　刷：北京盛通印刷股份有限公司
版　　次：2022年5月第1版　2022年5月第1次印刷
开　　本：889 mm×1 194 mm 1/16　印张：15.75　字数：420千
书　　号：ISBN 978-7-113-28944-7
定　　价：158.00元

编委会

序

1993年，我在北京商学院的厨师培训班讲课。课后有位学员说他在美国某地加油站旁开了几家快餐店，专门卖盖浇饭，主要菜品是鱼香肉丝和宫保鸡丁。但是顾客反映，虽然是同一种菜肴，但每次色泽不一样，味道也不一样，他问我怎么解决这个问题。我也一愣，想了想告诉他，要一次性完成调味，将基本味调好，再勾薄芡，将汤汁的味型、色泽固定住；等肉滑油后，再放调味汁，就能保证每盘盖浇饭味道、色泽一致。

1994年，我又讲课，这位学员再次找到我，他说很感谢我，他又在其他城市开了新店。这件事给我的启发很大，那时很少有标准化的概念，实行标准化的好处就是菜肴色泽一样、味型一致。

我一直从事食堂管理工作，以前做菜一锅出，开饭时全部上齐。先就餐的人没意见，晚就餐的人就有意见：一是菜凉了；二是味道欠佳；三是色泽不鲜亮。我采用标准化的方法，由于锅大料多，若分批次下入调料，不容易将调料均匀地分散开，还造成菜肴味道不均。因此，大锅菜一定要使用复合料汁调味，且是一次性调味，才能充分使上百斤的食材快速入味。菜也是分批炒，边炒边上，这样就解决了晚就餐的人吃不到热菜且还变味的问题。

后来食堂改为自助餐，自助餐其实也是大锅饭，一种从视觉到味觉都很精致的大锅饭。自助餐的菜点品种、档次和翻新速度与厨师的技术水平、厨房设施息息相关。规模大、档次高的自助餐厅，菜品种类比较齐全。热菜、冷菜、烧烤、羹汤、面点、甜品、水果等，一应俱全。但一般单位的自助餐很难达到这种水平，餐标要符合自身的实际情况，在制定自助餐菜单时，一定要充分权衡厨师的技术和厨房设备等软硬件条件，量力而行。早餐、午餐、晚餐与消夜在品种、数量、制作工艺上要有明显区别。午餐、晚餐菜单中热菜、荤菜要多些，增加现场烹制、现烹现食，用餐时让人感觉可选择性多；早餐菜单小菜、面点、风味小吃、粥类、牛奶、豆浆、鸡蛋要全。

虽然自助餐不能满足所有消费者的口味需求，但在制定自助餐菜单时，其菜点品种的选择至少应符合大部分用餐者的需求。做好自助餐，最重要的是做好成本核算。

首先，如何选择食材？要根据季节选材，采购应季蔬菜，不抢新。蔬菜要选带帮的菜，如油菜、盖菜。少选带叶菜，如菠菜。刚开春的水萝卜价格高，延迟十天或半个月再买，价格就便宜很多。要学会一菜多用，比如一棵白菜，白菜叶炒菜，白菜帮做馅，包饺子、包包子，味道不变，还出数。白菜心与快菜形状一样、口感也是一样，用白菜心替代快菜，不仅提高菜品质，还提高了菜品的毛利率。

其次， 利用食材的边角余料，提升食材的附加值，如菠菜根、小葱根、菜花心等不要扔，切成小块，腌成小菜，再加上彩椒碎，作为早餐小菜，很受大家的欢迎。

最后，做自助餐质量要稳定，不能今天费用超标了，明天就少采买。所以要做全年预算，均衡分配成本。

《中国大锅菜·自助餐副食卷》出版已经12年了，这是我在铁道部机关服务局时编写的，往日情景历历在目，似乎就在昨天，从未走远。在出版社的建议下，再次出版《中国大锅菜·自助餐副食卷（纪念版）》，心中充满自豪，同时也倍感责任重大。退休之后我也从未休息，参加由公安部边防管理局主办“名厨走边防”活动，一走就是三年；再就是为各机关、团体、企事业单位讲课，想把自己的经验与技能传承给更多的人，这是我作为一名共产党员的心愿。

本次出版丛书包括《中国大锅菜·蒸烤箱卷（纪念版）》《中国大锅菜·自助餐副食卷（纪念版）》《中国大锅菜·凉菜卷（纪念版）》《中国大锅菜·热菜卷（纪念版）》《中国大锅菜·主食卷（纪念版）》，在第一版的基础上进行增加或删减，装帧设计为精装，便于读者学习与收藏。

首都保健营养美食学会大锅菜烹饪技术专委会会长、中国烹饪大师：李建國

目录

热 菜

凉 菜

热 菜

凉 菜

星期一

热 菜

凉 菜

星期二

热 菜

凉 菜

星期三

热 菜

凉 菜

星期四

热 菜

凉 菜

星期五

热 菜

凉 菜

热 菜

凉 菜

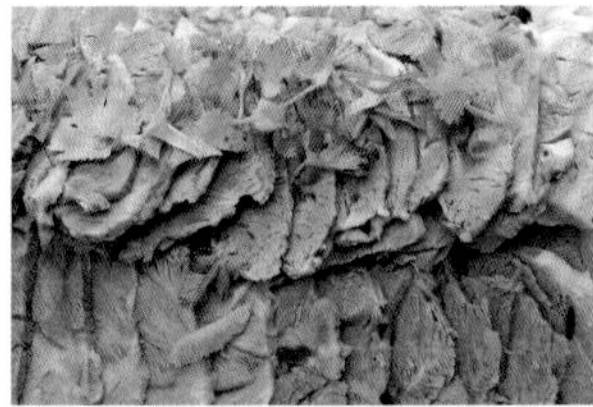

星期一

热 菜

凉 菜

星期二

热 菜

凉 菜

星期三

热 菜

凉 菜

星期四

热 菜

凉 菜

星期五

热 菜

凉 菜

热 菜

凉 菜

星期一

热 菜

凉 菜

星期二

热 菜

凉 菜

热 菜

凉 菜

星期四

热 菜

凉 菜

星期五

热 菜

凉 菜

第五周

热　菜

凉　菜

星期一

热　菜

凉　菜

星期二

热　菜

凉　菜

星期三

热　菜

凉　菜

星期四

热　菜

凉　菜

星期五

热　菜

凉　菜

热　菜

凉　菜

星期一

热　菜

凉　菜

星期二

热　菜

凉　菜

星期三

热　菜

凉　菜

星期四

热　菜

凉　菜

星期五

热　菜

凉　菜

第一周

星期一

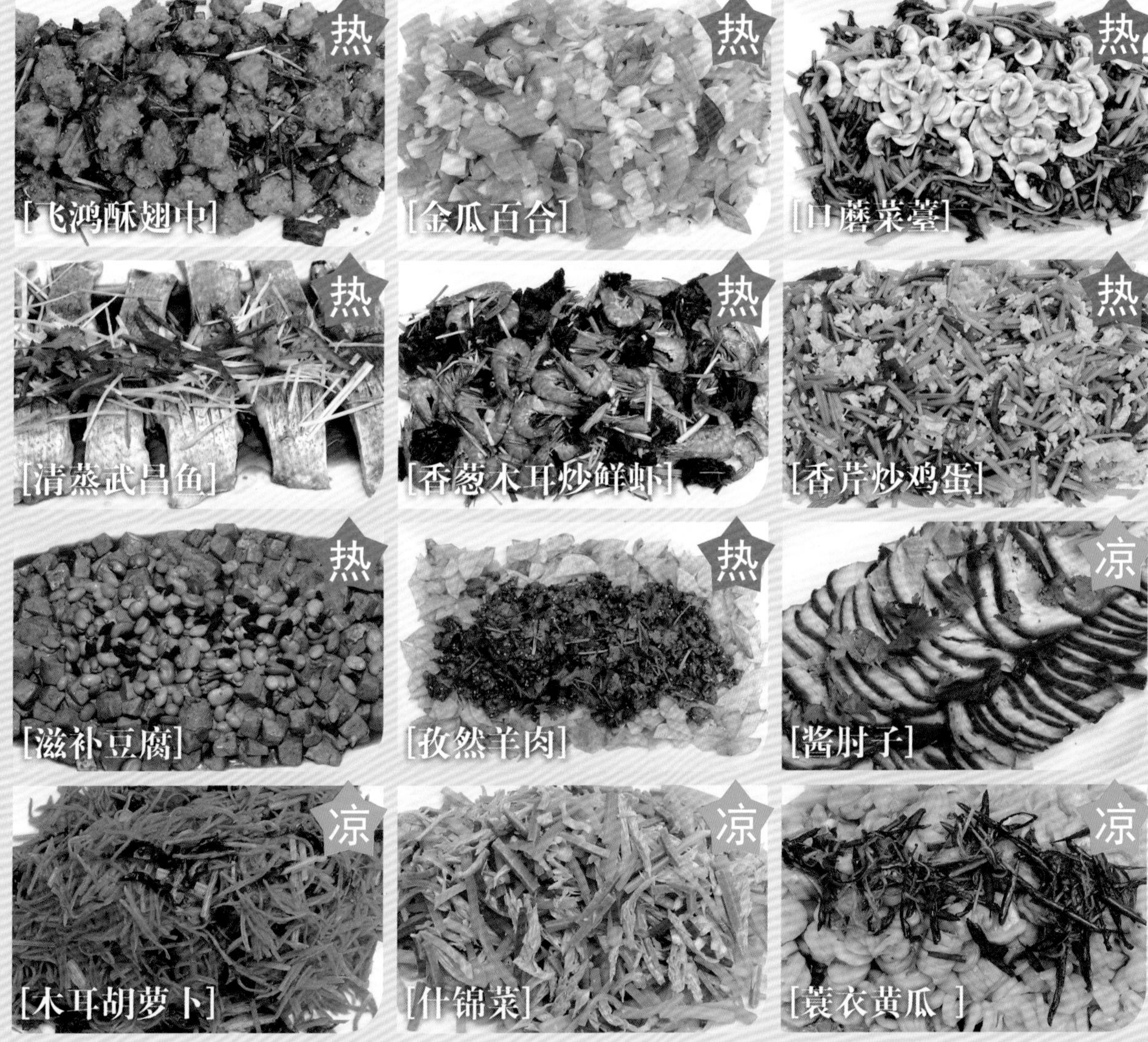

热
[飞鸿酥翅中]
热
[金瓜百合]
热
[口蘑菜薹]
热
[清蒸武昌鱼]
热
[香葱木耳炒鲜虾]
热
[香芹炒鸡蛋]
热
[滋补豆腐]
热
[孜然羊肉]
凉
[酱肘子]
凉
[木耳胡萝卜]
凉
[什锦菜]
凉
[蓑衣黄瓜]

星期一

热菜

- 飞鸿酥翅中
- 金瓜百合
- 口蘑菜薹
- 清蒸武昌鱼
- 香葱木耳炒鲜虾
- 香芹炒鸡蛋
- 滋补豆腐
- 孜然羊肉

凉菜

- 酱肘子
- 木耳胡萝卜
- 什锦菜
- 蓑衣黄瓜

飞鸿酥翅中

主料：鸡翅中10千克

配料：香葱段0.5千克

调料：精盐0.15千克、料酒0.2千克、植物油4千克、味精0.075千克、干淀粉1千克、葱0.25千克、姜0.15千克、花椒0.015千克 、飞鸿酥脆椒

制作过程

1 将鸡翅从中间剁开，葱、姜择洗干净，切段和块。

2 将改刀好的鸡翅加入葱、姜、花椒、精盐、料酒、味精腌入味，用干淀粉拌匀，待用。

3 锅上火，倒油烧至七成热时，放入拌匀的鸡翅，炸制干酥，捞出控油。

4 锅留底油，放入香葱段、飞鸿酥脆椒和炸好的鸡翅，一同煸炒均匀即可。

制作关键：油温不宜太高，注意火候。

营/养/价/值

鸡翅含有多种可强健血管和皮肤的胶原蛋白等，对于血管、皮肤及内脏有滋养作用，其中维生素A含量远超青椒。鸡翅对上皮组织及骨骼的发育和胎儿的生长都是必要的。鸡翅适宜绝大部分人群食用，尤其是老年人和儿童。

热菜

金瓜百合

主料：金瓜7.5千克、百合2.5千克

配料：青、红尖椒各1千克

调料：植物油0.15千克、精盐0.04千克、味精0.015千克、水淀粉0.1千克、葱0.015千克、清汤少许

营/养/价/值

金瓜营养丰富，除有人体需要的多种维生素外，还含有易被人体吸收的磷、铁、钙等多种营养成分。百合含有淀粉、蛋白质、脂肪及钙、磷、铁、维生素B_1、维生素B_2、维生素C，还含有特殊的营养成分，这些成分对人体有良好的营养滋补作用。

制作过程

1 将金瓜去皮、去瓤，洗净后切片；百合去根，掰开，择去烂瓣洗干净；葱洗干净，切末；青、红尖椒去籽和根，洗净，切成菱形片。

2 锅上火，放水烧开，放入金瓜、百合焯水，捞出控水，备用。

3 锅上火倒油，油烧热后放葱末，加入青、红椒片，炒出香味，再将金瓜和百合放入锅中翻炒均匀，最后加入精盐、味精炒熟，用水淀粉勾芡即可。

制作关键：金瓜焯水不宜太长，翻炒时以防搅碎。

口蘑菜薹

特点 清淡爽口 营养丰富

主料：菜薹7.5千克

配料：口蘑2.5千克

调料：精盐0.05千克、葱0.02千克、姜0.005千克、蒜0.01千克 、植物油0.15千克 、味精0.015千克

营/养/价/值

菜薹营养丰富，含有钙、磷、铁、胡萝卜素、抗坏血酸等成分，维生素含量比大白菜、小白菜都高。口蘑是良好的补硒食品。

制作过程

1 将菜薹去根，洗净后切段；葱、姜、蒜去皮，择洗干净，切末备用。

2 口蘑去除杂质，洗净切片。

3 将口蘑和菜薹一同放入沸水锅中焯水，控干水备用。

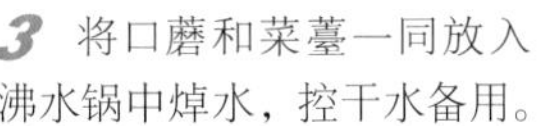

4 锅中加油并烧热，放入葱、姜、蒜炝锅，再放入口蘑和菜薹煸炒片刻，最后加入精盐、味精炒熟，拌匀即可。

制作关键：菜薹不宜焯水太长，否则会影响菜的质量。

清蒸武昌鱼

主料：鲜武昌鱼10千克

配料：香菜0.005千克、葱0.12千克、姜0.1千克、红尖椒0.15千克、蒸鱼豉油1千克

制作过程

1 将武昌鱼宰杀后刮鳞、开膛，去内脏，再剁去头尾，从中间刨成两半。在鱼身上剞梳子花刀，切成6厘米的块。香菜、葱、姜、红椒择洗干净后切段和细丝。

2 将切好的鱼块放入容器中，加入精盐、味精、料酒腌入味后取出，摆入蒸鱼容器中，放入蒸箱，蒸7~10分钟，熟透取出，控去汤汁备用。

3 将蒸鱼豉油均匀地浇在蒸熟的鱼块上，撒上葱、姜、红椒丝。锅上火放油，烧至七成熟时，均匀浇在葱、姜、红椒丝上，放入香菜即可。

制作关键：蒸鱼时要掌握好时间和火候。

营/养/价/值

武昌鱼性温，味甘，具有补虚，益脾，养血，祛风，健胃之功效。武昌鱼含有丰富的微量元素硒和镁，能延缓机体衰老。

香葱木耳炒鲜虾

主料：鲜虾5千克

配料：香葱2千克、水发木耳3千克

调料：植物油0.2千克，精盐0.015千克，味精0.015千克，花椒0.1千克，姜0.1千克

制作过程

1 将鲜虾去须和腿后清洗干净；木耳去根；香葱、姜择洗干净备用。

2 将香葱切段，姜切片。

3 锅上火，倒入清水烧开后加花椒和姜，再放入鲜虾、精盐，捞去花椒和姜片，煮至入味即可。

4 锅上火放油，放入香葱段和木耳炒香，加入鲜虾、精盐和味精翻炒，淋明油。出锅盛盘即可。

制作关键：此菜用中火为宜，虾煮时不宜过老。

营/养/价/值

虾肉中含有蛋白质、脂肪、糖类、钙、磷、铁、维生素A、维生素B等。虾味甘、咸，性温，有壮阳益肾、补精、通乳之功效。

香芹炒鸡蛋

色彩艳丽 味道鲜嫩

主料： 香芹7.5千克、鸡蛋5千克

配料： 红尖椒1千克

调料： 精盐0.05千克、味精0.03千克、葱0.05千克、姜0.015千克、油1千克

制作过程

1 将香芹去叶、去根，洗净，切成3~4厘米的段；红椒去籽和根洗净，切成和香芹长短一样的条。锅上火，放入水烧开后加入香芹段略烫一烫，捞出过凉。将鸡蛋打碎放入盆中，打散备用。葱、姜择洗干净，切末备用。

2 炒锅加油烧热，倒入鸡蛋炒熟，待用。

3 炒锅烧热，放油少许，加入葱、姜炒香，再放入红椒丝，下入香芹煸炒，加入精盐，再放入炒好的鸡蛋，翻炒均匀，最后加入味精出锅即可。

制作关键： 炒鸡蛋时，油要热，注意火候。

营/养/价/值

香芹营养丰富，含蛋白质、粗纤维等营养物质以及钙、磷、铁等微量元素，还含有挥发性物质。有健胃、利尿、净血、调经、降压、镇静的作用，亦是高纤维食物。鸡蛋中富含蛋白质、维生素A、维生素B_2、锌等，尤其适合婴幼儿，孕产妇及病人食用。鸡蛋有保护肝脏，健脑益智的作用。

滋补豆腐

特点：营养丰富 口味鲜嫩

主料： 豆腐7.5千克、蚕豆1.5千克

配料： 银杏仁、枸杞各0.025千克

调料： 植物油0.2千克、精盐0.075千克、味精0.02千克、鲜汤1千克、水淀粉适量、葱0.15千克

制作过程

1 将豆腐切成1.5厘米见方的块，葱择洗干净，切末；蚕豆洗净，备用。

2 锅上火，放水烧开，加盐少许，将豆腐倒入锅中焯水，焯透后捞出控水；将蚕豆、银杏仁倒入沸水中焯水，断生后捞出，控水备用。

3 锅中放油烧热，放入葱末炒香，加鲜汤、精盐、味精、豆腐烧至入味，出锅放入盘中备用。

4 锅上火，放入少许鲜汤，加入蚕豆、银杏仁、枸杞，开锅后放入精盐、味精调好味，浇在豆腐上即可。

制作关键： 在烧豆腐时，注意火候，蚕豆焯水不宜过长，否则会影响菜的质量。

营/养/价/值

豆腐营养丰富，含有铁、钙、磷、镁等人体必需的多种微量元素，还含有糖类、植物油和丰富的优质蛋白，素有“植物肉”之美称。

星期一 星期二 星期三 星期四 星期五

孜然羊肉

主料：羊肉4千克

配料：土豆3千克、香菜1千克

调料：植物油4千克、精盐0.15千克、味精0.05千克、料酒0.1千克、熟孜然0.2千克、辣椒面0.05千克、熟芝麻0.075千克、鸡蛋0.25千克、水淀粉少许

制作过程

1 将羊肉切成 0.2 厘米厚、3 厘米长的片；土豆去皮，洗净，切成菱形的薄片；香菜择洗干净，切段。

2 将羊肉用精盐、料酒、鸡蛋拌匀，加入水淀粉上浆，锅上火放油，下入土豆片，炸成金黄色捞出，控油，放入盘中备用。等油温降到五成热时，下入浆好的羊肉片，滑熟后捞出即可。

3 锅上火放油少许，加入孜然粉、羊肉炒香，再加入辣椒面、熟芝麻、精盐、味精炒匀，最后倒入放土豆片的盘中，放入香菜段即可。

制作关键：羊肉滑油时注意油温。

营/养/价/值

羊肉含有很高的蛋白质和丰富的维生素。羊肉性温，补气滋阴，暖中补虚，开胃健体。

热菜

酱肘子

颜色油亮
肥而不腻

原料： 肘子5个、盐0.015千克、卤汁适量

调味： 味精0.01千克、酱油0.02千克、老抽、曲酒、冰糖

制作过程

1 先将肘子洗净处理干净，锅内放清水，将肘子煮至四成熟时取出。放入卤锅中，用中火煮烂，呈金黄色时取出，再将肘子扣入盘内，加入50毫升水和盐少许，入笼蒸烂取出，晾凉后切片，装盘蘸汁食用。

2 兑汁：蒜泥0.005千克、酱油0.01千克、醋0.015千克、香油0.005千克。

3 卤汁制作：八角和甘草各0.05千克，公丁香和母丁香各0.02千克，小茴香和桂皮、沙姜各0.025千克，花椒0.015克，用纱布袋包好。锅内加水，倒入酱油和曲酒，盐0.1千克，冰糖0.3千克，烧开后下入香袋，小火煮1小时，散发香味即成卤汁。一次卤汁可卤制肘子10个，也可以制作各种卤味。

营/养/价/值

肘子含有丰富的胶原蛋白质，脂肪含量比肥肉低。它能增强皮肤弹性和韧性，对延缓衰老和促进儿童生长发育有特殊意义。

木耳胡萝卜

营养丰富
色泽美观

原料： 胡萝卜2.5千克、水发木耳1千克

调味： 盐0.015千克、味精0.01千克、醋0.005千克，香油、花椒少许

制作过程

1 将胡萝卜去皮，洗净，切成细丝；将木耳洗净后改刀，切成丝。

2 起锅加水，水开后将木耳和胡萝卜烫一下，捞出过凉，放进容器里，加入盐、味精、醋、香油、花椒油，拌均匀即可。

营/养/价/值

胡萝卜富含糖、脂肪、挥发油、胡萝卜素、维生素A、维生素B_1、维生素B_2、花青素、钙、铁等营养成分。胡萝卜所含的维生素，具有轻微而持续发汗的作用，可刺激皮肤的新陈代谢，增进血液循环。木耳中铁的含量极为丰富，能养血驻颜，令人肌肤红润，容光焕发。木耳中的胶质可把残留在人体消化系统内的灰尘、杂质吸附并集中排出体外，从而起到清胃涤肠的作用。

什锦菜

特点

颜色鲜美
具有降压清理肠道的作用

原料： 芹菜2.5千克、火腿0.5千克、腐竹1千克、木耳0.5千克、红尖椒1个

调料： 盐、味精、香油

制作过程

1 将腐竹用凉水泡好切段，红尖椒切条，火腿切条，芹菜处理干净后切条，木耳改刀。

2 将芹菜、腐竹、火腿、红尖椒、木耳分别用开水烫一下，捞出过凉后放入容器中，加入盐、味精、香油少许，搅拌匀即可。

营/养/价/值

什锦菜含有维生素A、维生素C、维生素E、钙、磷、钾等成分，能够增强人体抵抗力、免疫力，促进消化。

蓑衣黄瓜

特点

色泽鲜艳
口味适中 老少皆宜

原料： 黄瓜5千克、姜0.005千克、干辣椒0.005千克

调味： 盐0.015千克、味精0.01千克、白糖0.01千克、醋0.01千克、香油少许

制作过程

1 先将黄瓜去皮，洗净，切花刀，用盐腌制30分钟，沥干水分后，放在容器中备用；姜切丝；干辣椒切丝。

2 调汁：味精0.005千克、白糖0.02千克、醋0.02千克、香油少许、辣椒油少许兑成汁，浇在黄瓜上，然后撒上姜丝、干辣椒油。

3 起锅，放少许油，烧热后浇在姜丝和干辣椒上面即可。

营/养/价/值

黄瓜中含有的葫芦素C，具有提高人体免疫功能的作用；含有的维生素E，可以起到延年益寿，抗衰老的作用；含有的丙醇二酸，可抑制糖类物质变为脂肪；含有的维生素B_1，对改善大脑和神经系统功能有利，能安神定志，辅助治疗失眠症。

第一周

星期二

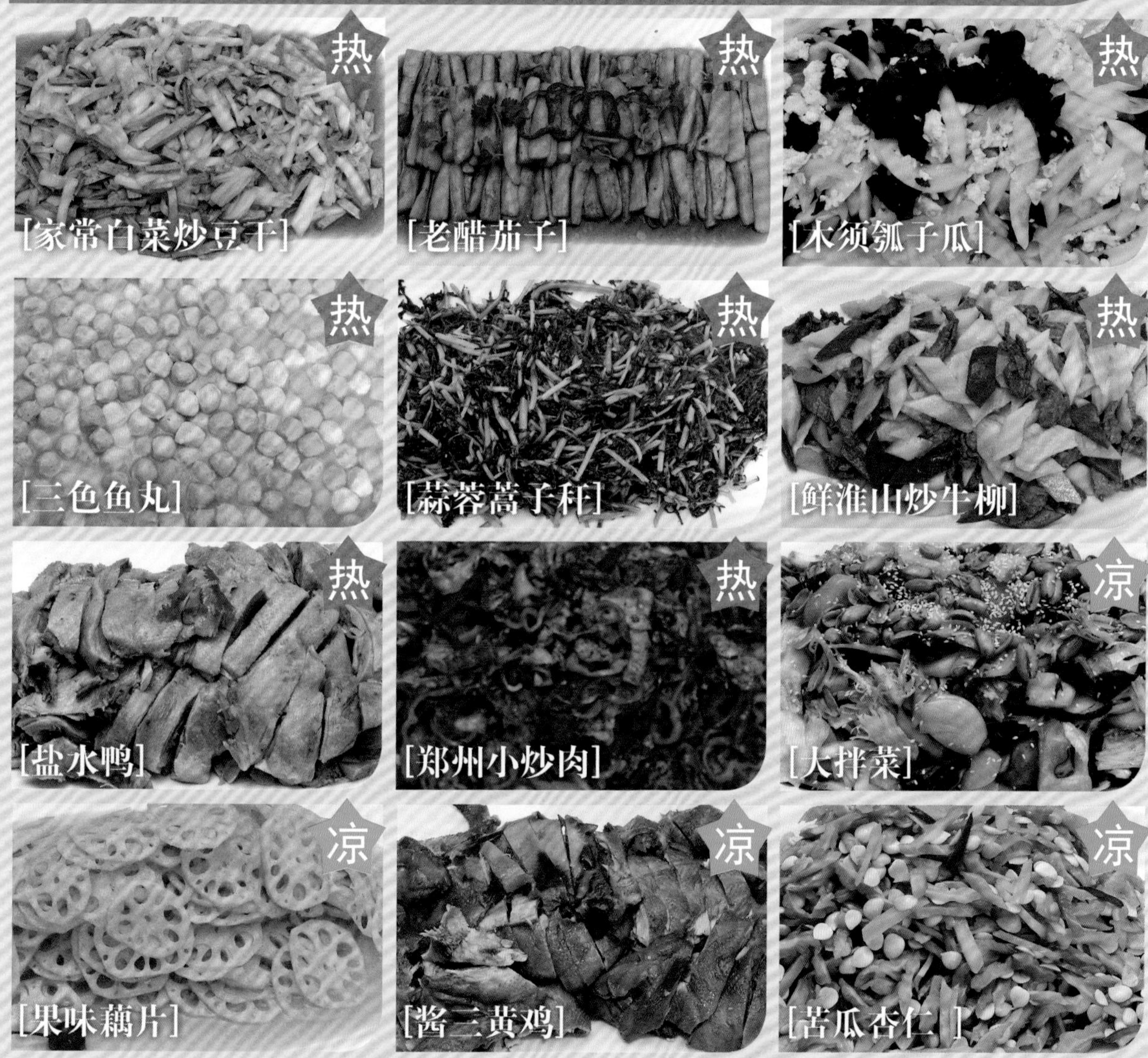

热
[家常白菜炒豆干]
热
[老醋茄子]
热
[木须瓠子瓜]
热
[三色鱼丸]
热
[蒜蓉蒿子秆]
热
[鲜淮山炒牛柳]
热
[盐水鸭]
热
[郑州小炒肉]
凉
[大拌菜]
凉
[果味藕片]
凉
[酱三黄鸡]
凉
[苦瓜杏仁]

星期二

热菜

- 家常白菜炒豆干
- 蒜蓉蒿子秆
- 老醋茄子
- 鲜淮山炒牛柳
- 木须瓠子瓜
- 盐水鸭
- 三色鱼丸
- 郑州小炒肉

凉菜

- 大拌菜
- 果味藕片
- 酱三黄鸡
- 苦瓜杏仁

家常白菜炒豆干

主料： 大白菜12.5千克

配料： 豆腐干3千克

调料： 植物油0.25千克、葱0.15千克 、姜0.03千克 、蒜0.05千克、精盐0.2千克、味精0.075千克、酱油0.25千克 、鲜汤1千克 、水淀粉适量

制作过程

1 将大白菜择去老叶，洗净，切成3厘米长，宽2.5厘米的条；豆腐干切成3厘米的条；葱择洗干净，切葱花；蒜、姜去皮，洗净，切末。

2 锅上火，放入鲜汤少许。开锅后，放入酱油、精盐、味精，调好味，再放入豆腐干卤煮入味，即可。

3 锅上火，放水烧开，将白菜条倒入锅中焯水，断生时捞出。

4 锅再次上火，放入油烧热，放入葱、姜、蒜炒香，倒入白菜条煸炒，再放入卤煮好的豆腐干，加精盐、味精翻炒均匀，最后用水淀粉勾芡，出锅装盘即可。

制作关键： 豆腐干用鲜汤卤入味。

营/养/价/值

白菜含有多种营养物质，是人体所必需的维生素、无机盐及食用纤维素的重要来源。大白菜含有丰富的钙，比番茄高5倍。大白菜性平味甘，具有消除烦恼，通利肠胃，利尿通便，清肺止咳的作用。

热菜

营/养/价/值

茄子含有蛋白质、脂肪、碳水化合物、维生素以及钙、磷、铁等多种营养成分。茄子有保护心血管、抗坏血酸，抗衰老，清热止血，消肿止痛的功效。

老醋茄子

特点 口味酸咸 软嫩可口

主料：嫩长茄子12.5千克

配料：香菜0.5千克

调料：植物油5千克、精盐0.075千克、味精0.03千克、陈醋0.6千克、胡椒粉0.03千克、白糖0.015千克、葱0.12千克、姜0.03千克、蒜0.015千克、清汤适量

制作过程

1 将长茄子去蒂，削去皮，切成长6厘米、厚2厘米的条；香菜择洗干净，切段；葱、姜择洗干净切丝；蒜切末备用。

2 锅上火放油，烧至七成熟时，下入茄条，迅速捞出控油，备用。

3 锅上火放油，放入葱、姜、蒜末，烹入陈醋，加入汤适量，烧开放入精盐、胡椒粉、白糖和炸好的茄条，转小火炖入味，放入味精，撒上香菜即可。

制作关键：炸茄子不要炸老，控干油。

营/养/价/值

瓠子瓜对人体的生长发育和维持机体的生理功能具有一定作用，能够提高机体的免疫能力。木耳中铁的含量极为丰富，能养血驻颜，令人肌肤红润，容光焕发。木耳中的胶质可把残留在人体消化系统内的灰尘、杂质吸附，集中排出体外，从而起到清胃涤肠的作用。

木须瓠子瓜

特点 鲜香可口

主料：瓠子瓜7.5千克

配料：水发木耳0.2千克、鸡蛋3.5千克

调料：植物油2千克、精盐0.075千克、味精0.05千克、葱0.05千克、姜0.01千克、蒜0.005千克

制作过程

1 瓠子瓜去皮、去瓤，洗净，切成斜刀片；水发木耳去根，择洗干净；葱去叶，洗净后切葱花；姜、蒜去皮，切末；鸡蛋打入盆中，加入少许精盐打散备用。

2 锅上火，放水烧开，放入瓠子瓜和木耳焯水，断生捞出，控水备用。

3 锅上火，放入油烧热，倒入蛋液，炒熟倒出；再放入油适量，烧热，放入葱、姜、蒜末炒香，倒入木耳和瓠子瓜翻炒，放入精盐、味精，最后放入炒熟的鸡蛋翻炒均匀，出锅即可。

制作关键：炒鸡蛋时注意火候。

星期一
星期二
星期三
星期四
星期五

三色鱼丸

特点 黄，白，绿三色相结合 色泽美观 口味咸鲜

主料： 鲜胖鱼头尾10千克

配料： 绿蔬菜叶0.5千克、金瓜0.5千克

调料： 精盐0.12千克、葱姜水0.6千克、味精0.03千克、水淀粉适量、鸡蛋清0.75千克、汤1.5千克

制作过程

1 将鱼尾洗净，去骨、去皮，选出净鱼肉，除去鱼肉上的腥线，改刀成0.5厘米的片，在清水中清洗干净。

2 将蔬菜叶择洗干净，榨成汁。金瓜去皮和瓤，洗净后上蒸箱蒸熟，备用。

3 将鱼肉放入粉碎机中，加入葱姜水、鸡蛋清、精盐、水淀粉搅成鱼蓉上劲，将制好的鱼蓉分成三份，其中两份加入蔬菜汁和熟金瓜调色备用。

4 锅内放入冷水，用手挤成小鱼丸，放入水中，小火加热至60℃~70℃，将鱼丸成型煮熟后捞出。

5 锅内放汤烧沸，加精盐、味精调好口味，放入鱼丸炖制入味即可。

制作关键： 冷水下锅，小火煮熟。

营/养/价/值

鱼肉营养丰富，具有滋补健胃、利水消肿、通乳、清热解毒的功效。鱼肉含有丰富的镁元素，对心血管系统有很好的保护作用。鱼肉含有维生素A、铁、钙、磷，常吃鱼有养肝补血、泽肤、养发、健美的功效。

蒜蓉蒿子秆

特点 清淡可口 营养丰富

主料： 蒿子秆7.5千克

调料： 植物油0.15千克、精盐0.05千克、味精0.015千克、葱0.05千克、蒜瓣0.2千克、白糖0.01千克、香油少许

制作过程

1 将蒿子秆择去老叶和根，洗净后切成2厘米长的段；葱去皮和根，切末；蒜瓣去皮，剁成蓉备用。

2 锅上火，放水烧开，放入少许精盐；放入蒿子秆焯水，捞出控油，备用。

3 锅上火，放入油烧热，放入葱末、蒜末炝出香味，再放入蒿子秆煸炒，下入精盐、味精，翻炒均匀；炒熟后淋入香油，出锅即可。

营/养/价/值

此菜含有特殊香味的挥发油，可消食开胃，增加食欲。蒿子秆含有丰富的维生素及多种氨基酸，其所含粗纤维有助于肠道蠕动，促进排便，达到通肺利肠的目的。

鲜淮山炒牛柳

特点 牛柳滑嫩 营养丰富

主料： 鲜山药5千克、牛柳3千克

配料： 彩椒2千克

调料： 植物油3千克、精盐0.04千克、味精0.015千克、酱油0.1千克、料酒0.01千克、葱0.02千克、姜0.015千克、汤0.05千克、水淀粉0.25千克、鸡蛋0.1千克

制作过程

1 山药去皮，洗净，切菱形片，用冷水冲洗；牛肉切柳叶片，放入盆中，加入调料、水淀粉拌匀上浆；葱、姜择洗干净，切末；彩椒去籽和蒂，洗净，切成菱形片备用。

2 锅上火，加水烧开，下山药焯水，断生后捞出，控干备用。

3 锅再次上火烧热，油五成热时放入牛柳滑散、滑熟，捞出沥油。

4 锅留底油烧热，加入葱、姜煸炒出香味，加入彩椒煸炒，放入高汤、精盐、味精少许，再加入山药、牛柳迅速翻炒，放入水淀粉少许，炒匀即可。

制作关键： 山药焯水不要过长，牛柳滑油时温度不宜过高。

营/养/价/值

山药含有淀粉酶、多酶氧化酶等物质，有利于脾胃消化吸收。山药含有多种营养素，有强壮机体的功效。牛肉含有丰富的蛋白质，氨基酸组成比猪肉更接近人体需要，能提高机体抗病能力，对生长发育及手术后、病后调养的人在补充失血、修复组织等方面特别适宜。牛肉有补中益气、滋养脾胃、强健筋骨、化痰息风的功效。

盐水鸭

特点 肉嫩鲜香

主料： 白条鸭15千克

配料： 香菜0.1千克

调料： 葱1.5千克、姜2千克、香叶0.2千克、花椒0.15千克、八角0.15千克、精盐0.5千克、味精0.05千克、料酒0.15千克、水适量

制作过程

1 将鸭去尾尖，清膛洗净，葱、姜洗净切片备用。

2 把香叶、八角、花椒、葱、姜装入鸭腹内，用精盐、味精腌渍入味，备用。

3 锅上火，加入水适量烧开，放入料酒、精盐、味精和腌好的鸭子，大开锅后，转小火煮熟捞出，去掉腹内的香料，改刀成块装盘。

制作关键： 鸭子一定要腌入味，煮时火候不宜太大。

营/养/价/值

鸭肉中的脂肪酸熔点低，易于消化，所含B族维生素和维生素E较其他肉类多。鸭肉中含有较为丰富的烟酸，它是构成人体内两种重要辅酶的成分之一。鸭肉性寒味甘、咸，归脾、胃、肺、肾经，可大补虚劳、滋五脏之阴、清虚劳之热、补血行水、清热健脾。

郑州小炒肉

特点 口味香醇 肥而不腻

主料：去皮五花肉5千克

配料：青、红尖椒4千克

调料：植物油0.2千克、老干妈酱0.5千克、蚝油0.03千克、酱油0.05千克、味精0.02千克、葱0.12千克、姜0.03千克、蒜0.05千克

制作过程

1 五花肉去皮，切成5~6厘米的薄片；青、红尖椒去籽，择洗干净，顶刀切成圈；葱、姜、蒜去皮、去根，择洗干净，切末备用。

2 将切好的五花肉焯水，撇去浮沫捞出，控水备用。

3 锅上火，放油少许，下入葱、姜、蒜末，炝锅后放入蚝油、老干妈酱，炒出香味；下入青、红尖椒圈，煸炒片刻，放入精盐和酱油，最后下入五花肉炒熟，加入味精即可。

制作关键：五花肉切的片不宜太厚，炒时油不要太多。

营/养/价/值

五花肉含有丰富的优质蛋白和人体必需的脂肪酸，并提供血红素（有机铁）和促进铁吸收的半胱氨酸，能改善缺铁性贫血。五花肉营养丰富，容易吸收，有补充皮肤养分、美容的效果。

热菜

凉菜

大拌菜

原料： 紫甘蓝0.5千克、彩椒0.5千克、黄瓜0.5千克、苦菊花菜0.5千克、熟花生0.02千克、熟芝麻0.005千克、盐0.02千克、味精0.02千克、糖0.005千克、香油少许、醋0.015千克

制作过程

1 紫甘蓝、彩椒、黄瓜、苦菊花菜，分别洗净，切成菱形片。

2 再将紫甘蓝和彩椒焯水过凉，与苦菊花菜搅拌在一起加入盐、味精、糖、醋、香油、热花生拌均匀，上面撒上熟芝麻即可。

营/养/价/值

紫甘蓝中含有丰富的维生素C，维生素E，维生素U，胡萝卜素、钙，锰及纤维素。黄瓜中含有的葫芦素C具有提高人体免疫功能的作用；其含有的维生素E，可以起到延年益寿，抗衰老的作用；丙醇二酸，可抑制糖类物质变为脂肪。

凉菜

果味藕片

原料： 嫩藕2.5千克、白糖0.25千克、橙汁粉0.01千克、盐0.005千克、白醋0.01千克、红绿樱桃少许

制作过程

1 将藕去皮，切成0.3厘米的圆片，用水浸泡40分钟，水中加入白醋捞出。

2 起锅，水烧开时下入藕片，焯一下捞出过凉。

3 将橙汁粉倒入盆中，加少量水使其溶化，再加入白糖，搅匀使其溶化后，将藕片放入腌渍30分钟，取出装盘，最后用红绿樱桃点缀即可。

营/养/价/值

藕的营养价值很高，富含铁、钙等微量元素，植物蛋白质、维生素以及淀粉含量也很丰富，有明显的补益气血，增强人体免疫力的作用。莲藕中含有黏液蛋白和膳食纤维，能与人体内胆酸盐，食物中胆固醇及甘油三酯结合，使其从粪便中排出，从而减少脂类的吸收。

酱三黄鸡

特点

颜色红亮 香味浓郁
咸中带鲜 别具风味

原料：三黄鸡5只、葱白0.05千克，盐0.014千克，花椒40粒，酱油2千克

制作过程

1 将整鸡用热水烫一下去毛，开膛处理干净后，挂在通风处晾干，再将花椒和盐拌和在一起，遍擦鸡体，多余的盐塞入鸡嘴和胸腔内，将鸡入缸压结实，腌约12个小时。将腌好的鸡放入小坛内，用酱油腌渍12个小时，翻身再腌12个小时，捞出煮制。

2 将腌鸡用原汁煮沸，使鸡色泽红亮，鸡身丰满，再将鸡挂在通风处晾凉后，将鸡腹内淋入料酒，加入葱白，用旺火蒸1小时。取出晾凉，食用时切块装盘即可。

营/养/价/值

三黄鸡蛋白质的含量比例较高，种类多，而且消化率高，很容易被人体吸收利用，有增强体力，强壮身体的作用。鸡肉含有对人体生长发育有重要作用的磷脂类。鸡肉有温中益气、补虚填精、健脾胃、活血脉、强筋骨的功效。

苦瓜杏仁

特点

香味浓郁 略带苦味
健脾开胃 预防中暑

原料：苦瓜25千克、杏仁1千克、葱油0.05千克、香油0.01千克、花椒油0.02千克、味精0.005千克、盐0.003千克、糖0.005千克、彩椒（红、黄）点缀

制作过程

1 将苦瓜去蒂，洗净，刨开瓜瓤后切成条状；彩椒切条。将切好的苦瓜和彩椒沸水过凉，沥干水分。

2 将杏仁用水清洗干净后，沸水过凉和苦瓜放在一起，加入味精、盐、香油、花椒油、糖、葱油，拌均匀即可装盘。

营/养/价/值

苦瓜中的蛋白质成分及大量维生素C能提高机体的免疫能力。苦瓜汁含有某种蛋白成分，能加强巨噬能力。杏仁含有蛋白质、脂肪、糖类、β-胡萝卜素、维生素及钙、磷、铁等。

第一周

星期三

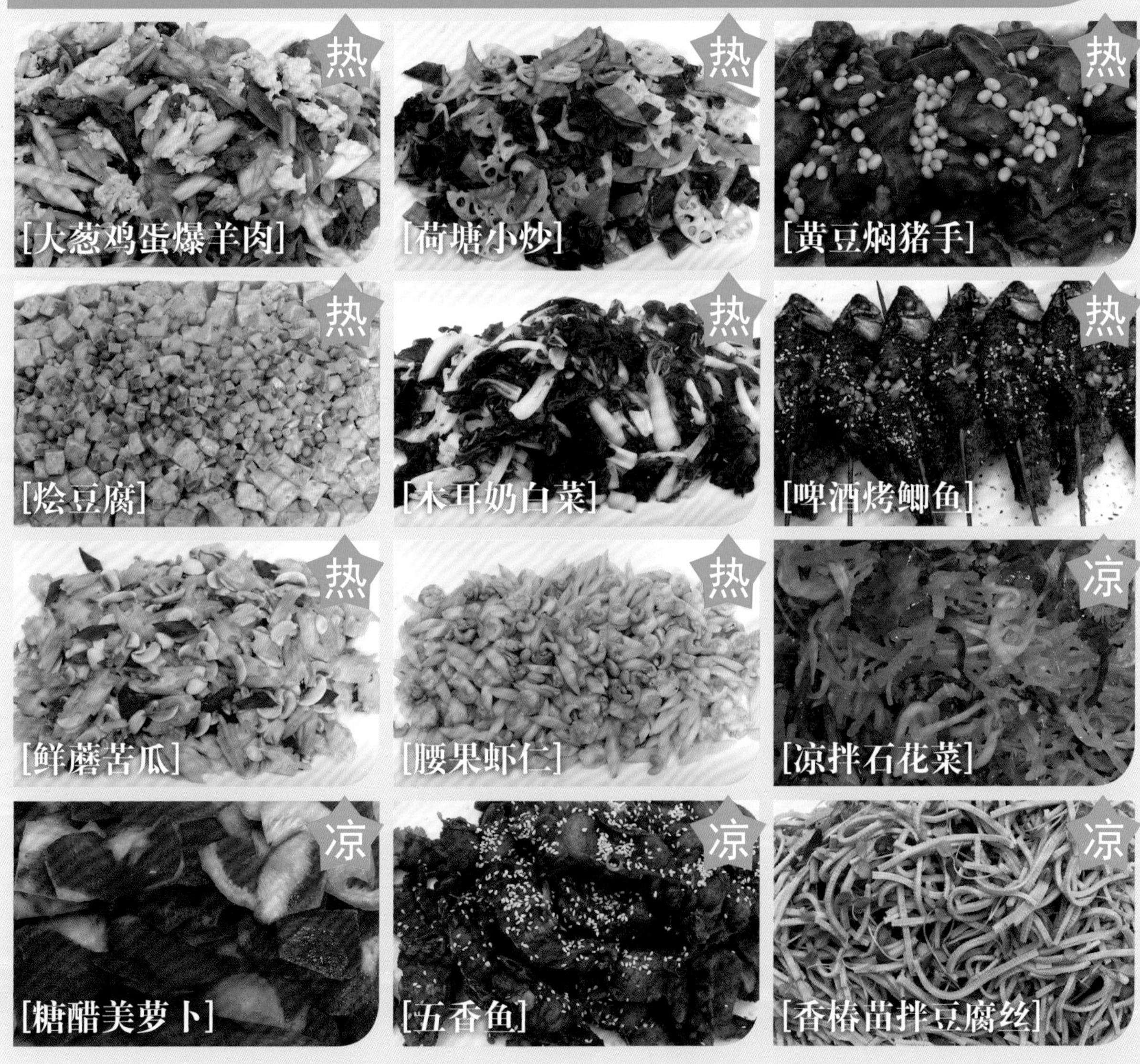

热
[大葱鸡蛋爆羊肉]
热
[荷塘小炒]
热
[黄豆焖猪手]
热
[烩豆腐]
热
[木耳奶白菜]
热
[啤酒烤鲫鱼]
热
[鲜蘑苦瓜]
热
[腰果虾仁]
凉
[凉拌石花菜]
凉
[糖醋美萝卜]
凉
[五香鱼]
凉
[香椿苗拌豆腐丝]

热菜

- 大葱鸡蛋爆羊肉
- 荷塘小炒
- 黄豆焖猪手
- 烩豆腐
- 木耳奶白菜
- 啤酒烤鲫鱼
- 鲜蘑苦瓜
- 腰果虾仁

凉菜

- 凉拌石花菜
- 糖醋美萝卜
- 五香鱼
- 香椿苗拌豆腐丝

大葱鸡蛋爆羊肉

主料：羊肉5千克、大葱7.5千克

配料：鸡蛋4千克

调料：植物油4千克、酱油0.25千克、料酒0.15千克、精盐0.05千克、胡椒粉0.01千克、淀粉0.45千克、味精0.015千克

制作过程

1 大葱择洗干净，选葱白切滚刀块；鸡蛋打碎，放入盆中，搅成蛋液备用。

2 羊肉洗干净，去筋膜后切薄片放盆中，加入酱油0.1千克，胡椒粉 、精盐、味精少许。鸡蛋、淀粉上浆备用。

3 锅上火放油，油4千克（实用0.2千克）烧至四成热时，把羊肉滑散滑熟，捞出控油。锅留余油，将蛋液下入炒熟，备用。

4 锅再次上火放油，烧热，放入大葱煸炒，炒出香味，下入羊肉和鸡蛋、酱油、精盐、味精，迅速翻炒即可。

制作关键：羊肉滑油时要控制好油温。

营/养/价/值

羊肉含有很高的蛋白质和丰富的维生素。羊肉性温，补气滋阴，暖中补虚，开胃健力。鸡蛋中富含蛋白质、维生素A、维生素B_2、锌等，尤其适合婴幼儿，孕产妇及病人食用。

热菜

荷塘小炒

主料： 莲藕5千克

配料： 荷兰豆2千克、紫甘蓝2.5 千克

调料： 植物油0.12千克 、精盐0.05千克 、味精0.02千克、白糖0.015千克、清汤0.15千克 、水淀粉0.5千克、葱0.12千克 、蒜0.05千克

制作过程

1 将莲藕去皮后洗净；荷兰豆去头、尾、筋；紫甘蓝去根，择去外面的老叶洗净；葱、蒜去皮洗净，备用。

2 莲藕从中间切开，再切薄片；紫甘蓝切长4厘米，宽3厘米的块；葱、蒜切末备用。

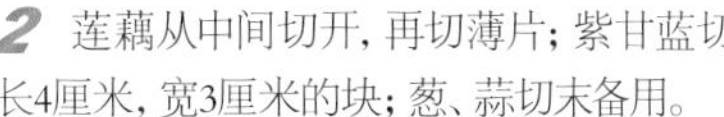

3 锅上火，放水烧开 ，放入紫甘蓝，焯水后捞出过凉。锅再次上火放水烧开，放入莲藕、荷兰豆焯水至熟捞出，备用。

4 锅上火，放油烧热，下入葱、蒜末炒香，再下入莲藕、荷兰豆、紫甘蓝煸炒，放入精盐、白糖、味精翻炒片刻，用水淀粉勾芡，装盘即可。

制作关键： 紫甘蓝要单独焯水，否则会影响菜的颜色。

营/养/价/值

藕的营养价值很高，富含铁、钙等微量元素，植物蛋白质、维生素以及淀粉含量也很丰富，有明显的补益气血，增强人体免疫力的作用。藕有大量的单宁酸，有收缩血管的作用，可用来止血。莲藕中含有黏液蛋白和膳食纤维，能与人体内胆酸盐，食物中胆固醇及甘油三酯结合，使其从粪便中排出，从而减少脂类的吸收。

黄豆焖猪手

特点
猪手色泽红亮
黄豆金黄 肉质软烂

主料： 猪手20千克

配料： 黄豆1.5千克

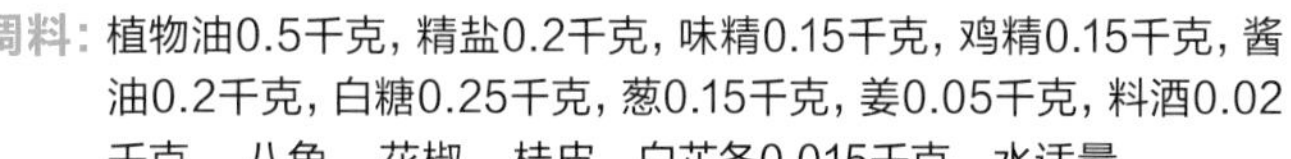

调料： 植物油0.5千克，精盐0.2千克，味精0.15千克，鸡精0.15千克，酱油0.2千克，白糖0.25千克，葱0.15千克，姜0.05千克，料酒0.02千克 ，八角、 花椒、 桂皮 、白芷各0.015千克 ，水适量

制作过程

1 将猪手烫毛，洗净，斩成6厘米的块焯水；葱、姜择洗干净，切段和块；黄豆用温水泡开备用。

2 锅上火，放水烧开，下入猪手焯水，撇去浮沫，捞出过凉，控水备用。

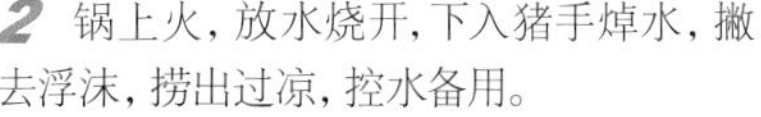

3 锅上火，放油烧热，下入白糖，炒糖色。视糖色炒好，下入大料、桂皮、花椒、白芷、和葱、姜炒香，倒入焯过水的猪手块翻炒，再加入料酒、酱油炒上色后加入热水适量，用旺火烧开，放入黄豆、精盐，小火炖约两个半小时，最后加入味精、鸡精，出锅装盘即可。

制作关键： 糖色不要炒煳。

营/养/价/值

猪手含有丰富的胶原蛋白质，脂肪含量比肥肉低，并不含胆固醇。它能防止皮肤干瘪起皱，增强皮肤弹性和韧性。黄豆是“豆中之王”，具有增强机体免疫力，防止血管硬化，降糖、降脂之功效。

烩豆腐

主料： 豆腐7.5千克

配料： 火腿0.5千克 、青豆0.5千克 、黄彩椒0.5千克

调料： 植物油0.15千克、 精盐0.06千克 、酱油0.05千克、 味精0.02千克、水淀粉适量，鲜汤适量，葱0.15千克

制作过程

1 将豆腐切成1.5厘米的块。火腿和黄彩椒切丁备用。葱择洗干净，切末。

2 锅上火，放水烧开，加入精盐少许，放入火腿、青豆、黄彩椒焯水，过凉备用。

3 锅上火，放油烧热，放入葱花炒香，加入鲜汤烧开，放入酱油、精盐、豆腐炖入味后，再放入火腿丁、青豆、黄彩椒丁，味精，最后用水淀粉勾芡，搅拌均匀即可。

制作关键： 在制作过程中以小火为宜。

热菜

营/养/价/值

豆腐中富含各类优质蛋白，并含有糖类、植物油、铁、钙、磷、镁等。豆腐能够补充人体营养，帮助消化、促进食欲，其中的钙质等营养物质对牙齿、骨骼的生长发育十分有益；铁质对人体造血功能大有裨益。

木耳奶白菜

主料： 奶白菜7.5千克

配料： 水发木耳1.5千克

配料： 精盐0.05千克、味精0.015克、植物油0.2千克、葱0.15克、蒜0.01千克、香油适量

制作过程

1 奶白菜择洗干净，木耳去根洗净，分别切段和块 。葱 、蒜去皮，洗净，切末。

2 锅上火，放水烧开，加入木耳、奶白菜焯水，捞出控水备用。

3 锅上火，加入油烧热，放入葱末、蒜末炝锅，炒出香味，再放入木耳和奶白菜煸炒，加入精盐、味精炒熟，最后淋入香油即可。

热菜

营/养/价/值

木耳中铁的含量极为丰富，能养血驻颜，令人肌肤红润，容光焕发，增强机体免疫力。奶白菜的营养价值也很高，含蛋白质、脂肪、钾、钠、钙、镁、铁等元素。

啤酒烤鲫鱼

特点 鲫鱼酥脆 味浓香辣

主料：鲫鱼15千克

配料：青尖椒1千克、红尖椒1千克

调料：植物油10千克、葱1千克、姜0.5千克、胡萝卜0.2千克、芹菜0.2千克、啤酒15瓶、花椒少许、精盐0.5千克、味精0.3千克、孜然面、辣椒面、熟芝麻各少许

制作过程

1 将鲫鱼去鳞、去腮，掏出内脏洗净，去鳍、去尾，从中间片开成两半。葱、姜、胡萝卜、芹菜择洗干净，切片和段。青、红尖椒去籽和蒂，洗净切粒，备用。

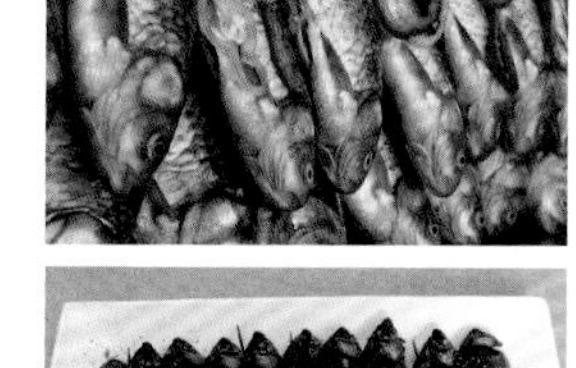

2 将鲫鱼放入盆中，放入啤酒、精盐、味精、花椒、葱、姜、蒜和胡萝卜，腌至入味，然后用竹签串起，放入烤盘内。

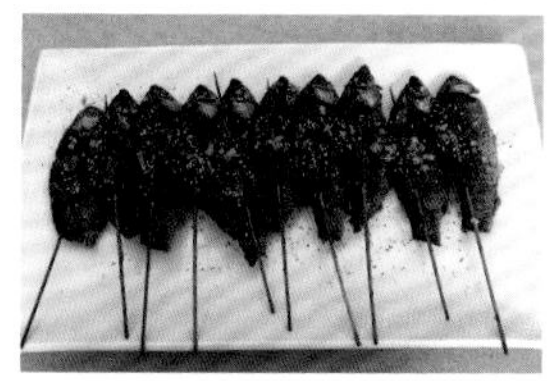

3 放入烤炉内，待烤10分钟时开炉门，将鱼翻过来，关上炉门再烤10分钟取出，摆入盘内，撒上孜然面、熟芝麻和辣椒面。

4 锅上火，放少许油，将青、红椒粒煸炒，撒在鱼上面即可。

制作关键：烤时注意温度，鱼要腌入味。

营/养/价/值

鲫鱼所含的蛋白质品质优良，易于消化吸收，可增强抗病能力。鲫鱼有健脾利湿，和中开胃，活血通络、温中下气之功效，对脾胃虚弱、水肿、溃疡、气管炎、哮喘、糖尿病有很好的滋补食疗作用。鲫鱼可补气血，暖胃。

鲜蘑苦瓜

特点 清淡可口 是夏季美味菜肴

主料：苦瓜7.5千克、鲜口蘑4千克

配料：红尖椒1千克

调料：植物油0.15千克、精盐0.075千克、味精0.05千克、蒜0.05千克、水淀粉适量、清汤少许

制作过程

1 将苦瓜去头、去尾，从中间劈开，去籽，洗干净。鲜口蘑去根。红尖椒去籽、去蒂，各自洗干净。葱和蒜洗净，切末备用。

2 苦瓜改成坡刀片，口蘑切片，红尖椒切菱形片。

3 锅上火，放水烧开，放入口蘑和苦瓜焯水，捞出过凉，备用。

4 锅上火，放油烧热，放入葱、姜、蒜炝出香味。放入红椒片煸炒，再放入苦瓜、口蘑，加入精盐煸炒均匀，再加入味精，用水淀粉勾芡，出锅即可。

制作关键：苦瓜焯水不宜过长，要过凉，否则会变颜色。

营/养/价/值

口蘑含有硒、镁、锌、钙等微量元素，还含有碳水化合物、维生素B_2、维生素E、维生素D、维生素B_1、膳食纤维等营养元素。苦瓜中蛋白质成分及大量维生素C能提高机体的免疫能力。苦瓜汁含有某种蛋白成分，能加强巨噬能力。

腰果虾仁

特点：虾仁鲜香 腰果酥脆

主料：虾仁5千克

配料：黄瓜7.5千克、腰果1千克

调料：植物油4千克、精盐0.75千克、味精0.02千克、鸡蛋清0.25千克、料酒0.06千克、葱0.12千克、胡椒粉少许、湿淀粉、清汤适量

制作过程

1 将虾仁去虾线，洗净，用干毛巾吸干水分放入盆中。加入蛋清、精盐、料酒、湿淀粉拌匀上浆。黄瓜去皮和籽，切成2厘米的菱形块；葱择洗干净，切末备用。

2 锅上火，放水烧开，放入少许精盐，下入切好的西芹焯水，过凉控水，备用。

3 锅烧热，放油4千克（实用0.35千克）烧至三至四成热时放入虾仁滑散、滑熟，捞出控油，备用。油锅拿下来，待凉以后下入腰果，慢慢升高油温，腰果炸成金黄色捞出控油。

4 锅上火烧热，放油，下入葱花炝锅，出香味后下入黄瓜煸炒，烹入料酒，放盐、胡椒粉翻炒片刻，再放入虾仁炒均匀，用湿淀粉勾芡，撒上腰果即可。

制作关键：炸腰果时油温不要太高。

营/养/价/值

虾仁中含有蛋白质、脂肪、糖类、钙、磷、铁、维生素A、维生素B、烟酸等。虾味甘、咸，性温，有壮阳益肾、补精、通乳之功效。老年人食虾皮，可补钙。黄瓜中含有的葫芦素具有提高人体免疫功能的作用；维生素E，可以起到延年益寿，抗衰老的作用；丙醇二酸，可抑制糖类物质变为脂肪。

热菜

凉拌石花菜

原料： 石花菜1千克、黄瓜0.5千克、红椒0.05千克、盐0.015千克、糖0.015千克、醋0.02千克、香油0.01克、香菜叶少许、蒜蓉0.01克

制作过程

1 将石花菜用凉水浸泡40分钟，然后用清水洗净，改刀切成段；黄瓜切丝；红椒切丝。

2 起锅加水，水开后将石花菜和红椒丝焯水过凉，沥干水分，倒入盆中，加入蒜蓉、黄瓜丝、盐、糖、醋、香油搅拌均匀即可。装盘，用香菜叶点缀。

营/养/价/值

石花菜含有丰富的矿物质和多种维生素，尤其是它所含的褐藻酸盐类物质以及淀粉类的硫酸脂为多糖类物质，对人体很有益处。石花菜能清肺化痰，并有解暑功效。

糖醋美萝卜

原料： 心里美萝卜2千克、盐0.015千克、白糖和醋各0.25千克、香油0.02千克、干辣椒10个

制作过程

1 将心里美萝卜洗净去皮，切成坡刀块，加盐适量，用冷水浸泡。

2 将干辣椒用温水泡软，切成丝。将切好的萝卜放入盆中，加入糖、醋、盐、辣椒浸渍10分钟，待吸入糖醋味时，装盘。淋上香油少许，即可。

营/养/价/值

心里美萝卜富含脂肪、蛋白质、碳水化合物、维生素A、胡萝卜素、钙、磷、钠、钾等元素。心里美萝卜中的芥子油和粗纤维可促进肠胃蠕动，有助于体内废物的排出。

五香鱼

原料： 草鱼3.2千克、葱0.06千克、姜0.06千克、蒜0.02千克、酱油和香油各0.01千克、味精和花椒各0.02千克、盐0.01千克、糖0.3千克、五香粉0.01千克、色拉油3千克（实耗0.2千克）

制作过程

1 将鱼去鳞、去鳃和内脏，洗干净，再去头、去尾、去鱼线，从头片成两片，然后顶刀切成条状，用酱油、葱段、姜片、花椒、料酒、盐、胡椒粉、五香粉腌制两个小时后，放入油锅中炸一下，捞出。

2 锅内留底油，加入葱、姜、蒜，煸炒出香味，加入酱油、高汤、五香粉、糖、盐、花椒、大料，水开后加入鱼条，小火煨一会，待汤汁收干即可倒出，晾凉后食用。

营/养/价/值

草鱼含有维生素B_1、维生素B_2、烟酸、不饱和脂肪酸，以及钙、磷、铁、锌、硒等，有滋补开胃、护发养颜的功效。

香椿苗拌豆腐丝

原料： 香椿苗0.5千克、豆腐丝2千克、红朝天椒0.01千克、盐0.015千克、味精0.02千克、香油0.01千克、糖0.005千克、花椒油0.015千克

制作过程

将香椿择好，洗净备用；小朝天椒洗净，切粒；豆腐丝切成段，用沸水焯后过凉，沥干水分，放入盘中，加入香椿苗、尖椒粒、盐、味精、花椒油、香油、糖拌匀，装盘即可。

营/养/价/值

豆腐营养丰富，含有铁、钙、磷、镁等人体必需的多种微量元素，还含有糖类、植物油和丰富的优质蛋白，素有“植物肉”之美称。豆腐可以改善人体脂肪结构。香椿含有维生素E和性激素物质，有抗衰老、补阳滋阴的作用。

第一周

星期四

热
[豆芽粉]
热
[干烧平鱼]
热
[海带排骨]
热
[五彩鸡片]
热
[清炒油菜]
热
[香椿鸡蛋]
热
[蟹黄豆腐]
热
[炸茄盒]
凉
[冰山雪莲]
凉
[凉拌土豆丝]
凉
[蒜泥蚕豆]
凉
[五香牛肉]

星期四

热菜		凉菜
豆芽粉	清炒油菜	冰山雪莲
干烧平鱼	香椿鸡蛋	凉拌土豆丝
海带排骨	蟹黄豆腐	蒜泥蚕豆
五彩鸡片	炸茄盒	五香牛肉

豆芽粉

主料： 绿豆芽10千克、干粉条2千克

配料： 胡萝卜1.5千克

调料： 植物油0.2千克、葱0.15千克、姜0.05千克、精盐0.075千克、料酒0.05千克、味精0.02千克、酱油0.2千克、花椒0.03千克、鲜汤1.5千克

粉条筋道
味道鲜美

制作过程

1 绿豆芽洗净，控水；干粉条用温水泡软后用剪刀剪成10厘米长的段备用；鲜姜洗净，切末；大葱洗净，切葱花；胡萝卜去皮，洗净，切丝备用。

2 锅中放油少许，放入葱姜少许，炒香，放高汤、酱油、精盐少许，烧开后放入剪好的粉条，煮5分钟入味后捞出备用。

3 锅上火，放油烧热，放入花椒炸香，捞出，然后放入葱、姜末炒出香味，倒入豆芽和胡萝卜丝煸炒，烹入料酒，加入精盐翻炒均匀，炒至断生后倒入煮好的粉条，放入味精搅拌均匀，出锅即可。

营/养/价/值

绿豆芽富含维生素C，它能够清除血管壁中的胆固醇和脂肪的堆积。绿豆芽中含有核黄素，口腔溃疡的人很适合食用，它还富含纤维素，是便秘者的健康蔬菜。粉条富含碳水化合物、膳食纤维等。

制作关键： 炒豆芽时火候不宜太小，粉条不要煮过劲。

热菜

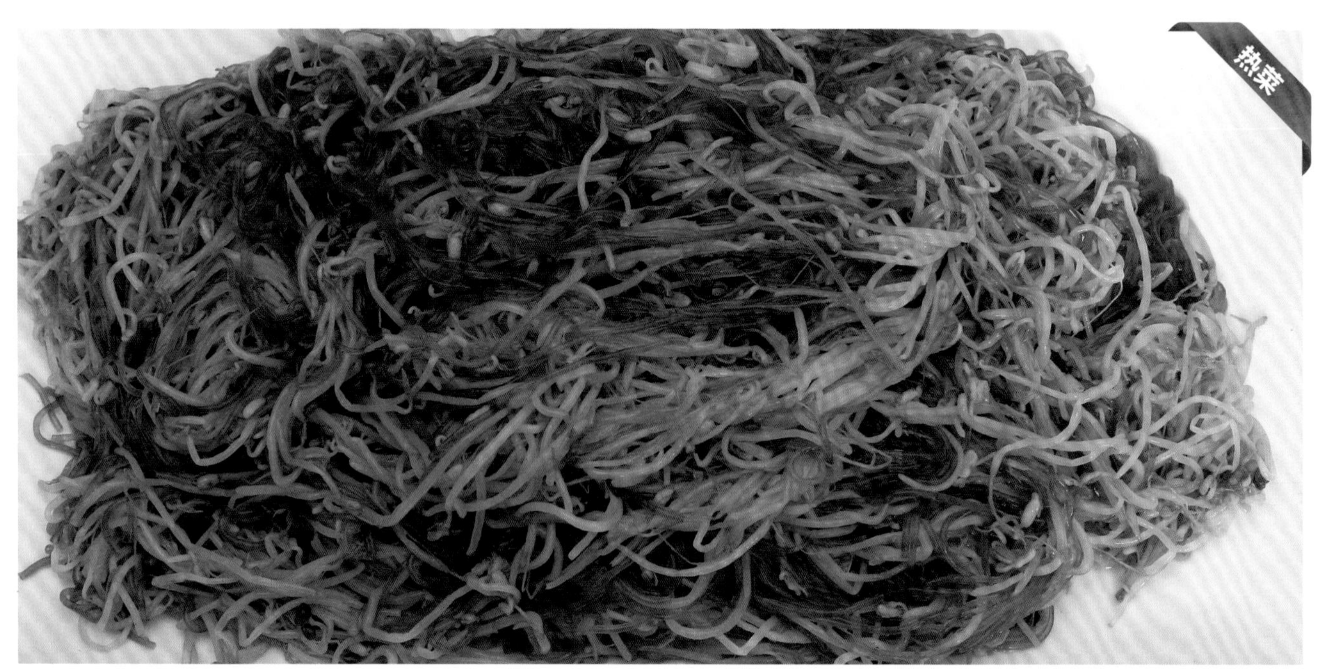

干烧平鱼

色泽红润
鲜咸香辣

主料：平鱼30千克

配料：胡萝卜0.15千克、青豆0.2千克、五花肉0.5千克

调料：植物油7.5千克、葱0.25千克、姜0.2千克、蒜0.1千克、酱油0.2千克、料酒0.15千克、精盐0.075千克、味精0.015千克、醋0.05千克、白糖0.1千克、辣椒酱1千克、高汤适量

营/养/价/值

平鱼含有丰富的不饱和脂肪酸，有降低胆固醇的功效。平鱼含有丰富的微量元素硒和镁，能延缓机体衰老。

制作过程

1 将平鱼开膛去内脏、去腮，修剪整齐，清洗干净，在鱼两面打上一字斜刀；胡萝卜去皮，洗干净，切小方丁；五花肉去皮，也切小方丁；葱、姜洗净，切段和片；蒜去皮，拍松备用。

2 锅中放油，烧至七成热时，鱼下锅炸成浅黄色，捞出，控油备用。

3 锅中放油烧热，放入五花肉丁，炒散，加辣椒酱、葱段、姜片、蒜瓣炒出香味，烹入料酒、醋、酱油，加入高汤、白糖、精盐烧开，放入平鱼。开锅后转小火慢烧，最后用大火收浓汁。鱼放入盘中，将胡萝卜丁、青豆放入锅中，用鱼汁烧熟，浇在鱼上面即可。

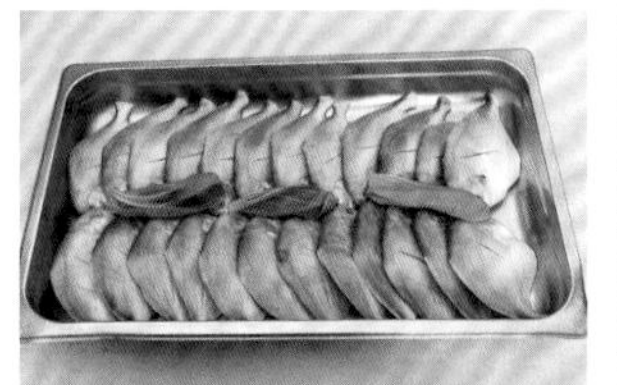

制作关键：烧鱼时用小火慢烧，注意火候。

海带排骨

特点

鲜咸味美

主料：排骨15千克、海带根 7.5千克

配料：青蒜1.5千克

调料：植物油0.2千克 、精盐0.075千克、味精0.03千克、葱0.12千克、姜0.1千克、料酒0.15千克、胡椒粉0.015千克、花椒0.01千克、桂皮0.01千克、大料0.01千克、白芷0.005千克、白糖0.5千克、酱油0.25千克

营/养/价/值

海带的营养价值很高，富含蛋白质、脂肪、碳水化合物、膳食纤维、钙、磷、铁、胡萝卜素、维生素B_1、维生素B_2、烟酸以及碘等多种微量元素。排骨的营养价值也很高，除含蛋白质、脂肪、维生素外，还含大量磷酸钙、骨胶原、骨黏蛋白等，可为幼儿和老人提供钙质。

制作过程

1 排骨洗净剁成3～4厘米的段；葱、姜洗净，切段和块；海带根洗净，切成2厘米的菱形片；青蒜择洗干净，切滚刀块备用。

2 锅上火，放水烧开，放入海带根，开锅后撇去浮沫，捞出，用水冲洗净黏液，控水备用。锅再次上火，放水烧开，放入剁好的排骨焯水，然后捞出，控水备用。

3 锅上火，放油少许，放入0.5千克白糖炒成糖色，炒好后放入花椒、大料、桂皮、白芷、葱、姜炒出香味，再倒入排骨煸炒，烹入料酒、酱油，放入热水，旺火烧开，放入精盐，改小火约炖60分钟，炖熟后捞出，再放入海带片炖25分钟。炖入味时放入排骨，加入味精和青芹搅拌均匀，出锅即可。

制作关键：海带要冲洗干净，否则会有黏液。

五彩鸡片

特点：色泽亮丽 口味鲜美

主料： 鸡脯肉3.5千克

配料： 鲜香菇2千克、彩椒4千克、青尖椒2千克

调料： 植物油2.5千克、精盐0.075千克、味精0.025千克、鸡蛋清0.5千克、湿淀粉适量、葱0.15千克、姜0.03千克、汤少许

制作过程

1 将鸡脯肉洗净，切成薄片，再用蛋清、湿淀粉、精盐调匀上浆。

2 鲜香菇去蒂，洗净；彩椒和青尖椒洗干净，切成菱形片；葱、姜择洗干净，切末备用。

3 锅上火，放入油烧至六成热时，将浆好的鸡片放入锅中，滑散滑熟捞出，控油备用。

4 锅上火，放水烧开，放鲜香菇、彩椒和青尖椒焯水，过凉备用。

5 锅上火，倒油烧热，放入葱、姜炒出香味，再放入鲜香菇、彩椒和青尖椒煸炒，接着加入精盐，再放入鸡片、味精翻炒均匀，用水淀粉勾芡即可。

制作关键： 滑鸡片时油温要掌握好。

营/养/价/值

鸡肉中蛋白质的含量较高，氨基酸种类多，而且消化率高，很容易被人体吸收利用，有增强体力、强壮身体的作用。鸡肉含有对人体生长发育有重要作用的磷脂类，是中国人膳食结构中脂肪和磷脂的重要来源之一。鸡肉对营养不良、畏寒怕冷、乏力疲劳、月经不调、贫血、虚弱等症状有很好的食疗作用。中医认为，鸡肉有温中益气、补虚填精、健脾胃、活血脉、强筋骨的功效。

热菜

清炒油菜

主料：油菜8千克

配料：红尖椒0.5千克

调料：植物油0.25千克、葱0.15千克、姜0.05千克、精盐0.075千克、汤0.2千克、水淀粉适量、香油少许

制作过程

1 将油菜去叶，掰开洗净，斜刀切断。葱、姜去皮，洗干净，切末备用。红尖椒去籽、去蒂，洗净，切菱形片。

2 锅上火，放水烧开，将油菜和红尖椒倒入锅中焯水，断生时捞出过凉，控水备用。

3 锅上火，放油烧热，放入葱末，姜末，炒出香味，放入焯好的油菜，加入精盐、味精，翻炒均匀，炒熟。用水淀粉勾芡，淋入香油，出锅装盘，用红尖椒点缀即可。

制作关键：油菜焯水时不要过长，翻炒要快。

营/养/价/值

油菜含丰富的钙、铁、维生素C、胡萝卜素，是人体黏膜及上皮组织维持生长的重要营养源。油菜还有促进血液循环、散血消肿的作用。

香椿鸡蛋

主料：鸡蛋5千克，香椿芽2千克

调料：植物油1.5千克　精盐0.04千克

制作过程

1 将鸡蛋打入盆内，搅成蛋液。

2 香椿芽清洗干净，切碎，放入鸡蛋液中，加入精盐。

3 锅上火，放油烧热，倒入搅拌好的蛋液，翻炒均匀，炒熟即可。

制作关键：蛋液和香椿要搅拌均匀。

营/养/价/值

鸡蛋中的蛋白质对肝脏组织损伤有修复作用。蛋黄中的卵磷脂可促进肝细胞的再生，还可提高人体血浆蛋白量，增强机体的代谢功能和免疫功能。鸡蛋含有微量元素，如硒、锌。香椿含有丰富的维生素C、胡萝卜素等，有助于增强机体免疫功能，并有润滑肌肤的作用，是保健美容的良好食品。

星期一 星期二 星期三 星期四 星期五

蟹黄豆腐

特点
色泽美观
口味鲜嫩

主料：豆腐7.5千克、蟹黄0.5千克

调料：精盐0.06千克，味精0.02千克，香葱0.015千克，水淀粉适量，鲜汤2千克

制作过程

1 将豆腐洗净，切成1.5厘米见方的块；香葱洗净，切末；蟹黄冲洗干净，备用。

2 锅上火，放入适量的水，加少许精盐，烧开，放入豆腐焯水，开锅捞出，备用。

3 锅上火，烧热放油，下入葱花炝出香味，放入鲜汤。开锅后放入蟹黄、精盐，再放入豆腐，小火慢烧，待豆腐入味，用水淀粉勾芡，起锅即可。

制作关键：烧豆腐时一定要注意火候。

营/养/价/值

豆腐中富含各类优质蛋白，并含有糖类、植物油、铁、钙、磷、镁等。豆腐能够补充人体营养，帮助消化、促进食欲，其中的钙质等营养物质对牙齿、骨骼的生长发育十分有益，其中的铁质对人体造血功能大有裨益。

炸茄盒

特点
外层酥脆
馅香味美

主料：茄子12.5千克、肉馅1.5千克

配料：红尖椒0.5千克

调料：植物油10千克、料酒0.1千克、鸡蛋15个、面粉2千克、淀粉0.5千克、精盐0.025千克、味精0.02千克、大葱0.5千克、姜0.05千克、水适量

制作过程

1 将茄子去皮、去蒂、洗净，切成长4厘米，宽3厘米的块，从中间片开，不要切断。葱、姜去皮，洗净后切末备用。红尖椒去籽，洗净，切成菱形片。

2 肉末用料酒、精盐、味精，加入葱、姜末拌匀，分别填入茄片中。

3 鸡蛋打散放入盆中，加入面粉、淀粉，水适量调成糊。

4 锅上火，放水烧开，红尖椒片焯水备用。

5 锅上火放油，烧至五成热时，将茄盒放入蛋糊中蘸匀，逐个放入油锅中炸熟，捞出摆入盘中，红椒点缀即可。

制作关键：炸时油温不要过高。

营/养/价/值

茄子含有蛋白质、脂肪、碳水化合物、维生素以及钙、磷、铁等多种营养成分。

冰山雪莲

原料：西红柿2千克、银耳0.1千克、白糖0.2千克

制作过程

1 将银耳用温水泡两个小时后，撕成小朵，投入沸水锅中焯一下，用凉水过凉，沥干水分。

2 将西红柿上面划十字花刀，用沸水焯一下，去皮，切成块，摆放在盘中，再将银耳放在西红柿上点缀，撒上白糖即可。

营/养/价/值

西红柿含有丰富的维生素、矿物质、碳水化合物、有机酸及少量的蛋白质，有促进消化、利尿、抑制多种细菌作用。

凉拌土豆丝

原料：土豆2.5千克、尖椒0.05千克、红尖椒0.05千克、盐0.015千克、味精0.02千克、香油0.015千克、花椒油0.02千克、醋0.015千克、蒜泥少许

制作过程

1 将土豆去皮，切成细丝，尖椒也切成细丝。

2 起锅烧开后，将土豆丝和尖椒丝焯水捞出，过凉，沥干水分，倒入盆中。加入盐、味精、胡椒油、醋、蒜泥拌均匀即可装盘。

营/养/价/值

土豆因其营养丰富而有“地下人参”的美誉，含有淀粉、蛋白质、脂肪、粗纤维，还含有钙、磷、铁、钾等矿物质及维生素A、维生素C及B族维生素。土豆性平，有和胃、调中、健脾、益气之功效。

特点

蚕香味美
蒜香味浓

原料： 嫩蚕豆2千克，蒜泥、辣椒油、盐、味精、香油适量，红尖椒少许

制作过程

1 将嫩蚕豆洗净，放入沸水锅中焯一下，软熟捞出，用冷水投凉沥干水分，倒入盆中。

2 将味精、辣椒油、蒜泥放同一个碗内，调成味汁与蚕豆拌匀，装盘，用红尖椒片点缀即成。

营/养/价/值

蚕豆中的钙，能促进人体骨骼的生长发育。蚕豆中含有调节大脑和神经组织的重要成分钙、锌、锰磷脂等，并含有丰富的胆石碱。蚕豆中的蛋白质含量丰富，且不含胆固醇，可以提高食品营养价值。

特点

绿白红相间
味美爽口

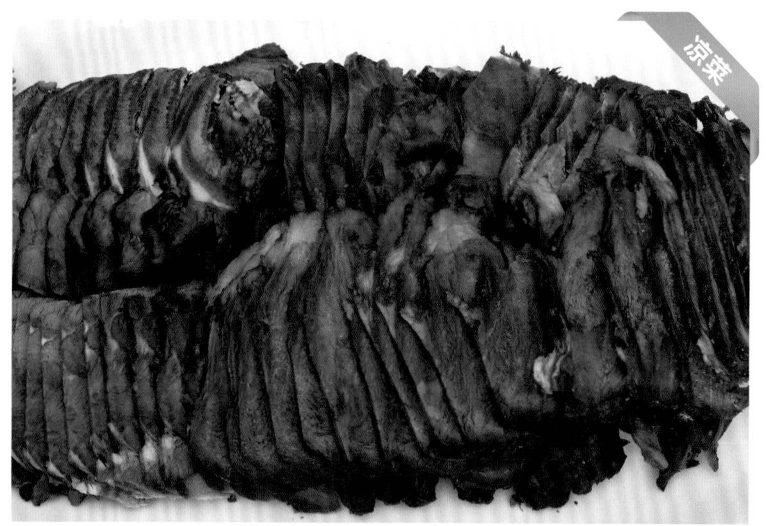

原料： 牛腿肉2千克

调料： 黄酱0.04千克、酱油0.1千克、黄酒0.004千克、盐0.03千克、茴香0.03千克、葱段姜片各0.05千克、桂皮0.02千克、大料0.01千克、味精0.01千克、牛肉汤5000毫升、香菜叶少许、白糖0.05千克、花生油0.1千克、干辣椒10个、香油少许

制作过程

1 将牛肉去皮，去筋，切成大块，放在开水锅中煮透，去净血沫捞出，投凉沥水。

2 炒锅烧热，放入香油，将白糖炒成糖色，随后烹入黄酒，加入牛肉汤、辣椒段、大料、酱油、葱、姜、盐（茴香、桂皮、大料用纱布逐个料包包好）、白糖、牛肉块，先用大火烧开，再用小火煨炖两个小时。待牛肉烂时，取出香料包、葱段、姜片，将牛肉晾凉后，食用时切片，用香菜叶点缀即可。

制作关键： 切牛肉时不要顺着牛肉纹理切，这样容易切碎，也不利于进食。

营/养/价/值

牛肉含有丰富的蛋白质，氨基酸组成比猪肉更接近人体需要，能提高机体抗病能力，特别适宜生长发育及手术后、病后调养的人在补充失血、修复组织等方面。

第一周

星期五

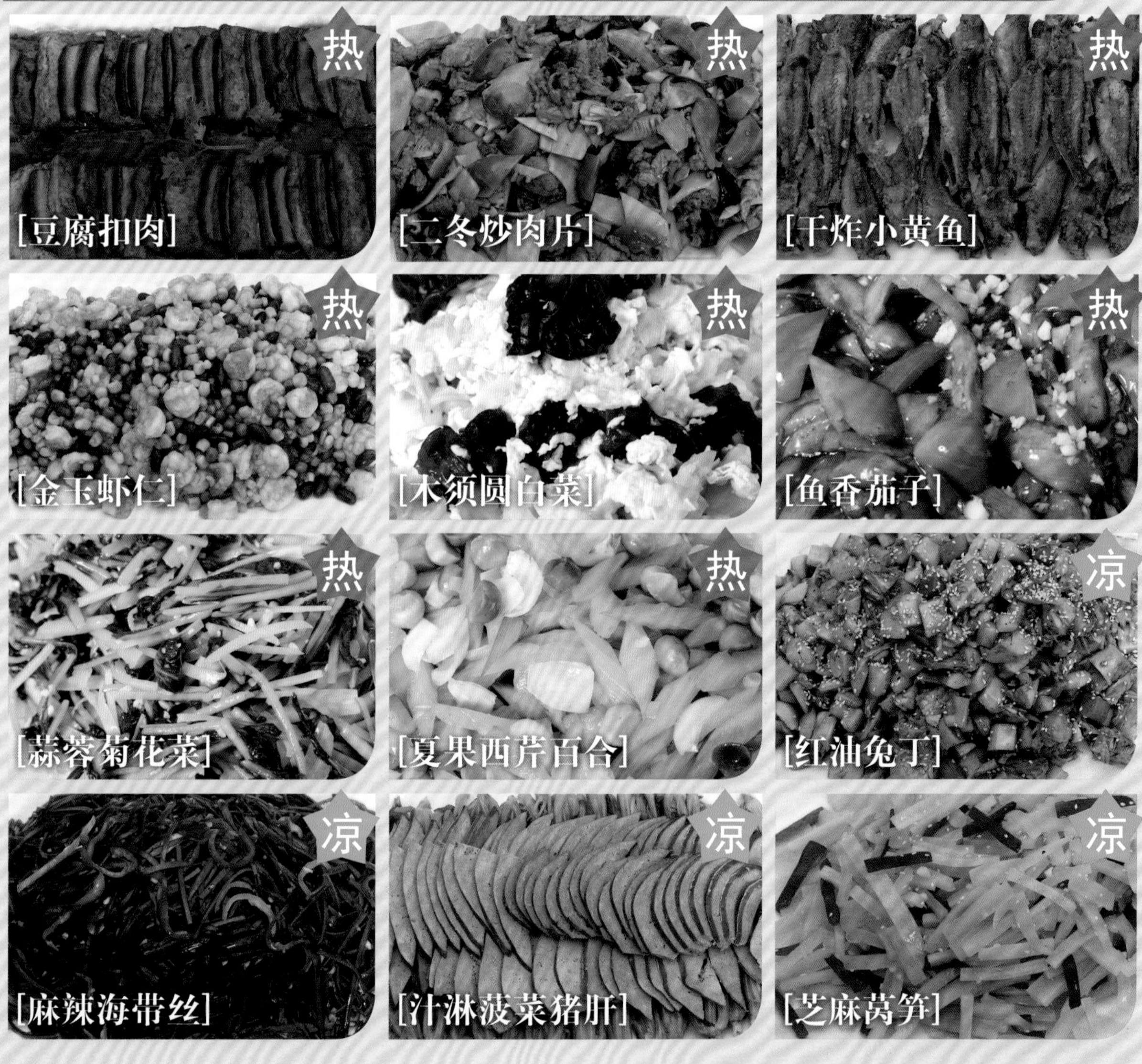
热
[豆腐扣肉]
热
[二冬炒肉片]
热
[干炸小黄鱼]
热
[金玉虾仁]
热
[木须圆白菜]
热
[鱼香茄子]
热
[蒜蓉菊花菜]
热
[夏果西芹百合]
凉
[红油兔丁]
凉
[麻辣海带丝]
凉
[汁淋菠菜猪肝]
凉
[芝麻莴笋]

星期五

热菜

- 豆腐扣肉
- 二冬炒肉片
- 干炸小黄鱼
- 金玉虾仁
- 木须圆白菜
- 鱼香茄子
- 蒜茸菊花菜
- 夏果西芹百合

凉菜

- 红油兔丁
- 麻辣海带丝
- 汁淋菠菜猪肝
- 芝麻莴笋

豆腐扣肉

主料： 五花肉10千克

配料： 豆腐7.5千克

调料： 植物油5千克、酱油0.5千克、精盐0.1千克、味精0.075千克、料酒0.15千克、豆腐乳0.15千克、甜面酱0.1千克、大料0.025千克、葱0.15千克、姜0.075千克、水淀粉0.25千克、汤适量

制作过程

1 将五花肉刮洗干净；豆腐切成5厘米长，宽2厘米的片；葱、姜择洗干净，切成段和片备用。

2 锅上火，放水烧开，放入加工好的五花肉块，煮至用筷子能轻轻插入为止，然后用干净白布在肉皮上擦干净，将酱油均匀涂在上面。

3 锅上火，放油烧热，放入切好的豆腐片，炸成金黄色，捞出控油，待油温升高，再放入涂好酱油的五花肉块炸，炸至皮起珠粒时捞出控油，然后切成和豆腐大小一样的片，肉皮朝下，逐片摆入盘中备用。

4 锅再次上火，放油烧热，放入大料、葱、姜炝锅，烹入料酒、甜面酱、酱油、豆腐乳，加入汤烧开后，倒入盛有豆腐和肉的盘中。放进蒸笼，蒸60分钟后取出，把汤滗出，扣在另一个盘中。

5 锅上火，放入滗出的汤，开锅后用水淀粉勾薄芡，淋在扣肉上即可。

制作关键： 炸五花肉时要用锅盖，以防烫伤。

营/养/价/值

豆腐营养丰富，含有铁、钙、磷、镁等人体必需的多种微量元素，还含有糖类、植物油和丰富的优质蛋白，素有“植物肉”之美称。豆腐可以改善人体脂肪结构。

五花肉含有丰富的优质蛋白和脂肪酸，并提供血红素（有机铁）和促进铁吸收的半胱氨酸，能改善缺铁性贫血。五花肉营养丰富，容易吸收，有补充皮肤养分、美容的效果。

二冬炒肉片

味道鲜美

主料：猪瘦肉3.5千克

配料：冬菇3千克、冬笋2.5千克、青椒1.5千克

调料：植物油2千克、葱0.15千克、姜0.05千克、蒜0.075千克、精盐0.065千克、味精0.05千克、酱油0.2千克、鸡蛋5个、干淀粉0.35千克、料酒0.05千克、汤适量

制作过程

1 将猪肉洗净，切成0.2厘米厚，2厘米长的肉片；冬笋去皮，切成菱形；冬菇去蒂，洗干净，坡刀切片；青椒去籽、去蒂，切成三角片；葱、姜、蒜择洗干净，切末备用。

2 将肉片放入盆中，放入少许精盐、料酒、酱油、鸡蛋、淀粉上浆备用。

3 锅上火，放油烧四成热，放入肉片滑散、滑熟，捞出控油，备用。

4 锅上火，放水烧开，放入冬菇、冬笋焯水，断生时捞出，过凉备用。

5 锅上火，放油烧热，放入葱、姜、蒜末炒香，倒入青椒煸炒，再放入焯好的冬菇和冬笋翻炒，放入滑熟的肉片炒匀，再加入精盐、汤炒匀，炒熟，最后放入味精，搅拌均匀，用水淀粉勾芡，出锅即可 。

制作关键：滑肉片时注意油温。

营/养/价/值

猪肉为人类提供优质蛋白质和必需的脂肪酸，提供血红素（有机铁）和促进铁吸收的半胱氨酸。猪肉性平味甘，有润肠胃、生津液、补肾气、解热毒的功效。冬菇含有丰富的蛋白质和多种人体必需的微量元素。

干炸小黄鱼

特点

色泽金黄
鱼肉酥嫩

主料：小黄鱼15千克

调料：植物油4千克、葱0.15千克、干淀粉1.5千克、花椒0.1千克、姜0.1千克、胡萝卜0.15千克、芹菜0.2千克、精盐0.15千克、味精0.2千克、椒盐适量、料酒0.25千克

制作过程

1 将小黄鱼去头、刮鳞，内脏清洗干净；葱、姜择洗净，切段和片；胡萝卜和芹菜择洗干净，切丝和段备用。

2 将小黄鱼放入盆中，放入葱、姜、胡萝卜、芹菜、精盐、料酒、花椒腌至入味，备用。

3 将腌好的小黄鱼拍干淀粉，备用。

4 锅中放油，烧至七成热，把小黄鱼分次下入锅中，炸熟捞出控油，然后再次下入锅中复炸，炸至金黄色，外焦里嫩时，捞出控油即可。

制作关键：炸小黄鱼时要控制好油温。

营/养/价/值

黄鱼富有丰富的蛋白质、微量元素和维生素，对人体有很好的补益作用，对体质虚弱的中老年人来说，食用黄鱼会得到很好的食疗效果。黄鱼含有丰富的微量元素硒，能清除人体代谢产生的自由基。

星期一 星期二 星期三 星期四 星期五

金玉虾仁

特点 玉米粒形似金 青豆形似玉 口味鲜咸

主料：虾仁7.5千克

配料：玉米粒3千克、青豆1千克、红腰豆2.5千克

调料：植物油4千克、精盐0.05千克、味精0.02千克、鸡蛋清0.12千克、淀粉清汤适量、葱0.05千克、姜0.15千克

制作过程

1 将虾仁去掉虾线，洗干净，控水，用干毛巾吸干水分后，用鸡蛋清、精盐、淀粉上浆。葱、姜择洗干净，切末备用。

2 锅上火，放水烧开，将青豆、玉米粒焯水断生，红腰豆用水泡开，然后用水煮熟备用。

3 锅上火放油，烧至三至四成热时，虾仁滑油，捞出控油。锅留余油，烧热下入葱、姜末，炒出香味，再放入玉米粒、青豆、红腰豆，加入盐、味精和清汤烧开，最后下入虾仁翻炒均匀，用水淀粉勾芡即成。

制作关键：此菜勾芡不宜太多，明油要适量。

营/养/价/值

虾仁中含有蛋白质、脂肪、糖类、钙、磷、铁、维生素A、维生素B、烟酸等。虾味甘、咸，性温，有壮阳益肾、补精、通乳之功效。老年人食虾皮，可补钙。

木须圆白菜

特点 清香爽口 味道鲜美

主料：圆白菜10千克

配料：水发木耳2千克、鸡蛋3千克

调料：植物油0.6千克、精盐0.15千克、味精0.075千克、葱0.15千克、姜0.03千克

制作过程

1 将圆白菜洗净，去掉根和外面老叶，洗干净，切成1.5厘米见方的块备用；葱、姜择洗干净，切末；水发木耳去根，洗净沙子；鸡蛋打散，放入盒中备用。

2 锅上火，放水烧开，倒入木耳、圆白菜焯水，捞出控水，备用。

3 锅上火，放油烧热，放入打散的蛋液炒熟，倒出。锅再放入底油烧热，放入葱、姜末炒出香味，加木耳、圆白菜煸炒，再加入精盐、味精炒熟，最后放入炒好的鸡蛋，搅拌均匀即可。

制作关键：炒鸡蛋要注意油温，圆白菜焯水不宜过长。

营/养/价/值

圆白菜营养相当丰富，含有大量的维生素C、纤维素以及碳水化合物及各种矿物质，是糖尿病和肥胖患者的理想食物。

鱼香茄子

特点 甜酸麻辣 软嫩可口

主料： 长茄子15千克

配料： 青椒5千克、肉末 1千克

调料： 植物油7.5千克、郫县豆瓣酱0.15千克、白糖0.35千克、酱油0.1千克、西芹0.6千克、湿淀粉0.5千克、葱0.15千克、姜0.1千克、蒜0.2千克、汤适量

制作过程

1 将茄子去皮和把儿，洗干净，切4厘米的长条；青椒去籽和蒂，洗干净，切成三角块；葱、姜、蒜择洗干净，分别切末备用。

2 锅上火，放油烧热，放入茄子条，炸成金黄色捞出，控油备用。

3 锅上火，放底油，放入肉末、葱、姜、蒜、青椒、郫县豆瓣酱煸炒。然后加汤、白糖、酱油、醋，再放入炸好的茄子，收干汁后，用湿淀粉勾芡即可。

制作关键： 炸茄子时要控干油，勾芡不宜太多。

营/养/价/值

茄子富含蛋白质、脂肪、碳水化合物、维生素以及钙、磷、铁等多种营养成分。茄子有保护心血管、抗坏血酸，清热止血，消肿止痛的功效。

热菜

蒜蓉菊花菜

清淡爽口

主料：菊花菜8千克

调料：植物油0.2千克、葱0.05千克、蒜瓣0.15千克

制作过程

1 将菊花菜去根，洗净，切成长2.5厘米的段备用。葱洗干净切末。蒜瓣剁蓉。

2 锅上火，放水烧开，放入菊花菜焯水，捞出控水备用。

3 锅上火烧热，放油，放入葱、蒜炝锅炒香，然后放入菊花菜，下入精盐翻炒，炒熟放入味精即可。

制作关键：菊花菜焯水不宜过长。

营/养/价/值

菊花菜富含蛋白质、脂肪、纤维素、氨基酸、铁、钙等。有清热解暑、凉血、降血压、调中开胃等功效。

夏果西芹百合

特点

色泽美观
口味咸香

主料：西芹5千克、百合13袋

配料：夏果1千克、枸杞0.005千克

调料：植物油1千克、精盐0.05千克、味精0.015千克、糖0.01千克、葱0.15千克、水淀粉和汤各适量

制作过程

1 将西芹去根，洗净，切成3厘米的菱形片，百合掰开洗干净，葱择洗干净，切末。

2 锅上火，放油1千克，放入夏果炸熟，捞出，控油备用。

3 锅上火，放水烧开，倒入西芹，然后再放入百合，捞出过凉，备用。

4 锅再次放在火上，放葱末炒出香味，放入西芹、百合、枸杞翻炒，再放入精盐、味精、糖炒熟，用水淀粉勾芡，撒入夏果即可。

制作关键：炸夏果时油温不要太高，百合焯水不宜过长。

营/养/价/值

西芹营养丰富，含蛋白质、粗纤维等营养物质以及钙、磷、铁等微量元素，还含有挥发性物质。有健胃、利尿、净血、调经、降压、镇静的作用，也是高纤维食物。百合含有淀粉、蛋白质、脂肪及钙、磷、铁等，有养心安神，润肺止咳的功效。

红油兔丁

红润油亮
柔韧爽口 辣香咸鲜

原料： 兔腿肉2千克、黄瓜0.05千克、胡萝卜0.03千克、盐0.015千克、味精0.01千克、辣椒油0.05千克、醋0.01千克、葱段0.01千克、姜片0.01千克、大料5粒

制作过程

先将兔腿洗净，下入水锅中，加入葱段、姜片煮热捞出，晾凉后去骨，将肉切成丁，焯水过凉后和兔丁、黄瓜丁一起倒入盆中，加入盐、味精、醋、辣椒油搅拌均匀即可。

营/养/价/值

兔肉所含的脂肪和胆固醇，低于其他肉类，而且脂肪又多为不饱和脂肪酸，常吃兔肉，可强身健体，不但不会增肥，还是肥胖患者的理想肉食。

麻辣海带丝

海带爽口
麻辣味浓

原料： 海带丝2千克、芝麻酱0.04千克、香油0.02千克、醋0.01千克、辣椒油0.02千克、盐0.015千克、味精0.005千克、蒜泥0.01千克

制作过程

将海带洗净，切成细丝，上屉蒸15分钟。晾凉后，倒入盆中，加芝麻酱、香油、醋、味精、辣椒油、盐兑成碗汁，拌匀装盘即可。

营/养/价/值

海带的营养价值很高。海带中含有大量的碘，碘是甲状腺合成的主要物质。中医认为，海带味咸性寒，具有散结、消炎、平喘、通便利尿、祛脂降压等功效，常食海带还可令秀发润泽乌黑。

汁淋菠菜猪肝

菜香味美
蒜香味浓

原料：猪肝1.5千克、菠菜2千克、盐0.02千克、味精0.015千克、醋0.02千克、葱油和花椒油各0.02千克、香油0.01千克、葱姜适量

制作过程

1 将猪肝洗净，放入清水锅中，加入盐、葱段、姜片、大料、花椒煮熟捞出。

2 将菠菜洗净，切成长段，沸水过凉，沥干水分，加入盐、味精、香油拌均匀，码放在盘上。然后，再将猪肝切成片，码放在菠菜上面。

3 将蒜末、盐、味精、香油、醋、花椒油和葱油兑成碗汁，淋在猪肝上，食用时搅拌匀即可。

营/养/价/值

菠菜富含维生素C、胡萝卜素、蛋白质，以及铁、钙、磷等矿物质。有通肠导便、增进健康，促进人体新陈代谢，清洁皮肤、抗衰老的作用。猪肝中铁质丰富，是补血食品中最常见的食物，食用猪肝可调节和改善贫血。猪肝含有丰富的维生素A，具有维持正常生长的作用，能保护眼睛，维持正常视力，防治眼睛干涩疲劳。

芝麻莴笋

麻香脆嫩
味鲜可口

原料：莴笋2千克、熟芝麻0.05千克、红尖椒0.01千克、花椒油0.01千克、盐0.015千克、味精0.01千克、蒜末适量、葱末适量

制作过程

1 将莴笋去皮，洗净后切成1寸长的条，投入开水锅中，烫至断生，捞出过凉，控净水分。

2 将红尖椒切寸段，用沸水焯后过凉和青笋一起倒入盆中，加入盐、味精、姜末、蒜末和熟芝麻一起搅拌均匀，装盘即成。

营/养/价/值

莴笋含有多种维生素和矿物质，具有调节神经系统功能的作用，其所含有机化合物中富含人体可吸收的铁元素，对有缺铁性贫血病人十分有利。莴笋还含有少量的碘元素，经常食用有助于消除紧张，利于睡眠。

第二周

星期一

热
[创新特色鱼片]
热
[枸杞蒸鸡蛋]
热
[韭薹炒肉丝]
热
[老干妈炖豆腐]
热
[清香小炒]
热
[土豆炖鸡块]
热
[小白菜炒粉条]
热
[盐水皮皮虾]
凉
[姜汁松花蛋]
凉
[凉拌苦菊花菜]
凉
[麻辣牛肉丝]
凉
[蒜蓉西兰花]

星期一

热菜

- 创新特色鱼片
- 枸杞蒸鸡蛋
- 韭薹炒肉丝
- 老干妈炖豆腐
- 清香小炒
- 土豆炖鸡块
- 小白菜炒粉条
- 盐水皮皮虾

凉菜

- 姜汁松花蛋
- 凉拌苦菊花菜
- 麻辣牛肉丝
- 蒜蓉西兰花

创新特色鱼片

特点：咸鲜微辣 肉质细滑

主料：黑鱼15千克

配料：海带根4千克、蒜薹0.5千克、小米椒0.25千克

调料：植物油4千克、精盐0.15千克、泡姜片0.2千克、香料（香叶0.005千克、花椒0.015千克、八角0.005千克）干辣椒0.15千克、料酒0.12千克、鸡蛋清0.25千克、淀粉0.15千克、辣椒酱0.25千克、葱末0.12千克、汤适量

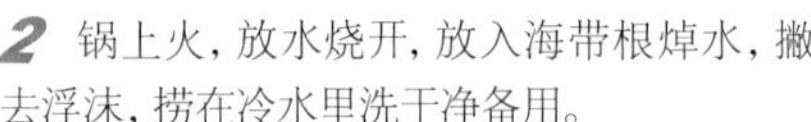

制作过程

1 将黑鱼宰杀，放血，去头、去尾、去骨，将鱼肉片下，漂洗干净，片成薄片，加盐、蛋清、味精、淀粉上浆。海带根洗干净，切菱形片。蒜薹择洗干净，切小马蹄刀。小米椒去蒂，洗净，切小马蹄刀备用。

2 锅上火，放水烧开，放入海带根焯水，撇去浮沫，捞在冷水里洗干净备用。

3 锅上火，放油烧至三至四成热，放入鱼片滑熟，捞出控油备用。

4 锅留余油，放葱末、辣椒酱煸炒，烹入料酒，放入泡姜片和各种香料煸炒1分钟，放入鲜汤稍煮，然后捞出渣子，放精盐、味精，再放入海带根炖入味，放在餐盘中。将鱼片倒在上面，浇上汤汁。

5 锅内放少许油，煸炒小米椒和蒜薹丁，放少许精盐，撒在鱼片上即可。

制作关键：鱼片滑油时油温不要太高。

营/养/价/值

黑鱼肉中含有蛋白质、脂肪、多种氨基酸等，还含有人体必需的钙、铁、磷及多种维生素，黑鱼中富含核酸，这是人体细胞所必需的物质。海带中含有大量的碘，碘是甲状腺合成的主要物质。海带中含有大量的甘露醇，具有利尿消肿的作用。海带和黑鱼搭配有补脾利水、去瘀生新、清热祛风、补肝肾等功能。

枸杞蒸鸡蛋

主料： 鸡蛋4千克、枸杞0.5千克

配料： 香芹2千克

调料： 精盐0.12千克、味精0.02千克、香油少许、葱0.1千克、水适量、清汤0.5千克、水淀粉适量

制作过程

1 香芹去叶和根，择洗干净，切成小丁；葱择干净，切末，枸杞用热水泡开备用；鸡蛋打入盆中，加入精盐、味精、葱末和水适量，搅成蛋液。

2 把搅好的蛋液放入餐盒中，上蒸箱蒸15分钟取出。

3 锅加清汤烧开，放盐少许，下入香芹丁和泡好的枸杞，稍煮片刻，下入味精，用水淀粉勾芡，淋香油，浇在鸡蛋上即成。

制作关键： 蒸蛋时火不要太旺，时间不能过长。

营/养/价/值

鸡蛋中富含蛋白质、维生素A、维生素B_2、锌等，尤其适合婴幼儿，孕产妇及病人食用。香芹营养丰富，含蛋白质、粗纤维等营养物质以及钙、磷、铁等微量元素。

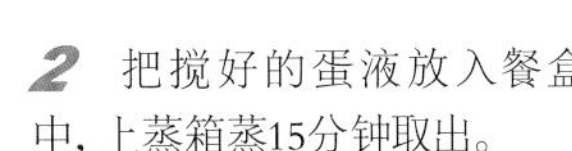

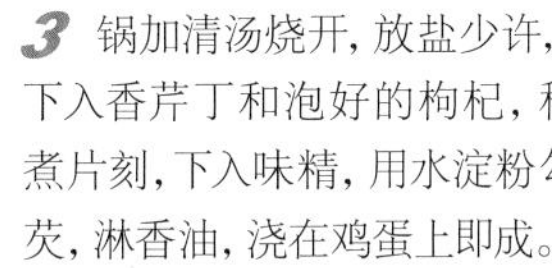

韭薹炒肉丝

主料： 猪瘦肉5千克

配料： 韭薹10千克、红尖椒2千克

调料： 植物油4千克、精盐0.05千克、味精0.015千克、葱0.12千克、姜0.03千克、酱油0.2千克、水淀粉0.15千克、汤适量、蛋清0.2千克

制作过程

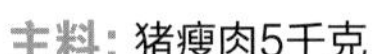

1 将猪瘦肉洗净，切成5厘米长，0.3厘米粗的肉丝；韭薹去头、去根，择洗干净，切成4厘米长的段；红尖椒去籽、去蒂，洗干净，切成0.2厘米宽，4厘米长的条；葱姜择洗干净，分别切末备用。

2 将肉丝放入盆中，放入精盐、酱油、味精、蛋清、淀粉上浆备用。

3 锅上火，放油烧至三至四成热时，放入上浆的肉丝，滑散、滑熟，捞出控油备用。

4 锅上火，放油少许，加葱、姜炝锅，炒出香味，然后放入红椒和韭薹翻炒后，放入肉丝、精盐，炒至断生，炒熟，最后放入味精，搅拌均匀即可。

制作关键： 滑肉丝时，要控制好油温。

营/养/价/值

韭薹含有大量维生素A，有润肺、护肤之功效。中医认为，韭薹具有补肾助阳、补中益肝、活血化瘀、通络止血、润肺护肤的作用。猪瘦肉为人类提供优质蛋白质和必需的脂肪酸，提供血红素（有机铁）和促进铁吸收的半胱氨酸。

老干妈炖豆腐

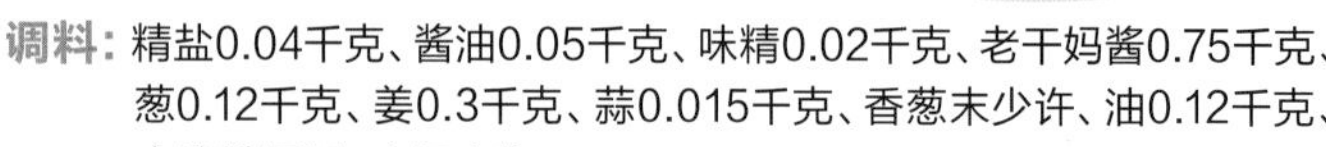

特点：色泽红润 咸香微辣

主料： 豆腐7.5千克

调料： 精盐0.04千克、酱油0.05千克、味精0.02千克、老干妈酱0.75千克、葱0.12千克、姜0.3千克、蒜0.015千克、香葱末少许、油0.12千克、水淀粉适量、高汤少许

制作过程

1 将豆腐洗净，切成1.5厘米见方的块，在开水中放少许盐，煮一下捞出备用。

2 葱切末，姜切丝，蒜剁蓉。

3 锅上火，烧热放油，下入葱、姜、蒜、老干妈酱煸炒，炒出香味，放盐、酱油、味精，加入适量高汤，下入豆腐，小火慢炖至豆腐入味，用湿淀粉勾芡出锅即成，撒香葱末。

制作关键： 煸炒老干妈酱时，火不宜太大。

营/养/价/值

豆腐中富含各类优质蛋白，并含有糖类、植物油、铁、钙、磷、镁等。豆腐能够补充人体营养、帮助消化、促进食欲、其中的钙质等营养物质对牙齿、骨骼的生长发育十分有益；铁质对人体造血功能大有裨益。

清香小炒

主料： 青笋5千克、口蘑4千克

配料： 胡萝卜2千克

调料： 精盐0.05千克、味精0.025千克、葱0.1千克、蒜0.05千克、水淀粉少许

制作过程

1 将青笋去叶、去皮，削干净，冲洗后切成菱形片；口蘑去根，洗净，切片；胡萝卜去皮，洗干净，切成菱形片；葱、蒜去皮，洗干净，切末备用。

2 锅上火，放开水，加入青笋片、口蘑片、胡萝卜片焯水过凉，捞出控水备用。

3 锅上火，放油烧热后放入葱、蒜末，炝出香味，再放入青笋、胡萝卜、口蘑，放入精盐煸炒。炒熟后，放入味精，用水淀粉勾芡，淋入明油即可。

制作关键： 炒菜时须用旺火炒。

营/养/价/值

青笋含有多种维生素和矿物质，具有调节神经系统功能的作用，富含人体可吸收的铁元素，对有缺铁性贫血病人十分有利。青笋含有少量的碘元素，它对人的基础代谢，心智和体格发育甚至情绪调节都有重大影响，因此青笋具有镇静作用，经常食用有助于消除紧张，帮助睡眠。不同一般蔬菜的是，它含丰富的氟元素，可参与牙和骨的生长，能改善消化系统和肝脏功能。口蘑含有硒、镁、锌、钙等微量元素，还含有碳水化合物、维生素B_2、维生素E、维生素D、维生素B_1、膳食纤维等营养元素。

热菜

土豆炖鸡块

特点：鸡肉嫩香　土豆软烂

主料： 琵琶腿10千克

配料： 土豆8千克

调料： 植物油0.025千克、精盐0.075千克、味精0.02千克、酱油0.25千克、料酒0.15千克、葱0.12千克、姜0.05千克、水淀粉0.1千克、白糖0.1千克、香油少许、水适量

营/养/价/值

鸡肉蛋白质含量较高，而且消化率高。在肉类中，鸡肉可以说是蛋白质最高的肉类之一，有增强体力，强壮身体的作用。鸡肉也是磷、铁、铜、锌的良好来源，并且富含维生素B_1、维生素A、维生素D等。鸡肉含有对人体生长发育有重要作用的磷脂类，是中国人膳食结构中脂肪和磷脂的重要来源之一。鸡肉对营养不良、畏寒怕冷、乏力疲劳、月经不调、贫血等有很好的食疗作用。土豆富含淀粉、蛋白质、脂肪、维生素B、C，钙、碘、钾等元素，具有和胃调中、健脾益气的功效。

制作过程

1 将鸡腿肉剁成2厘米大小的块；土豆去皮，切均匀的滚刀块；葱、姜择洗干净，切段和片备用。

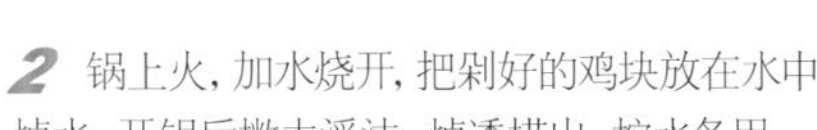

2 锅上火，加水烧开，把剁好的鸡块放在水中焯水，开锅后撇去浮沫，焯透捞出，控水备用。

3 锅放少许油和水，放入白糖0.1千克，视糖色炒好放入葱段、姜片略炒，放入鸡块煸炒，烹入料酒、酱油，把鸡块煸上色，再加入精盐和热水，用旺火烧开，改小火炖熟为止，捞出。锅内剩余的汤加入土豆，小火慢炖，炖熟入味后捞出放入盘的一半，另一半放入鸡块即可。

制作关键： 炒糖色注意火候，炖土豆不要太烂。

热菜

小白菜炒粉条

特点：口味清淡

主料： 鲜小白菜7.5千克

配料： 食用油0.15千克、精盐0.05千克、味精0.02千克、酱油0.15千克、葱0.12千克、姜0.03千克、高汤适量

营/养/价/值

小白菜含有多种营养物质，是人体生理活动所必需的维生素、无机盐及食用纤维素的重要来源。小白菜含有丰富的钙，比番茄高5倍。中医认为，小白菜性平味甘，可解除烦恼，通利肠胃，利尿通便，清肺止咳的作用。粉条富含碳水化合物、膳食纤维、蛋白质、烟酸和钙、镁、铁、钾等物质。

制作过程

1 将小白菜去根，去除黄叶，择洗干净，切成4～5厘米的段；葱、姜择洗干净，切末备用。

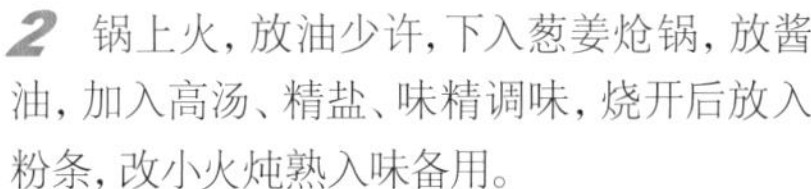

2 锅上火，放油少许，下入葱姜炝锅，放酱油，加入高汤、精盐、味精调味，烧开后放入粉条，改小火炖熟入味备用。

3 锅上火，放水烧开，下入小白菜焯水，捞出控水备用。

4 锅上火，放油烧热，下入葱姜，炝出香味，放入小白菜翻炒，加盐，放适量高汤，再下入粉条，搅拌均匀，放入味精出锅即可。

制作关键： 粉条一定要先煨入味再炒，味道更佳。

盐水皮皮虾

主料： 鲜皮皮虾10千克

调料： 大葱0.15千克、姜0.1千克、花椒0.015千克、精盐0.05千克

制作过程

1 将鲜皮皮虾洗干净；大葱、姜择洗干净，切段和片备用。

2 锅上火，放水烧开，放入精盐、大葱段、姜片、花椒煮5分钟捞出，然后放入鲜皮皮虾，煮熟入味即可。

制作关键： 选料时一定要用鲜活虾为好。

营/养/价/值

虾肉中含有蛋白质、脂肪、糖类、钙、磷、铁、维生素A、维生素B、烟酸等。虾味甘、咸，性温，有壮阳益肾、补精、通乳之功效。

热菜

姜汁松花蛋

原料： 松花蛋30个、盐0.01千克、酱油0.01千克、味精0.01千克、香油0.01千克、姜末0.01千克、蒜蓉0.01千克、干辣椒油0.02千克

制作过程

1 将腌好的松花蛋上屉蒸10分钟取出，去皮洗净，将一个蛋切成4瓣，依次切完，码放在盘中。

2 将姜末、蒜蓉、盐、味精、酱油、香油、辣椒油兑成碗汁，食用时浇在切好的松花蛋上，即可。

营/养/价/值

松花蛋营养丰富，特别是其蛋白质性质有显著的变化。每0.1千克可食松花蛋，氨基酸总量高达0.003千克，为鲜鸭蛋的11倍，而且氨基酸种类高达20多种。据中医学报道，松花蛋能开胃润喉，促进食欲。

凉拌苦菊花菜

原料： 胡萝卜0.3千克、苦菊花菜2千克、盐0.015千克、蒜蓉0.01千克、味精0.01千克、醋0.02千克、香油0.01千克、花椒油0.01千克

制作过程

1 先将胡萝卜切成菱形片，沸水过凉。

2 将苦菊花菜洗净改刀，放入盘中，加入香油拌匀后，再加入醋拌匀。最后，依次加入盐、味精、蒜蓉、花椒油拌均匀，装盆即可。

营/养/价/值

菊花菜富含蛋白质、脂肪、纤维素、氨基酸、铁、钙等，有清热解暑、凉血、降血压、调中开胃等功效。

麻辣牛肉丝

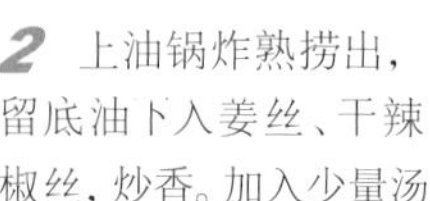

特点

麻辣鲜香
增进食欲

原料： 牛腿肉5千克、熟芝麻0.025千克、干辣椒0.01千克、姜丝0.02千克、辣椒面0.01千克、花椒面0.008千克、盐0.02千克、味精0.01千克、糖0.01千克

制作过程

1 将牛肉去筋，洗净切成丝，用清水冲去血腥味。

2 上油锅炸熟捞出，留底油下入姜丝、干辣椒丝，炒香。加入少量汤汁、盐、味精、糖、花椒油，下入牛肉丝，小炒一会，撒上辣椒面、花椒面，翻炒收汁，最后撒上熟芝麻，翻均匀出锅装盘，用香菜叶点缀即可。

营/养/价/值

牛肉含有丰富的蛋白质，氨基酸组成比猪肉更接近人体需要，能提高机体抗病能力，对生长发育及手术后、病后调养的人在补充失血，修复组织等方面特别适宜。中医认为牛肉有补中益气、滋养脾胃、强健筋骨、化痰息风的功效。

蒜蓉西兰花

特点

清香爽口

原料： 西兰花8斤、蒜蓉0.2千克、盐0.02千克、味精0.01千克、香油0.02千克、醋0.02千克

制作过程

1 将西兰花去梗洗净，分别掰成小朵，用沸水焯一下，过凉，沥干水分后倒入盆中。

2 将盐、味精、蒜蓉、醋、香油兑成碗汁，浇在西兰花上，搅拌均匀即可。

营/养/价/值

西兰花中矿物质成分比其他蔬菜更全面，钙、磷、铁、钾、锌、锰等含量丰富。西兰花能有效降低肠胃对葡萄糖的吸收，进而降低血糖。

第二周

星期二

热
[宫保鸭丁]
热
[红烧带鱼]
热
[蒜蓉苋菜]
热
[西红柿牛肉]
热
[鲜菇菜花]
热
[乡村豆腐]
热
[香葱鸡蛋]
热
[玉米笋炒腊肠]
凉
[豆豉小黄鱼]
凉
[凉拌芹菜心]
凉
[五香豆皮]
凉
[香辣变蛋]

星期二

热菜

- 宫保鸭丁
- 红烧带鱼
- 蒜蓉苋菜
- 西红柿牛肉
- 鲜菇菜花
- 乡村豆腐
- 香葱鸡蛋
- 玉米笋炒腊肠

凉菜

- 豆豉小黄鱼
- 凉拌芹菜心
- 五香豆皮
- 香辣变蛋

宫保鸭丁

主料：鸭脯肉5千克

配料：黄瓜3千克、胡萝卜3千克、花生米2千克

调料：植物油4千克、精盐0.05千克、白糖0.25千克、味精0.025千克、酱油0.15千克、醋0.15千克、料酒0.075千克、郫县豆瓣酱0.5千克、干辣椒段0.075千克、葱0.15千克、姜0.03千克、蒜0.025千克、鲜汤0.5千克、淀粉0.5千克、鸡蛋0.5千克

酸甜麻辣
香味可口

制作过程

1 将鸭脯肉洗净，切成1厘米的方丁；黄瓜和胡萝卜洗净去皮，分别切成和鸭脯肉大小一样的丁；葱、姜、蒜分别择洗干净，切成小段和片备用。

2 将切好的鸭丁放入盆中，加入精盐、料酒、酱油少许，放入鸡蛋、水淀粉拌匀，浆好备用。

3 锅上火放油，先将花生米倒入锅中炸香、炸熟后捞出，控油备用。油温降至四成热时，放入浆好的鸭丁分次下入锅中滑油，滑熟滑散时，捞出控油备用。

4 锅上火，放油少许，烧热后放入葱段、姜和蒜片、干辣椒段炸香，再放入辣椒酱，烹入料酒，再放入胡萝卜丁、黄瓜丁煸炒，然后放入酱油、醋、鲜汤、白糖、味精，烧开后勾芡，倒入滑熟的鸭丁，放入炸好的花生米拌匀即可。

制作关键：鸭丁滑油时，油温不要太高。

营/养/价/值

鸭肉富含蛋白质、脂肪、维生素A、胆固醇、烟酸以及钙、磷、钾、钠、镁、铁、锌、硒等元素。鸭肉中的脂肪酸熔点低，易消化。鸭肉所含B族维生素和维生素E较其他肉类多。鸭肉中含有较为丰富的烟酸，它是构成人体内两种重要辅酶的成分之一。

热菜

红烧带鱼

特点 色泽红润 鲜香味美

主料： 带鱼15千克

配料： 冬笋0.5千克、鲜菇0.3千克

调料： 植物油7.5千克、葱0.15千克、姜0.1千克、蒜0.075千克、酱油0.15千克、料酒0.12千克、精盐0.06千克、味精0.015千克、白糖0.1千克、醋0.05千克、高汤适量

制作过程

1 将带鱼去头、去尾、背鳍及内脏，刷去身上的银鳞洗净，切成6~7厘米的段；葱、姜洗净切段和片；蒜去皮，拍松；冬笋和香菇择洗干净，切片备用。

2 锅上火，放油烧至七成热时将鱼下锅，炸成金黄色时捞出，控油备用。

3 锅中放油烧热，放入葱段、姜片、蒜瓣炒出香味，烹入料酒、醋、酱油，加入适量高汤、白糖、精盐、味精，烧开后放入带鱼，开锅后转小火慢炖，最后大火收浓汁即可。

制作关键： 烧鱼时用小火慢烧，汁收浓即可。

营/养/价/值

带鱼含有丰富的镁元素，对心血管系统有很好的保护作用。常吃带鱼还有养肝补血、泽肤、养发、健美的功效。带鱼的脂肪含量高于一般鱼类，且多为不饱和脂肪酸，这种脂肪酸的碳链较长，具有降低胆固醇的作用。

热菜

蒜蓉苋菜

特点：清淡爽口

主料： 苋菜10千克

调料： 植物油0.15千克、精盐0.05千克、味精0.015千克、蒜0.2千克、葱0.075克

制作过程

1 将苋菜去根和老叶，洗净；葱、蒜去皮，择洗干净，切末和蓉备用。

2 锅上火，放水烧开，放入苋菜焯水后捞出，控水备用。

3 锅上火，放油烧热，放葱末、蒜蓉炒出香味，然后倒入苋菜，放入精盐煸炒，再用味精搅拌匀即可。

制作关键： 苋菜焯水时不要时间太长。

营/养/价/值

苋菜的维生素C含量高居绿色蔬菜第一位，它富含钙、磷、铁等营养物质，而且不含草酸，所含钙、铁进入人体后很容易被吸收利用，还能促进儿童牙齿和骨骼的生长发育。常吃苋菜还可以减肥，增强体质。

西红柿牛肉

特点：咸鲜微酸 风味独特

主料： 西红柿10千克、牛肉15千克

调料： 植物油0.2千克、精盐0.06千克、味精0.015千克、葱0.15千克、姜0.03千克、料酒0.15千克、白糖0.3千克

制作过程

1 将牛肉洗净切成2.5厘米的块；西红柿洗净，用热水烫一下，去皮、去柄，切角块；葱、姜洗干净，分别切段和块。

2 锅内放水烧开，下入牛肉焯水，撇去浮沫备用。

3 锅上火，放油烧热，下入葱段和姜块炝锅，倒入牛肉煸炒，再烹入料酒，加入精盐、白糖和适量的热水，用旺火烧开，转小火慢炖。出锅时放入西红柿炖熟，放入味精出锅即可。

营/养/价/值

牛肉含有丰富的蛋白质、氨基酸组成比猪肉更接近人体需要，能提高机体抗病能力，特别适宜生长发育阶段及手术后、病后调养的人。中医认为牛肉有补中益气、滋养脾胃、强健筋骨、化痰息风的功效。西红柿性味酸甘，有生津止渴、健胃消食、清热解毒的功效。

鲜菇菜花

特点：清淡爽口 营养丰富

主料： 菜花7.5千克

配料： 鲜香菇5千克，青、红尖椒各0.5千克

调料： 植物油0.15千克、精盐0.075千克、味精0.05千克、葱0.05千克、姜0.03千克、蒜0.05千克、水淀粉适量

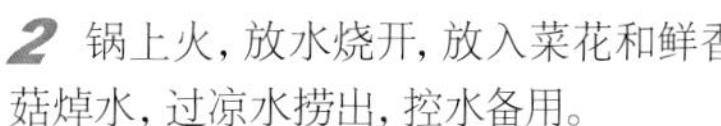

1. 将菜花掰成小朵，择洗干净。鲜香菇去根，洗干净，坡刀切成小片。青、红尖椒去籽、去蒂，洗干净，切成菱形片。葱、姜、蒜择洗干净，切末备用。

2. 锅上火，放水烧开，放入菜花和鲜香菇焯水，过凉水捞出，控水备用。

3. 锅上火，放油烧热，放入葱、姜、蒜炝锅出香味，再放入青尖椒、红尖椒、香菇、菜花煸炒，最后放入精盐、味精炒熟，用水淀粉勾芡即可。

制作关键： 菜花焯水不宜过长，否则易烂。

营/养/价/值

菜花的营养较一般蔬菜丰富，它含有蛋白质、脂肪、碳水化合物、食物纤维、多种维生素和钙、磷、铁等矿物质。香菇含有高蛋白、低脂肪、多糖、多种氨基酸和多种维生素，能提高机体免疫功能、延缓衰老。

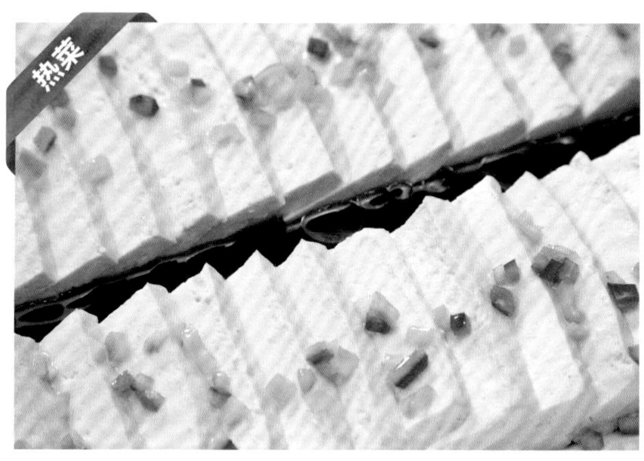

乡村豆腐

特点：咸鲜可口

主料： 自制豆腐7.5千克

配料： 青、红尖椒各0.5千克

调料： 李记豉油3瓶、酱油0.15千克、精盐0.05千克、味精0.025千克

制作过程

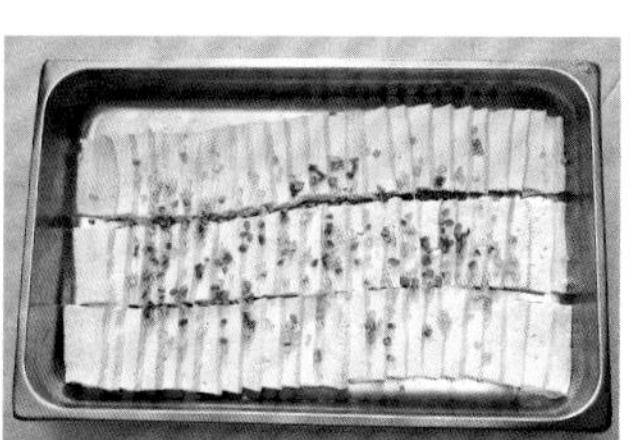

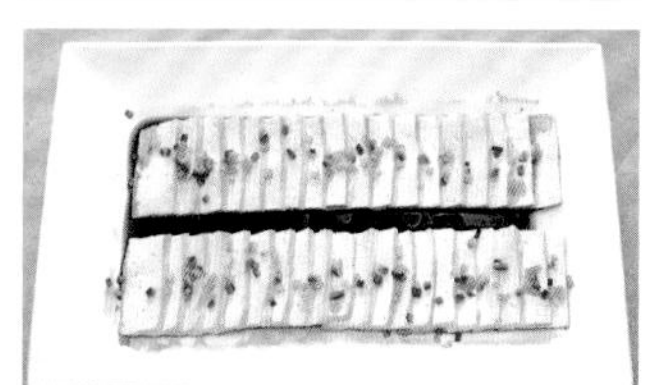

1. 将豆腐切成6厘米长、4厘米宽、0.5厘米厚的片，摆放在蒸盒里，撒上精盐、味精，腌制入味。青、红尖椒去籽、去蒂，洗干净，切粒备用。

2. 把摆好豆腐的蒸盒，放入蒸箱里，蒸30分钟取出。浇入李记豉油和酱油，撒上青、红尖椒粒备用。

3. 锅上火，放油烧热，浇在豆腐上即可。

制作关键： 蒸豆腐的时间不要太长，以防黏在一块。

营/养/价/值

豆腐营养丰富，含有铁、钙、磷、镁等人体必需的多种微量元素，还含有糖类、植物油和丰富的优质蛋白，素有“植物肉”之美称。豆腐可以改善人体脂肪结构。

香葱鸡蛋

主料： 鸡蛋5千克、香葱2千克

调料： 植物油0.6千克、精盐0.075千克

制作过程

1 将鸡蛋打散，放入盆中；香葱去根，择洗干净，切末。

2 将切好的葱末放入打散的蛋液中，放入精盐。

3 锅上火，放入油烧热，倒入拌好的蛋液，在锅中搅拌翻炒，炒熟、炒碎即可。

制作关键： 炒时易黏锅，火候不宜太大，防炒煳。

营/养/价/值

鸡蛋中富含蛋白质、维生素A、维生素B_2、锌等，尤其适合婴幼儿，孕产妇及病人食用。

玉米笋炒腊肠

色泽亮丽
味道可口

主料： 腊肠4千克

配料： 玉米笋3千克、罗汉笋4千克、青尖椒0.25千克、葱0.15千克、姜0.05千克、蒜0.1千克

调料： 植物油0.2千克、精盐0.05千克、味精0.075千克、糖少许、汤适量、水淀粉0.25千克

制作过程

1 将腊肠放入蒸箱，蒸20分钟后取出，斜刀切片。玉米笋、罗汉笋洗净，斜刀切片。青尖椒去籽、去蒂，洗干净切条。葱、姜、蒜择洗干净分别切末，备用。

2 锅上火，放水烧开，放入玉米笋、罗汉笋焯水，捞出控水备用。

3 锅上火，放入油烧热，放入葱、姜、蒜炝锅，再放入青尖椒、玉米笋、罗汉笋煸炒，接着放入腊肠，搅拌均匀。最后放入精盐、味精、糖、汤少许翻炒，炒熟后用水淀粉勾芡，出锅即可。

制作关键： 炒此菜翻锅时，注意不要弄碎食材。

营/养/价/值

腊肠富含蛋白质、碳水化合物、烟酸、维生素C、维生素D、维生素K以及钙、磷、钾、镁等元素。中医认为，罗汉笋味甘、微寒、无毒，具有清热化痰、益气和胃、止消渴、利水道、利膈爽胃之功效。玉米笋含有丰富的维生素、蛋白质、矿物质。

营/养/价/值

黄鱼具有丰富的蛋白质、微量元素和维生素，对人体有很好的补益作用，对体质虚弱的人来说，食用黄鱼会收到很好的食疗效果。黄鱼含有丰富的微量元素硒，能清除人体代谢产生的自由基，能延缓衰老。

豆豉小黄鱼

豉香蒜浓
鱼香酥烂

原料： 小黄鱼7斤、豆豉0.5千克、盐0.01千克、味精0.01千克、酱油0.03千克、老抽0.005千克、蒜蓉0.02千克、葱段0.01千克、姜片0.01千克、大料0.005千克

制作过程

1 将小黄鱼去鳞、去头、去内脏，处理干净，沥干水分，下油锅炸至金黄色捞出。

2 将锅内留底油，下入豆豉（剁碎），炒出香味，下入葱、姜、蒜煸炒，再加入酱油、老抽，下入汤，开锅后，再下入炸好的小黄鱼。开锅后用小火炖1小时，待汁收干倒出晾凉，食用时装盘即可。

营/养/价/值

芹菜营养丰富，含蛋白质、粗纤维等营养物质以及钙、磷、铁等微量元素，还含有挥发性物质，有健胃、利尿、净血、调经、降压、镇静的作用，也是高纤维食物。

凉拌芹菜心

色艳味美
有降血压功效

原料： 芹菜心2.5千克、红尖椒0.05千克、盐0.01千克、味精0.01千克、醋0.01千克，花椒油、香油、辣椒油各少许

制作过程

将芹菜心洗净，切成寸段；红尖椒切段，用沸水焯后再用冷水过凉；芹菜心沥干水分倒入盆中，加入盐、味精、醋、花椒油、香油、辣椒油拌均匀，装盘即可。

五香豆皮

特点 色泽红润 香气扑鼻 味道醇厚

原料： 豆皮2千克，酱油0.4千克，盐0.03千克，葱、姜各0.02千克、香料包（桂皮、八角、花椒、公丁香各少许）1包

制作过程

1 将做好的豆皮卷成卷，用绳子系紧，用油稍微炸一下捞出。

2 葱切3厘米长的段，姜用刀拍扁，香料包用纱布包扎牢固。

3 锅内加入适量的清水（以没过豆皮为宜），下入豆皮、酱油、盐、葱姜和香料包。旺火烧开后，加入老汤烧开，移至小火焖煮1小时捞出，放在案板上，用较重的东西，压在上面晾凉。食用时改刀装盘即可。

营/养/价/值

豆皮中既含有丰富的优质蛋白，又含有大量的卵磷脂，还含有多种矿物质，补充钙质，防止因缺钙引起的骨质疏松，促进骨骼发育，对小儿的骨骼生长极为有利。

香辣变蛋

特点 味美透明 形似果冻

原料： 变蛋50个、蒜蓉0.02千克、盐0.01千克、味精0.01千克、醋0.02千克、辣椒油0.03千克

制作过程

1 将变蛋去皮、去壳，清洗干净后，一个变蛋切成四瓣，依次切完后，码放在盘子中。

2 将蒜蓉、盐、味精、醋、辣椒油调成汁，浇在切好的变蛋上即可。

营/养/价/值

此菜富含碳水化合物、蛋白质、膳食纤维、维生素A、维生素C、维生素E，胡萝卜素、烟酸、核黄素、胆固醇及钙、磷、钾、钠、镁、铁等元素。夏季养生调理，滋阴调理、益智补脑调理，防治消化不良。

第二周

星期三

热
[豆腐圆子]
热
[枸杞银耳西兰花]
热
[鸡里蹦]
热
[如意菜卷]
热
[山药炖兔块]
热
[双椒蒸鲈鱼]
热
[蒜茸木耳菜]
热
[西红柿炒鸡蛋]
凉
[叉烧肉]
凉
[酱疙瘩拌豆腐]
凉
[凉拌藕尖]
凉
[三色海白菜]

热菜

- 豆腐圆子
- 枸杞银耳西兰花
- 鸡里蹦
- 如意菜卷
- 山药炖兔块
- 双椒蒸鲈鱼
- 蒜蓉木耳菜
- 西红柿炒鸡蛋

凉菜

- 叉烧肉
- 酱疙瘩拌豆腐
- 凉拌藕尖
- 三色海白菜

豆腐圆子

主料：豆腐10千克

配料：红绿樱桃

调料：香油0.005千克、精盐0.075千克、味精0.05千克、鸡蛋0.65千克、淀粉1千克、植物油4千克、汤适量

皮脆里嫩
味道鲜美

制作过程

1 将豆腐洗净，压碎成泥，加入调料搅拌均匀，备用。

2 锅上火，放油烧至五成热时，把搅拌好的豆腐泥挤成丸子放入锅中，炸成金黄色捞出，控油备用。

3 锅上火，放入高汤，放入炸好的丸子，加入精盐、味精，调好味，用水淀粉勾芡，放入盘中，红绿樱桃点缀即可。

制作关键：炸的时候油温不要太高。

营/养/价/值

豆腐营养丰富，含有铁、钙、磷、镁等人体必需的多种微量元素，还含有糖类、植物油和丰富的优质蛋白，素有“植物肉”之美称。豆腐可以改善人体脂肪结构。

热菜

枸杞银耳西兰花

特点：营养丰富　清淡爽口

主料： 西兰花10千克

配料： 银耳0.5千克、枸杞0.15千克

调料： 植物油0.2千克、精盐0.05千克、味精0.025千克，汤、水淀粉适量，葱0.15千克、蒜0.025千克

营/养/价/值

西兰花中矿物质成分比其他蔬菜更全面，钙、磷、铁、钾、锌、锰等含量丰富。西兰花除了有抗癌作用以外，还有丰富的抗坏血酸，能增强肝脏的解毒能力，改善机体的免疫力，能有效降低肠胃对葡萄糖的吸收，进而降低血糖，有效控制糖尿病患者的病情。银耳含有丰富的胶质，多种维生素、无机盐、氨基酸，中医认为，银耳有滋阴补肾，润肺，生津止咳、强心健脑、提神补血、补气等功能。

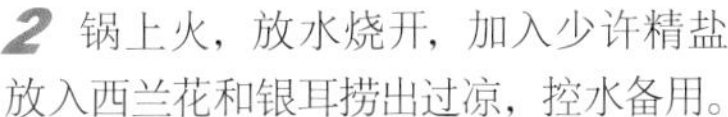

制作过程

1 将西兰花去根，掰成小朵洗干净；银耳用水发开去根，撕成小块；枸杞用水泡开；葱、蒜去皮，择洗干净，切末备用。

2 锅上火，放水烧开，加入少许精盐，放入西兰花和银耳捞出过凉，控水备用。

3 锅上火，放油烧热，放入葱、蒜末炒出香味，再放入西兰花和银耳、枸杞翻炒，加入精盐炒熟，最后放入味精，用水淀粉勾芡，搅拌均匀即可。

制作关键： 银耳和西兰花焯水不宜过长。

热菜

鸡里蹦

特点：色泽分明　清脆鲜香可口

主料： 虾仁5千克、鸡脯肉4千克

配料： 黄瓜7.5千克、红尖椒0.5千克

调料： 植物油2.5千克、精盐0.075千克、味精0.05千克、姜汁0.015千克、鸡蛋清6个、葱0.15千克、蒜0.05千克、水淀粉适量

营/养/价/值

虾仁中含有蛋白质、脂肪、糖类、钙、磷、铁、维生素A、维生素B、烟酸等。虾味甘、咸，性温，有壮阳益肾、补精、通乳之功效。老年人食虾皮，可补钙。黄瓜中含有的葫芦素C，具有提高人体免疫功能的作用；含有的维生素E，可以起到延年益寿，抗衰老的作用；含有的丙醇二酸，可抑制糖类物质变为脂肪。

制作过程

1 将虾仁去虾线，洗净；鸡脯肉切成鸡丁；黄瓜去皮、去籽，洗净，斜刀切成宽1厘米长，2厘米的块；红尖椒去籽、去蒂，洗干净，切成菱形片；葱、蒜去皮，择洗干净，切末备用。

2 将虾仁和鸡丁分别放入两个盆中，加入精盐、鸡蛋清、水淀粉上浆备用。

3 锅上火，放水烧开，放入少许精盐，下入黄瓜焯水捞出，控水备用。

4 锅上火，放油，烧至三成热时放入鸡丁和虾仁滑油，滑熟后捞出，控油备用。锅留少许底油，放入葱、蒜、姜汁、红尖椒片炒出香味，放入黄瓜、鸡丁、虾仁、精盐翻炒，炒熟后加入味精，用水淀粉勾芡均匀即可。

制作关键： 黄瓜焯水不宜过长，虾仁、鸡丁滑油时，温度不要太高。

如意菜卷

味道鲜美
香而不腻

主料： 猪肉馅3千克、大白菜叶子7.5千克

配料： 红尖椒0.5千克、青豆0.05千克

调料： 植物油0.2千克、精盐0.03千克、味精0.03千克、葱0.15千克、姜0.025千克、水淀粉0.5千克、汤适量、酱油0.15千克

制作过程

1 将葱、姜去皮，择洗干净，切末；大白菜叶子洗干净；红尖椒去籽和根，洗净切粒，备用。

2 将猪肉馅加入精盐、酱油、味精、葱末、蒜末、拌匀备用。

3 锅上火，放水烧开，放入白菜叶子，焯水过凉控水，然后把白菜叶子铺开，抹上猪肉馅卷起来，摆在蒸盘里放入蒸箱，蒸 30 分钟取出，码放在盘中备用。

4 锅上火，放入汤，加入精盐、味精、青豆、红椒粒烧开，调好口味，用水淀粉勾薄芡，浇在上面即可。

制作关键： 大白菜叶子焯水时不要煮烂。

营/养/价/值

此菜含有多种营养物质，是人体生理活动所必需的维生素、无机盐及食用纤维素的重要来源。大白菜含有丰富的钙，比番茄高5倍，是糖尿病和肥胖症病人的健康食品。中医认为，白菜性平味甘，有解除烦恼，通利肠胃，利尿通便，清肺止咳的作用。

山药炖兔块

特点

山药软烂
兔肉咸香

主料： 兔子肉10千克

配料： 山药7.5千克

调料： 植物油0.25千克、精盐0.075千克、味精0.02千克、白糖0.2千克、酱油0.3千克、葱0.12千克、姜0.03千克、料酒0.15千克，八角、桂皮、花椒各0.015千克、高汤2.5千克、香葱段0.0005千克、水适量

制作过程

1 将兔子肉洗干净，剁成 3 厘米见方的块；山药去皮，洗干净切成滚刀块；葱、姜择洗干净，切段和片备用。

2 锅上火，放水烧开，放入兔块焯水，捞出过凉，控水备用。

3 锅上火，放油少许，放入白糖炒糖色，视糖色炒好时，快速放入八角、桂皮、花椒、葱段和姜片略炒，再烹入料酒，放酱油、高汤和适量的水烧开，接着放入兔块和精盐，用旺火烧开，改小火炖至七成熟时，放入山药炖熟。最后放入味精搅拌均匀，放入香葱段即可。

制作关键： 山药在锅中炖时不宜过长。

营/养/价/值

兔肉富含大脑和其他器官发育不可缺少的卵磷脂，有健脑益智的功效。山药有健脾益胃、助消化，滋肾益精，益肺止咳，降低血糖之功效。

双椒蒸鲈鱼

主料： 鲜鲈鱼15千克

调料： 植物油0.25千克、黄剁椒0.6千克、红剁椒0.6千克、味精0.15千克、料酒0.2千克、香葱0.25千克、姜0.1千克、蒜0.15千克、精盐0.03千克

制作过程

1 将鲈鱼宰杀，刮去鳞、内脏和腮，剁去头尾，从鱼中间剖成两半，分别在鱼身上片约1厘米深的刀口，再改成5厘米宽的块；香葱、姜、蒜去根、去皮洗干净，分别切末备用。

2 将切好的鱼块用葱、姜、料酒、精盐腌渍20分钟，摆入蒸盒中备用。

3 锅上火放油烧，放入葱、姜、黄剁椒煸炒，放入味精炒好，放在摆好一半的鲈鱼块上。红剁椒和黄剁椒炒法一样，炒好放在另一半鲈鱼块上，然后，把蒸盒放入蒸箱内蒸10分钟，至蒸熟取出，把香葱末、蒜末撒在上面备用。

4 锅上火，放油烧热，均匀地浇在香葱和蒜末上即可。

制作关键： 蒸鱼时间不宜过长，否则鱼肉不嫩。

营/养/价/值

鲈鱼富含蛋白质、维生素A、B族维生素、钙、镁、锌、硒等营养元素；具有补肝肾、益脾胃、化痰止咳之功效，对肝肾不足的人有很好的补益作用。鲈鱼还可治胎动不安、产生少乳等症，是健身补血、健脾益气和益体安康的佳品。

热菜

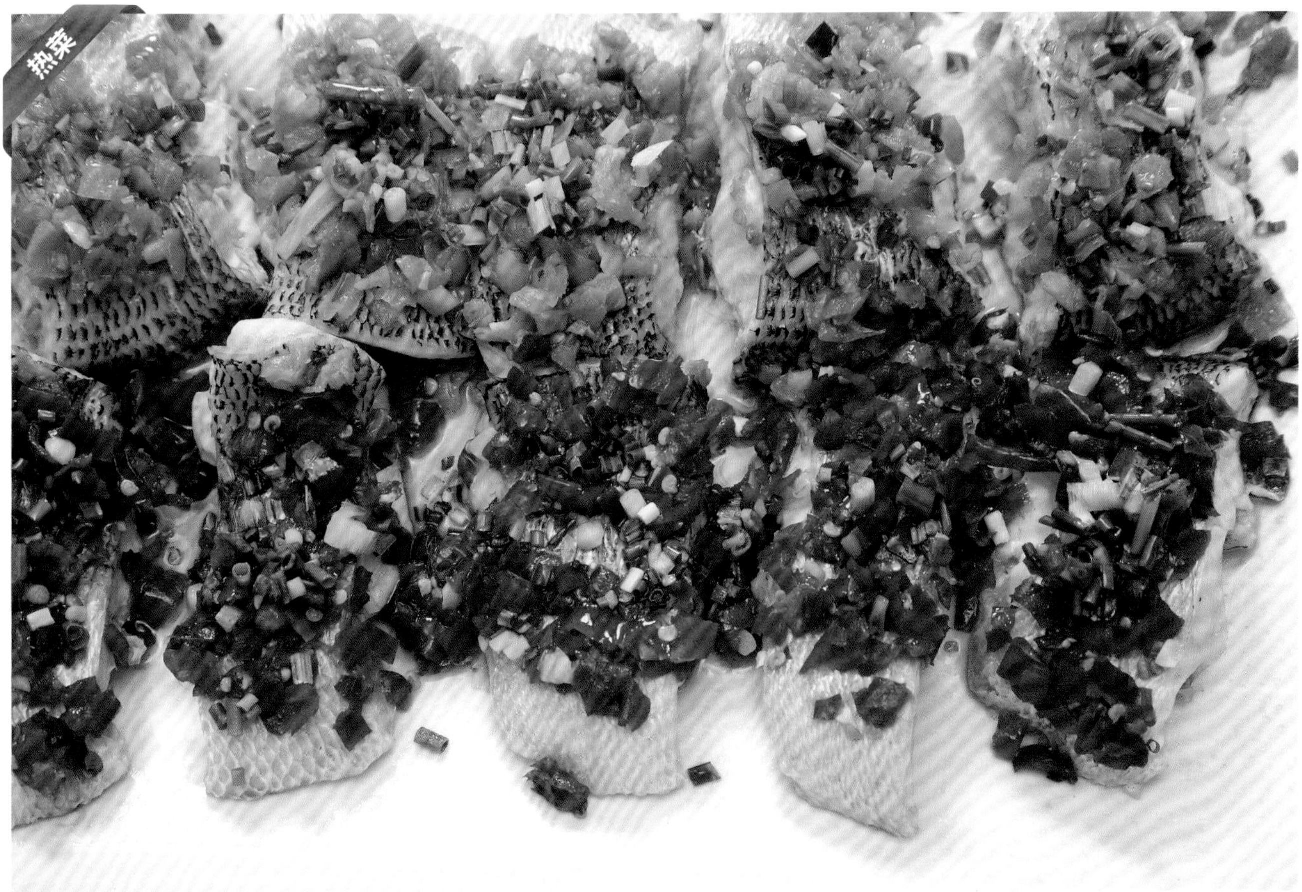

星期一
星期二
星期三
星期四
星期五

蒜蓉木耳菜

蒜香菜爽

主料： 木耳菜10千克

调料： 植物油0.12千克、精盐0.03千克、味精0.15千克、蒜0.2千克、葱0.075千克、香油少许

制作过程

1 将木耳菜去根，摘去叶子洗干净。蒜去皮，洗净，剁成蓉。葱择洗干净，切末。

2 锅上火，放水烧开，放入木耳菜焯水，捞出控水备用。

3 锅上火烧热，放葱末、蒜蓉炒出香味。然后，倒入木耳菜，放入精盐煸炒炒熟，放入味精，淋入香油出锅即可。

制作关键： 木耳菜焯水不宜过长。

营/养/价/值

木耳菜的营养素含量极为丰富，尤其钙、铁等元素含量甚高。其中富含维生素A、维生素C，B族维生素和蛋白质，而且热量低、脂肪少，经常食用有降血压、益肝、清热凉血、利尿、防止便秘等功效。木耳菜钙的含量很高，且草酸的含量极低，是补钙的优选经济菜。

西红柿炒鸡蛋

色泽红亮
酸甜咸香

主料： 西红柿10千克

配料： 鸡蛋3千克

调料： 植物油1千克、精盐0.03千克、白糖0.1千克、葱0.12千克、水淀粉适量

制作过程

1 将西红柿洗净，用开水烫一下，去掉皮切成块；鸡蛋打散，放在盆中搅成蛋液；葱择洗干净，切末备用。

2 锅上火，放油烧热，放入蛋液炒熟备用。

3 锅上火，放水烧开，放入西红柿，焯水捞出，控水备用。

4 锅再次上火，放油烧热，放入葱花，炒出香味，放入西红柿煸炒，加入精盐、白糖，再倒入炒好的鸡蛋，用水淀粉勾芡，搅拌均匀即可。

制作关键： 西红柿焯水时间不要太长。

营/养/价/值

鸡蛋中富含蛋白质、维生素A、维生素B_2、锌等，尤其适合婴幼儿，孕产妇及病人食用。西红柿含有丰富的维生素、矿物质、碳水化合物、有机酸及少量的蛋白质。有促进消化、利尿、抑制多种细菌作用。西红柿中维生素D可保护血管。西红柿中有谷胱甘肽，可推迟细胞衰老。西红柿中胡萝卜素可保护皮肤弹性，促进骨骼钙化。

叉烧肉

原料： 猪通脊肉3千克、盐0.01千克、冰糖0.05千克、番茄酱0.2千克、葱姜适量、酱油0.01克

制作过程

1 将通脊肉改成夹片刀，冲洗干净后用油锅炸一下捞出。锅内留底油，下入冰糖炒成糖色捞出。

2 起锅放入少许油，加入葱段、姜片炝锅，下入番茄酱煸炒，加入汤、盐、糖色酱油，下入炸好的肉。开锅后小火煨40分钟，待汤汁收干即可。

营/养/价/值

此菜为人类提供优质蛋白质和必需的脂肪酸，提供血红素（有机铁）和促进铁吸收的半胱氨酸。猪肉性平味甘，有润肠胃、生津液、补肾气、解热毒的功效。

酱疙瘩拌豆腐

原料： 豆腐2.5千克、酱疙瘩0.8千克、香葱0.02千克、香油0.01千克、味精0.01千克

制作过程

1 先将酱疙瘩切成小粒，香葱切末。

2 将豆腐用开水煮一会儿，捞出，沥干水分，倒入盆中。戴上一次性手套和口罩，用手把豆腐抓碎，放入酱疙瘩粒、味精和香油拌均匀，倒入盘中，上面撒上香葱粒，食用时拌均匀即可。

营/养/价/值

豆腐营养丰富，含有铁、钙、磷、镁等人体必需的多种微量元素，还含有糖类、植物油和丰富的优质蛋白，素有“植物肉”之美称。

凉拌藕尖

原料： 莲藕尖2.5千克、黄瓜0.5千克、红尖椒0.05千克、花生0.5千克、蒜蓉0.05千克、盐0.015千克、味精0.01千克、醋0.005千克、香油少许

制作过程

1 将花生炸熟备用；黄瓜去皮、去瓤，切成条状；红尖椒切条；莲藕尖去皮，洗净切成段。

2 分别将莲藕尖、红尖椒、黄瓜沸水焯后用冷水过凉，沥干水分，倒入盆中，加入蒜蓉、盐、味精、醋、香油、花生米拌均匀，即可装盘。

营/养/价/值

藕的营养价值很高，富含铁、钙等微量元素，植物蛋白质、维生素以及淀粉含量也很丰富，有明显的补益气血，增强人体免疫力的作用。藕有大量的单宁酸，有收缩血管的作用，可用来止血。莲藕中含有黏液蛋白和膳食纤维，能与人体内胆酸盐，食物中胆固醇及甘油三酯结合，使其从粪便中排出，从而减少脂类的吸收。

三色海白菜

凉菜

原料： 海白菜2千克、黄彩椒0.02千克、红尖椒0.02千克、蒜蓉0.02千克、盐0.005千克、味精0.005千克、香油0.01千克、辣椒油0.01千克

制作过程

1 先将海白菜切成小丁，黄彩椒切丁，红尖椒切丁。

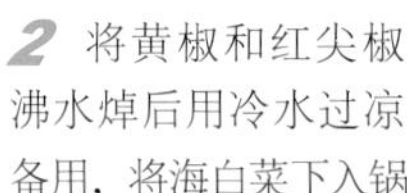

2 将黄椒和红尖椒沸水焯后用冷水过凉备用，将海白菜下入锅中煮10分钟，捞出过凉，沥干水分，倒入盆中。下入盐、味精、蒜蓉、香油、辣椒油、黄彩椒和红尖椒，拌均匀即可装盘。

营/养/价/值

海白菜主要含有蛋白质，脂肪，碳水化合物，粗纤维，以及多种矿物质和维生素，尤其是硒和碘的含量很高。海白菜性味咸寒，具有清热解毒的功效，有防止夏季高温环境下中暑的功效。

第二周

星期四

热
[五仁牛肉粒]
热
[豆豉鲮鱼莜麦菜]
热
[卤煮豆腐]
热
[茭白炒肉片]
热
[密制酱香酥鸭]
热
[虾仁熘水蛋]
热
[鱼蓉狮子头]
热
[干锅东山羊]
凉
[凉拌香椿豆]
凉
[美极萝卜卷]
凉
[蒜香皮冻]
凉
[蒜泥苋菜]

星期四

热菜

- 五仁牛肉粒
- 豆豉鲮鱼莜麦菜
- 卤煮豆腐
- 茭白炒肉片
- 密制酱香酥鸭
- 虾仁熘水蛋
- 鱼蓉狮子头
- 干锅东山羊

凉菜

- 凉拌香椿豆
- 美极萝卜卷
- 蒜香皮冻
- 蒜泥苋菜

五仁牛肉粒

主料： 牛通脊肉4千克

配料： 彩椒4千克、绿青椒2千克、腰果0.05千克、黑白芝麻0.02千克、松仁0.01千克、花生米0.05千克

调料： 植物油3千克、精盐0.065千克、味精0.03千克、料酒0.15千克、鸡蛋5个、水淀粉适量、葱0.15千克、姜0.03千克、料酒0.06千克

制作过程

1 将牛通脊肉洗干净，切成1厘米宽的粒；彩椒和青椒去籽和蒂，洗干净，切成小菱形块，葱、姜择洗干净，切末备用。

2 将切好的牛通脊肉加入精盐、味精、料酒、酱油，鸡蛋用水淀粉上浆备用。

3 锅上火，把黑白芝麻炒熟后盛出。锅里放少许油，将腰果、花生米炸熟酥脆捞出，控油。锅内油温降到五成热时，把牛肉粒放入滑油，滑熟后捞出，控油备用。

4 锅上火，放水烧开，放彩椒块和青椒块焯水，捞出控水备用。

5 锅上火，放油烧热，放葱末、姜末炒出香味，放入焯完水的彩椒块和青椒块煸炒，放入精盐和牛肉粒翻炒均匀，炒熟放入味精和炸好的腰果、黑白芝麻、花生米翻炒均匀即可。

制作关键： 滑牛肉粒时油温要控制好。

营/养/价/值

牛肉含锌、镁，锌是一种有助于合成蛋白质、促进肌肉生长的微量元素。镁则支持蛋白质的合成，增强肌肉力量，更重要的是可提高胰岛素合成代谢的效率。牛肉含有丰富的蛋白质，氨基酸组成比猪肉更接近人体需要，能提高机体抗病能力，对生长发育及手术后、病后调养的人在补充失，修复组织等方面特别适宜。中医认为牛肉有补中益气、滋养脾胃、强健筋骨、化痰息风的功效。

热菜

豆豉鲮鱼莜麦菜

鲜香味美

主料：莜麦菜7.5千克、豆豉鲮鱼5盒

调料：植物油0.15千克、精盐0.05千克、葱0.1千克、姜0.05千克、蒜0.01千克、味精0.015千克

营/养/价/值

莜麦菜含有大量维生素和钙、铁、维生素A等成分，是生食蔬菜中的上品。鲮鱼味甘、性平，无毒；入肝、肾、脾、胃四经，具有健筋骨，通小便之功效。鲮鱼富含丰富的蛋白质、维生素A、钙、镁、硒等营养元素，肉质细嫩、味道鲜美。豆豉味苦、性寒，入肺、胃经，有疏风、解表、清热、除湿解毒的功效。

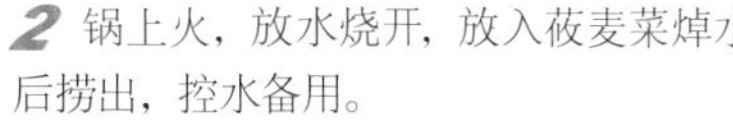

1 将莜麦菜去根，洗干净切成5厘米的段；鲮鱼切碎；葱、姜、蒜择洗干净，切末备用。

2 锅上火，放水烧开，放入莜麦菜焯水后捞出，控水备用。

3 锅上火，放油烧热，放入葱、姜、蒜炝炒，再放入豆豉鲮鱼煸炒出香味，放入莜麦菜翻炒片刻，加入精盐、味精，炒均匀即可。

制作关键：莜麦菜焯水时间不宜太长。

卤煮豆腐

特点

色泽红亮
腐乳味浓

主料：豆腐10千克

配料：香菜0.5千克

配料：植物油4千克、精盐0.05千克、腐卤汁0.12千克、韭花酱0.15千克、芝麻酱0.1千克、辣椒油0.075千克、酱油0.25千克、味精0.02千克、葱0.12千克、姜0.03千克、蒜0.03千克、高汤2.5千克

营/养/价/值

豆腐营养丰富，含有铁、钙、磷、镁等人体必需的多种微量元素，还含有糖类、植物油和丰富的优质蛋白，素有“植物肉”之美称。

制作过程

1 将豆腐洗净，切成三角块；香菜去根和黄叶，择洗干净切段；葱、姜、蒜洗净切末，备用。

2 锅上火放油，烧至七成热时，炸成金黄色控油备用。

3 锅上火放油，放入葱、姜、蒜，炒出香味，放入酱油、高汤、精盐、腐乳汁、韭花酱、芝麻酱烧开，再下入豆腐，改小火煮15分钟，放入味精、辣椒油收浓汁，撒上香菜段即可。

制作关键：煮豆腐时宜小火，味道更佳。

茭白炒肉片

特点 鲜咸味美 香而爽口

主料： 猪通脊肉4千克

配料： 茭白7.5千克、青尖椒2千克、红尖椒2千克

调料： 植物油3千克、精盐0.05千克、味精0.03千克、酱油0.15千克、料酒0.2千克、鸡蛋5个、淀粉0.5千克、汤适量、葱0.15千克、姜0.03千克、蒜0.015千克

制作过程

1 将猪通脊肉洗净，切成0.2厘米厚的菱形片。茭白去皮，洗干净，切成0.2厘米、厚1.5厘米宽的菱形片。青、红尖椒去籽、去蒂洗净，切成菱形片。葱、姜、蒜去皮，洗干净切末备用。

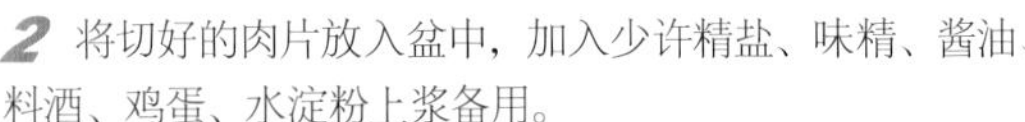

2 将切好的肉片放入盆中，加入少许精盐、味精、酱油、料酒、鸡蛋、水淀粉上浆备用。

3 锅上火放油，烧至四成热时，放入浆好的肉片，滑熟捞出控油，备用。

4 锅上火，放水烧开，放入茭白焯水，捞出控水备用。

5 锅上火，放油烧热，放入葱、姜、蒜末，炒出香味，放入青红尖椒片煸炒，再放入茭白片、精盐翻炒片刻，最后加入滑熟的肉片，撒上味精炒均匀，用水淀粉勾芡即可。

制作关键： 茭白焯水不要太长，肉片滑油时要控制好油温。

营/养/价/值

茭白含有丰富的具有解酒作用的维生素，有解酒的功用；它的有机氮素以氨基酸状态存在，并能提供硫元素，营养价值很高，容易为人体所吸收。茭白含有较多的碳水化合物、蛋白质、脂肪等，能补充人体的营养物质，具有健壮机体的作用。猪肉为人类提供优质蛋白质和必需的脂肪酸，提供血红素（有机铁）和促进铁吸收的半胱氨酸，能改善缺铁性贫血。猪肉性平味甘、润肠胃、生津液、补肾气、解热毒的功效。

热菜

密制酱香酥鸭

酥脆香辣

主料： 白条鸭15千克

调料： 植物油2千克、葱1.5千克、姜1千克、香叶0.2千克、八角0.15千克、花椒0.15千克、精盐0.45千克、味精0.15千克、自制酱1千克

营/养/价/值

鸭肉中含有丰富的烟酸，它是构成人体两种重要辅酶的成分之一。鸭肉中的脂肪酸熔点低，易于消化，所含B族维生素和维生素E较其他肉类多。

制作过程

1 将鸭子去尾尖，从脊背片开洗干净；葱、姜择洗干净，切段和片备用。

2 用精盐、味精、葱段、姜片以及各种香料把鸭子腌渍入味，备用。

3 将腌好的鸭子摆入蒸盒上蒸一个半小时取出，拣掉葱、姜和各种香料。

4 锅上火，放油烧热，放入鸭子浸炸，炸至酥脆捞出，控油，然后改刀，抹上密制酱即可。

制作关键： 炸鸭子时要控制油温。

注： 密制酱配料：老干妈酱0.4千克、孜然面0.15千克、味精0.025千克、花椒面、芝麻少许。

虾仁熘水蛋

鲜咸味美
水蛋软嫩

主料： 鸡蛋4千克、虾仁2千克

配料： 青、红尖椒0.5千克

调料： 精盐0.1千克、味精0.025千克、葱0.1千克、香油少许、水4千克、汤和水淀粉适量、油0.15千克

营/养/价/值

虾仁中含有蛋白质、脂肪、糖类、钙、磷、铁、维生素A、维生素B、烟酸等。虾味甘、咸，性温，有壮阳益肾、补精、通乳之功效。鸡蛋还有延缓衰老，健脑益智等作用。

制作过程

1 将鸡蛋打入盆中，放入精盐和水搅成蛋液；青、红尖椒去籽、去蒂洗干净，切成粒状；虾仁去虾线，洗干净；葱择洗干净，切末备用。

2 把搅好的蛋液倒入蒸盒中，放入蒸箱蒸15分钟，蒸熟取出。

3 锅上火放水，烧开加入少许精盐、虾仁、青红尖椒丁焯水，捞出后控水备用。

4 锅上火，放油烧热，放入葱末炒香，放入汤烧开，加入精盐、味精、虾仁，改小火，将虾仁煨熟，放入青红尖椒丁，开锅后用水淀粉勾薄芡，倒在蒸好水蛋上即可。

制作关键： 蛋液加水要适量，蒸的火候不宜太猛。

鱼蓉狮子头

特点：软嫩适口 鲜咸味美

主料：鲜胖头鱼尾15千克

配料：豆腐2千克，牛腿瓜7.5千克，油菜心、枸杞各少许

调料：精盐0.15千克、葱姜水0.6千克、味精0.05千克、鸡蛋清0.75千克、水淀粉适量、汤1.5千克

制作过程

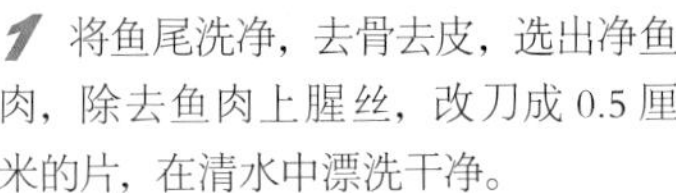

1 将鱼尾洗净，去骨去皮，选出净鱼肉，除去鱼肉上腥丝，改刀成0.5厘米的片，在清水中漂洗干净。

2 将豆腐切成绿豆大小的粒，牛腿刮去皮，洗干净，也切成和豆腐一样大小的粒。

3 将鱼肉放入粉碎机中，加入葱姜水、鸡蛋清、精盐、水淀粉搅成鱼蓉上劲。然后放入瓜丁和豆腐搅拌均匀。

4 锅内放入冷水，用手将鱼蓉挤成乒乓球大小的圆子，放入水中，小火烧至60℃~70℃，将鱼蓉圆子焖熟捞出。

5 锅内放入汤烧沸，加入精盐、味精调好口味，放入鱼蓉圆子焖制入味，再放入油菜心和枸杞即可。

制作关键：要冷水下锅，焖制火候要控制好。

营/养/价/值

鱼肉含有丰富的镁元素，对心血管系统有很好的保护作用；鱼肉含有维生素A、铁、钙、磷等，有养肝补血、润肤养发的功效。此菜营养丰富，具有滋补健胃、利水消肿、通乳、清热解毒、止咳下气的功效。

干锅东山羊

特点：香辣可口 肉鲜味美

主料：东山羊肉10千克

配料：美人椒2千克、莲藕5千克、线椒2千克

调料：植物油0.2千克、精盐0.075千克、味精0.015千克、料酒0.15千克、酱油0.2千克、花椒0.02千克、八角0.015千克、香叶0.01千克、葱0.5千克、姜0.05千克、鲜汤适量

制作过程

1 将东山羊肉洗干净，美人椒和线椒洗干净，顶刀切圈。莲藕去皮，洗干净切片。葱择洗干净，一半切段，另一半切葱花。姜去皮，洗干净切片备用。

2 锅上火，放水烧开，放入酱油、精盐、葱段、姜片，将花椒、八角、香叶装入料袋和东山羊放入锅内，开锅后煮25分钟，捞出晾凉，切成片备用。

3 锅上火，放水烧开，放入莲藕片焯水，捞出过凉，控水备用。

4 锅上火，放油烧热，放入葱花炒香，再放入美人椒、线椒圈、莲藕片翻炒，烹入料酒、酱油，放入切好的羊肉片，加入少许鲜汤和味精炒匀炒熟，出锅即可。

制作关键：东山羊肉在制作过程中，不要煮得太过，用中火炒出，口感更好。

营/养/价/值

东山羊皮薄脯厚，肉嫩香甜，没有膻味，营养价值很高。不仅味道鲜美，被列为席上佳肴，而且还能入药，具有温中暖下、益气补肾、治暑渴、止呃逆的功效。

凉拌香椿豆

颜色鲜艳
蛋白质含量高 适用于各类人群

原料： 黄豆2.5千克、香椿苗0.5千克、红尖椒0.01千克、盐0.01千克、味精0.005千克、大料0.005千克、香油0.01千克

制作过程

1 先将黄豆洗干净水泡3～4小时后，起锅加入水、盐、大料，黄豆煮熟捞出，沥干水分晾凉，倒入盆中。

2 将红尖椒切成粒，沸水焯后过凉，倒入盆中。

3 香椿苗洗净也倒入盆中，加入味精、香油拌均匀即可装盘。

营/养/价/值

大豆含有丰富的蛋白质，含有人体必需的氨基酸，可以提高人体免疫力。黄豆中的卵磷脂可除掉附在血管壁上的胆固醇，大豆中的卵磷脂还具有防止肝脏内积存过多脂肪的作用。

美极萝卜卷

色泽艳丽
爽脆可口

原料： 心里美萝卜3千克、盐0.02千克、味精0.005千克、糖0.01千克、醋0.01千克、香油0.01千克、花椒油适量、黄瓜0.03千克、胡萝卜0.03千克

制作过程

1 先将心里美萝卜洗净去皮，切成薄片，用盐腌1小时。萝卜腌好沥干水分，加入糖、醋、香油、花椒油搅拌均匀备用。

2 黄瓜切丝，胡萝卜切丝，用沸水焯后过凉，用盐、味精、香油拌均匀备用。

3 黄瓜丝和胡萝卜丝放在心里美萝卜片上卷成卷，依次卷完，码放在盘中，用香菜叶点缀即可。

营/养/价/值

心里美萝卜富含膳食纤维、维生素A，胡萝卜素、钙、磷、钠、铁等元素。心里美萝卜能诱导人体自身产生干扰素，增加机体免疫力。

蒜香皮冻

原料： 猪肉皮2.5千克、水7.5千克、盐0.015千克、味精0.01千克、醋0.01千克、老抽0.01千克、香油0.01千克、蒜蓉0.02千克、辣椒油0.01千克

制作过程

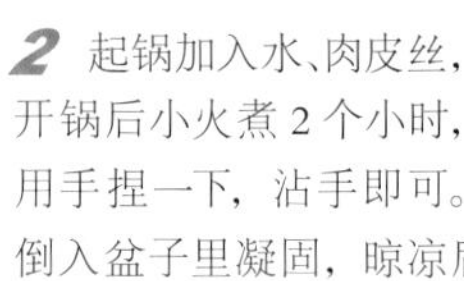

1 将猪肉皮去净小毛和肥膘肉，洗净切丝。

2 起锅加入水、肉皮丝，开锅后小火煮 2 个小时，用手捏一下，沾手即可。倒入盆子里凝固，晾凉后放入冰箱中（保持常温）。食用时改刀切片，码放在盘中。

3 将蒜蓉、老抽、醋、味精、香油、辣椒油兑成碗汁，食用时浇在切好的皮冻上面，用香菜叶点缀即可。

营/养/价/值

此菜含有大量的胶原蛋白，它在烹调过程中可转化成明胶，明胶具有网状空间结构，它能结合很多水，增强细胞生理代谢，有效地改善机体生理功能和皮肤组织的储水功能，使细胞得到滋润，保持湿润状态。

蒜泥苋菜

原料： 苋菜4千克、盐0.015千克、味精0.005千克、蒜蓉0.02千克、醋0.015千克、香油0.01千克

制作过程

将苋菜择好洗净，下入开水锅中烫一下，捞出过凉，沥干水分后倒入盆中，加入盐、味精、蒜蓉、醋、香油拌均匀即可装盘。

营/养/价/值

苋菜的维生素C含量高居绿色蔬菜第一位，它富含钙、磷、铁等营养物质，而且不含草酸，所含钙、铁进入人体后很容易被吸收利用，还能促进儿童牙齿和骨骼的生长发育。苋菜对于维持正常心肌活动，促进凝血也大有裨益，这是因为它所含丰富的铁可以合成红细胞中的血红蛋白，有造血和携带氧气的功能，最宜贫血患者食用。常吃苋菜还可以减肥，增强体质。

第二周

星期五

热
[菠萝鸡片]
热
[大蒜烧鮰鱼]
热
[茴香炒鸡蛋]
热
[尖椒丝瓜]
热
[椒盐虾]
热
[素鸡炖肉]
热
[蒜蓉茼蒿]
热
[香芹土豆丝]
凉
[凉拌羊头肉]
凉
[芥末辣白菜]
凉
[双椒银芽]
凉
[五香鹅胗]

星期五

热菜

- 菠萝鸡片
- 大蒜烧鮰鱼
- 茴香炒鸡蛋
- 尖椒丝瓜
- 椒盐虾
- 素鸡炖肉
- 蒜蓉茼蒿
- 香芹土豆丝

凉菜

- 凉拌羊头肉
- 芥末辣白菜
- 双椒银芽
- 五香鹅胗

菠萝鸡片

主料： 鸡脯肉4千克

配料： 菠萝10千克，青、红尖椒各2千克

调料： 植物油4千克、精盐0.05千克、鸡蛋清5个、白醋0.15千克、白糖0.3千克、水淀粉0.5千克、葱0.15千克、汤少许

制作过程

1 将鸡脯肉切成薄片，用精盐、料酒、鸡蛋清上浆；菠萝去叶、去皮和蕊，洗干净，切成0.5厘米厚的片；青、红尖椒去籽和蒂，洗干净切成菱形片；葱择洗干净，切末备用。

2 锅上火，放水烧开，放入菠萝和青、红尖椒片焯水过凉备用。

3 将汤、精盐、白醋、水淀粉兑成汁备用。

4 锅上火放油，烧至四成热时，放入鸡片滑散、滑熟，捞出控油备用。

5 锅上火放油少许，放葱末炝出香味，倒入兑好的汁，迅速放入菠萝，青、红尖椒片和鸡片，快速翻炒均匀即可。

制作关键： 鸡片滑油时，油温要控制好，不要滑老。

营/养/价/值

鸡肉中蛋白质的含量较高，氨基酸种类多，而且消化率高，很容易被人体吸收利用，有增强体力、强壮身体的作用。鸡肉含有对人体生长发育有重要作用的磷脂类，是中国人膳食结构中脂肪和磷脂的重要来源之一。鸡肉对营养不良、畏寒怕冷、乏力疲劳、月经不调、贫血、虚弱等症状有很好的食疗作用。中医认为，鸡肉有温中益气、补虚填精、健脾胃、活血脉、强筋骨的功效。菠萝中所含糖、盐类和酶有利尿作用，适当食用对肾炎、高血压病患者有益。中医认为，菠萝性味甘平，具有健脾消食、补脾止泻、清胃解渴之功效。

大蒜烧鮰鱼

蒜香味浓
鱼鲜味美

主料： 鮰鱼15千克

配料： 蒜瓣2千克，青、红尖椒各0.5千克

调料： 植物油4千克、姜0.15千克、葱0.2千克、花椒0.05千克、大料0.05千克、精盐0.1千克、味精0.05千克、料酒0.15千克、酱油0.2千克，糖、醋、鲜汤、水淀粉各适量

营/养/价/值

此菜蛋白质含量丰富，其中所含必需氨基酸最适合人体需要，因此，是人类摄入蛋白质的良好来源。此菜含有丰富的矿物质，如铁、钙、磷。

制作过程

1 将鮰鱼宰杀，去头、去尾、去内脏，洗净，切成4厘米的块；葱、姜和青、红尖椒择洗干净切段和片，将切好的鮰鱼段加入精盐、料酒、葱段、姜片各少许腌渍入味，去腥备用。

2 锅上火放油，烧至六成热时，把鮰鱼块炸成金黄色时，捞出控油备用。

3 锅再次上火，放油烧热，将蒜瓣放入锅中，炸成金黄色捞出。把油留在锅中，放入花椒、大料、葱段、姜片，烹入料酒、醋、酱油，加入鲜汤、精盐、味精、白糖烧开，放入炸好的鮰鱼，再倒入炸好的蒜瓣，转小火慢烧，烧至汁黏时入味，用水淀粉勾芡，出锅即可。

制作关键： 烧鮰鱼时火候要适中。

茴香炒鸡蛋

口味咸香

主料： 鸡蛋5千克

配料： 茴香2.5千克

调料： 植物油1千克、精盐0.03千克、味精0.015千克、葱0.12千克

营/养/价/值

鸡蛋具有健脑益智等作用。茴香主要成分是茴香油，能刺激胃肠神经血管，促进消化液分泌，增加胃肠蠕动，有健胃，行气的功效。

制作过程

1 将茴香去根及老茎，洗干净切末，葱择洗干净，切末备用。

2 将鸡蛋打散放入盆中，加入切好的茴香末和葱末，加入精盐、味精搅匀备用。

3 锅上火，放油烧热，倒入蛋液，炒熟即可。

制作关键： 茴香的叶子细密，容易藏有细沙或其他杂质，在清洗时要注意。

尖椒丝瓜

主料： 丝瓜10千克

配料： 青、红尖椒5千克

调料： 植物油0.15千克、精盐0.05千克、味精0.02千克、料酒0.02千克、葱0.12千克、姜0.03千克、蒜0.035克、白醋少许

制作过程

1 将丝瓜去皮、去瓤洗净，切顶刀片；尖椒去蒂、去籽，洗净，顶刀切圈；葱、姜、蒜择洗干净，切末备用。

2 锅上火，放水烧开，放入少许白醋，下入丝瓜焯水，捞出控水备用。

3 锅上火，放油烧热，放入葱、姜、蒜，炝出香味，下入尖椒煸炒片刻，加入丝瓜、精盐、味精翻炒，均匀即可。

制作关键： 丝瓜焯水时，加入少许白醋，丝瓜不易发黑。

营/养/价/值

丝瓜的营养价值很高，富含粗纤维、钙、磷、铁等。丝瓜味甘性平，有清暑凉血、解毒通便、祛风化痰、润肌美容、通经络、行血脉等功效。

椒盐虾

主料： 鲜虾7.5千克

配料： 青、红尖椒各0.5千克

调料： 植物油4千克、葱0.12千克、味精0.005千克、椒盐0.05千克、干淀粉0.5千克

制作过程

1 将鲜虾洗干净，加入干淀粉拌均匀备用。

2 青、红尖椒去蒂和籽，洗净切粒；葱洗干净，切末备用。

3 锅上火放油，烧至七成热时，放入拌好的虾，炸至酥脆备用。

4 锅再次上火，放入少许油，下入葱末，青、红椒粒爆香，放入炸好的虾翻炒，撒入椒盐即可。

制作关键： 炸虾时油温不要太低。

营/养/价/值

虾肉中含有蛋白质、脂肪、糖类、钙、磷、铁、维生素A、维生素B、烟酸等。虾味甘、咸，性温，有壮阳益肾、补精、通乳之功效。老年人食虾皮，可补钙。

素鸡炖肉

主料：带皮五花肉7.5千克、豆腐皮5千克

调料：植物油4千克、精盐0.065千克、料酒0.075千克、味精0.025千克、白糖0.2千克、葱0.15千克、姜0.1千克、蒜0.075千克、花椒0.005千克、大料0.005千克、桂皮0.005千克、酱油0.2千克、水适量

制作过程

1 将五花肉加工干净，切成2.5厘米见方的块；葱、姜洗干净，切段和块；蒜去皮；豆腐皮洗净，切成2厘米宽，9厘米长的条，系成扣的形状备用。

2 锅上火，加水烧开，下入五花肉焯水，撇去浮沫，捞出控水备用。

3 锅上火，放少许油，加入白糖，炒至深红色，将猪肉、葱段、姜块、蒜、花椒、大料、桂皮放入锅中煸炒至色泽红亮，烹入料酒、酱油，加入适量开水，放入精盐大火烧开，转小火炖20分钟，放入系好的豆腐皮，30分钟待肉炖烂即可。

制作关键：豆腐皮做素鸡时要系好，糖色不要炸老。

营/养/价/值

五花肉含有丰富的优质蛋白和人体必需的脂肪酸，并提供血红素（有机铁）和促进铁吸收的半胱氨酸，能改善缺铁性贫血。五花肉营养丰富，容易吸收，有补充皮肤养分、美容的效果。豆皮中含有丰富的优质蛋白，营养价值较高；又含有大量的卵磷脂。

热菜

蒜蓉茼蒿

特点 清香爽口

主料： 茼蒿10千克

调料： 植物油0.25千克、精盐0.075千克、味精0.02千克、蒜瓣0.5千克

营/养/价/值

茼蒿含有丰富的维生素、胡萝卜素及多种氨基酸，可以养心安神、降压补脑，清血化痰，润肺补肝，稳定情绪，防止记忆力减退。茼蒿中还含有多种氨基酸、脂肪、蛋白质及较高含量的钾等矿物盐，能调节体内代谢。

制作过程

1 将茼蒿去根，黄叶择洗干净；蒜瓣去皮，洗干净，剁成蓉备用。

2 锅上火，放水烧开，加入少许精盐，再放入茼蒿焯水，捞出控水备用。

3 锅上火，放油烧热，放入蒜蓉炒香，然后放入茼蒿翻炒，加精盐炒至断生，最后撒入味精拌匀即可。

制作关键： 此菜要控水，用旺火炒的时候要快。

香芹土豆丝

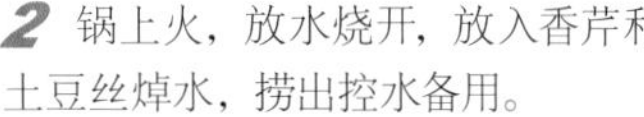

特点 清香爽口

主料： 土豆8千克

配料： 香芹2千克

调料： 植物油0.15千克、精盐0.075千克、味精0.02千克、葱0.02千克、蒜0.025千克、干辣椒段0.005千克、香油少许

制作过程

1 将土豆去皮洗净，切成火柴梗粗细均匀的丝，用水冲洗去淀粉，泡在凉水中。香芹择去根和叶，切成3～4厘米的段。葱、蒜择洗干净，切末备用。

2 锅上火，放水烧开，放入香芹和土豆丝焯水，捞出控水备用。

3 锅上火，放油烧热，放入干辣椒段、葱、蒜末炝锅出香味，再放入香芹和土豆丝翻炒，放入精盐、味精炒匀炒熟，淋入香油即可。

制作关键： 土豆丝要用水洗干净淀粉，否则易黑。

营/养/价/值

土豆因其营养丰富而有“地下人参”的美誉，含有淀粉、蛋白质、脂肪、粗纤维，还含有钙、磷、铁、钾等矿物质及维生素A、维生素C及B族类维生素。土豆性平，有和胃、调中、健脾、益气之功效。芹菜营养丰富，含蛋白质、粗纤维等营养物质以及钙、磷、铁等微量元素，还含有挥发性物质。有健胃、利尿、净血、调经、降压、镇静的作用，也是高纤维食物。

凉拌羊头肉

肉质香嫩
鲜美爽口

原料： 羊头10个、葱段0.05千克、姜片0.05千克、花椒0.01千克、干辣椒0.01千克、大料0.005千克、盐0.05千克、味精0.005千克、大蒜0.05千克、辣椒油0.03千克、胡椒粉0.005千克、酱油0.02千克、香菜0.03千克、香油0.01千克

制作过程

1 先将羊头洗干净，焯水去掉浮沫，捞出过凉。

2 另起锅上火加水、葱段、姜片、大料、盐、味精、干辣椒、胡椒粉、花椒，下入羊头开锅后改小火煮熟捞出，将羊头肉剔掉，然后再用保鲜膜将肉卷成卷，用重物体压制，晾凉后，改刀切片，码放在盘中。

3 将蒜瓣捣碎成蒜泥，加入盐、味精、酱油、辣椒油、香菜末兑成碗汁，食用时浇在切好的羊头肉上面即可。

营/养/价/值

每百克羊肉含蛋白质13.3克，脂肪34.6克，碳水化合物0.7克，钙11毫克，磷129毫克，铁2.0毫克，还含有维生素B族、维生素A、烟酸等。羊肉味甘、性温，入脾、胃、肾、心经；温补脾胃。

芥末辣白菜

色泽微黄
芥辣咸香

原料： 大白菜10棵、芥末粉0.5千克、芥末油0.01千克、盐0.015千克、白醋0.015千克、青尖椒0.005千克、红尖椒各0.005千克。

制作过程

1 先将大白菜去掉外层的老菜叶，洗净，将每一片大白菜叶从中间劈开，放入开水中烫一下捞出。

2 将芥末粉倒入小盆中，加入适量的开水和白醋调成糊状。

3 将大白菜摆齐码放，一层撒上一层盐，抹上芥末糊，再码上一层大白菜，再抹上一层盐和芥末糊，依次做完。晾凉后，用保鲜膜封好，放进冰箱（保持常温），腌两天即可。食用时改刀装盘，用青、红尖椒粒点缀。

营/养/价/值

白菜富含丰富的粗纤维，不但能起到润肠、促进排毒的作用，又能刺激肠胃蠕动，促进大便排泄。白菜含有蛋白质、脂肪、多种维生素及钙、磷、铁等物质，常食有助于增强机体免疫功能，对减肥健美也具有意义。

特点

香脆爽口

原料： 绿豆芽2.5千克，青、红尖椒各0.1千克，盐0.015千克，味精0.005千克，香油0.01克，花椒油0.01千克，醋0.015千克

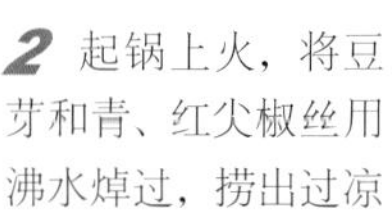

1 将青、红尖椒洗净切成丝；绿豆芽去头、去尾，洗净。

2 起锅上火，将豆芽和青、红尖椒丝用沸水焯过，捞出过凉倒入盆中，加入盐、味精、香油、醋、花椒油拌均匀即可装盘。

营/养/价/值

绿豆芽中含有丰富的维生素C，可以减少维生素C缺乏病。它还有核黄素，对口腔溃疡的人很适合。豆芽的热量很低，而水分和纤维素含量很高，有减肥的作用。

特点

咸鲜香甜
内质脆嫩

原料： 鹅胗2千克、五香料0.1千克（香叶、八角、丁香、桂皮、苹果、山楂）、葱段0.03千克、姜片0.03千克、花椒0.01克、干辣椒0.01克、味精0.005千克、料酒0.01千克、香油0.01千克、高汤1000毫升、纱布袋1个、糖色和盐适量

制作过程

1 用纱布袋把五香料、葱段、姜片、花椒、大料、干辣椒包好系紧。

2 锅内放入高汤、料酒、香油、糖色、盐和纱布袋，同鹅胗烧沸，撇尽浮沫，烧至熟透入味捞出，切片装盘，淋上香油即可。

营/养/价/值

此菜含蛋白质，脂肪，维生素A、B族维生素，烟酸，糖。其中蛋白质的含量很高，同时富含人体必需的多种氨基酸以及多种维生素、微量元素矿物质，并且脂肪含量很低，对人体健康十分有利。鹅胗适宜身体虚弱、气血不足、营养不良之人食用，还可补虚益气，暖胃生津。

第三周

星期一

热
[醋熘白菜]
热
[红烧草鱼]
热
[淮山烧牛尾]
热
[茭白炒肉丝]
热
[苦瓜炒鸡蛋]
热
[肉末雪菜炖豆腐]
热
[蒜蓉空心菜]
热
[三彩鲜桃炒虾仁]
凉
[彩色海蜇]
凉
[葱油花生]
凉
[凉拌荆棘]
凉
[蒜泥羊肉]

热菜

- 醋熘白菜
- 红烧草鱼
- 淮山烧牛尾
- 茭白肉丝
- 苦瓜鸡蛋
- 肉末雪菜炖豆腐
- 蒜蓉空心菜
- 三彩鲜桃炒虾仁

凉菜

- 彩色海蜇
- 葱油花生
- 凉拌荆棘
- 蒜泥羊肉

醋熘白菜

主料： 大白菜10千克

配料： 胡萝卜3千克

调料： 植物油0.25千克、精盐0.05千克、味精0.025千克、白糖0.015千克、醋0.5千克、葱0.15千克、姜0.05千克、水淀粉适量

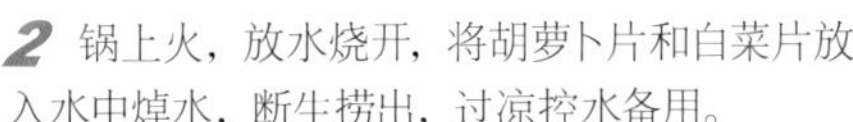

1 将大白菜摘去老叶，洗干净削成坡刀片；胡萝卜去皮，洗干净，切成菱形片；姜去皮，洗干净切粒；葱择洗干净，切末备用。

2 锅上火，放水烧开，将胡萝卜片和白菜片放入水中焯水，断生捞出，过凉控水备用。

3 锅上火，放油烧热，放入葱、姜炝出香味，再放入焯好水的胡萝卜和白菜片翻炒，加入精盐、味精、白糖、醋、炒均匀，最后用水淀粉勾芡翻匀即可。

制作关键： 白菜在焯水和炒制时不要过火。

营/养/价/值

白菜富含粗纤维，不但能起到润肠、促进排毒的作用，又能刺激肠胃蠕动，促进大便排泄。白菜还含有多种维生素及钙、磷、铁等物质，常食有助于增强机体免疫功能，对减肥健美也有作用。白菜中的有效成分能降低人体胆固醇水平，增加血管弹性。

红烧草鱼

特点：鲜咸可口 色泽红润

主料： 草鱼15千克

调料： 植物油7.5千克、葱0.2千克、姜0.15千克、蒜0.1千克、酱油0.25千克、料酒0.15千克、精盐0.06千克、味精0.025千克、醋0.05千克、白糖0.1千克、高汤、水淀粉适量

制作过程

1 将草鱼去鳞、去鳃，掏去内脏洗净，划一字花刀，切成5厘米宽的块；葱、姜、蒜择洗干净，葱切段，姜切块，蒜切片。将改好刀的鱼块洗干净，放入盆中，加入少许精盐、料酒、葱段和姜片，腌渍20分钟备用。

2 锅上火放油，烧至七成热时，放入鱼块，炸成金黄色捞出，控油备用。

3 锅中放油烧热，放入葱段、姜块、蒜片炒香，烹入料酒、酱油、醋、白糖，加入高汤、精盐，开锅后放入草鱼块，转小火慢炖。放入味精，烧至入味，最后用大火收浓汤汁即可。

制作关键： 烧鱼时要用小火慢炖，烧至汤汁发黏为好

营/养/价/值

草鱼含有丰富的不饱和脂肪酸，对血液循环有利，是心血管病人的良好食物。草鱼含有丰富的硒元素，经常食用有抗衰老、养颜的功效。对身体瘦弱、食欲不振的人来说，草鱼肉嫩而不腻，可以开胃、滋补。

淮山烧牛尾

特点：咸香味美 食而不腻

主料： 牛尾15千克

配料： 鲜淮山7.5千克

调料： 植物油10千克、精盐0.15千克、味精0.1千克、料酒0.2千克、葱0.2千克、姜0.15千克、酱油0.25千克、白糖0.2千克、大料0.005千克和热水适量

制作过程

1 将牛尾洗净，剁成4厘米长的段；山药去皮，洗干净，切成3厘米长的段；葱、姜择洗干净，切成段和块备用。

2 锅上火，放油烧至五成热时，放入山药段，炸至金黄色捞出，控油备用。

3 锅上火，放水烧开，放入牛尾焯水，焯透捞出，用凉水冲洗干净，捞出控水备用。

4 锅上火，倒油少许，放入白糖炒糖色，视糖色炒好，放入葱段、姜块和大料煸炒，倒入牛尾翻炒，加入料酒、酱油，然后放入热水、精盐炖一个半小时后，放入山药再炖20分钟左右，放入味精，搅拌均匀即可。

制作关键： 加入山药之后，要掌握好时间和火候，山药不要煮太烂。

营/养/价/值

牛肉含有丰富的蛋白质，氨基酸组成比猪肉更接近人体需要，能提高机体抗病能力，对生长发育及手术后、病后调养的人在补充失血、修复组织等方面特别适宜。牛肉有补中益气、滋养脾胃、强健筋骨、化痰息风的功效。山药含有淀粉酶、多酶氧化酶等物质，有利于脾胃消化吸收功能。山药含有多种营养素，有强壮机体，滋肾益精的作用。山药具有健脾补肺、益胃补肾、固肾益精、聪耳明目，助五脏、强筋骨、长志安神的功效。

茭白炒肉丝

特点 色泽亮丽 肉丝滑嫩

主料： 猪通脊肉4千克

配料： 茭白10千克、青尖椒0.5千克、红尖椒0.5千克

调料： 植物油4千克、精盐0.05千克、味精0.015千克、葱0.15千克、姜0.03千克、鸡蛋清5个、水淀粉适量

制作过程

1 将猪通脊肉切成4厘米长，0.3厘米粗的丝，用精盐、蛋清、水淀粉上浆备用。茭白去叶，刮皮，洗干净，切成和肉丝一样粗细的丝。青、红尖椒去蒂、去籽，洗干净，切成0.3厘米宽，4厘米长的丝，葱、姜择洗干净，切末备用。

2 锅上火，放油烧至三至四成热时，放入肉丝滑散，倒出控油备用。

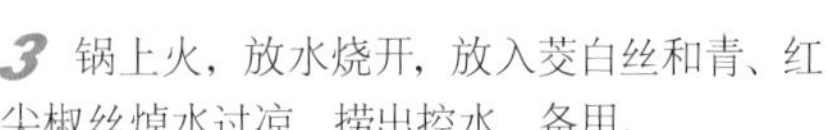

3 锅上火，放水烧开，放入茭白丝和青、红尖椒丝焯水过凉，捞出控水，备用。

4 锅上火，放油烧热，放入葱、姜炝锅炒出香味，放入茭白丝和青、红尖椒丝翻炒，放入肉丝，加入精盐、味精翻炒均匀，用湿淀粉勾芡，搅拌均匀即可。

制作关键： 肉丝滑油时，油温不要太高。

营/养/价/值

茭白含有解酒作用的维生素，有解酒醉的功用；且它的有机氮素以氨基酸状态存在，并能提供硫元素，营养价值很高，容易为人体所吸收。茭白含有较多的碳水化合物、蛋白质、脂肪等，能补充人体的营养物质，具有健壮机体的作用。猪肉为人类提供优质蛋白质和必需的脂肪酸，提供血红素（有机铁）和促进铁吸收的半胱氨酸，能改善缺铁性贫血。猪肉性平味甘、润肠胃、生津液、补肾气、解热毒的功效。

苦瓜炒鸡蛋

主料： 苦瓜5千克、鸡蛋4千克

调料： 植物油1.5千克、精盐0.075千克、味精0.015千克、葱0.12千克

制作过程

1 将苦瓜去柄和瓤，洗净后切成小丁；葱择洗干净，切末；鸡蛋打散放在盆中，搅成蛋液备用。

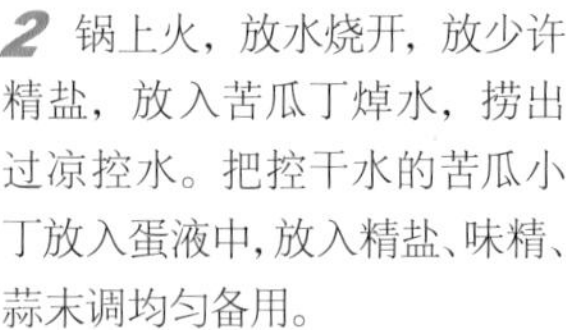

2 锅上火，放水烧开，放少许精盐，放入苦瓜丁焯水，捞出过凉控水。把控干水的苦瓜小丁放入蛋液中，放入精盐、味精、蒜末调均匀备用。

3 锅上火，放油烧热，放入蛋液翻炒，炒熟即可。

制作关键： 苦瓜丁切得不宜太大，要均匀。

营/养/价/值

鸡蛋中富含蛋白质、维生素A、维生素B_2、锌等，尤其适合婴幼儿，孕产妇及病人食用。苦瓜含有蛋白质及大量维生素C，能提高机体的免疫能力。

肉末雪菜炖豆腐

主料： 豆腐10千克

配料： 雪里蕻2千克、肉末0.5千克

调料： 植物油0.1千克、精盐0.02千克、味精0.03千克、酱油0.1千克、葱0.12千克、料酒0.05千克、姜0.03千克、蒜0.015千克、高汤适量

制作过程

1 将豆腐洗净，切成1.5厘米的块；雪里蕻去根，择去黄叶洗净，切成0.5厘米的段；葱、姜、蒜择洗干净，切末备用。

2 锅上火，放水烧开，加入少许精盐，再放入豆腐焯水过凉，控水备用。锅换水烧开，放入雪里蕻焯水，捞出控水备用。

3 锅上火，放油烧热，放入肉末，烹入料酒煸炒，再放入葱、姜、蒜炝锅，炝出香味，放入酱油和雪里蕻煸炒，放入高汤烧开，放入豆腐、精盐烧开，转小火慢炖，炖至入味，放入味精，待汤汁收浓即可。

营/养/价/值

豆腐中富含各类优质蛋白，并含有糖类、植物油、铁、钙、磷、镁等。豆腐能够补充人体营养、帮助消化、促进食欲，其中，钙质等营养物质对牙齿、骨骼的生长发育十分有益；铁质对人体造血功能大有裨益。雪里蕻富含蛋白质、脂肪、维生素、碳水化合物、钙、磷、铁等，有醒脑提神，解毒消肿，开胃消食，明目利膈，宽肠通便之功效。

蒜蓉空心菜

主料： 空心菜10千克

调料： 植物油0.12千克、精盐0.02千克、味精0.015千克、蒜0.2千克、香油少许

制作过程

1 将空心菜去黄叶和老根，洗干净，切5厘米的段；蒜去皮、剁蓉备用。

2 锅上火，放水烧开，放入空心菜焯水，捞出控水备用。

3 锅上火，放油烧热，放入蒜蓉炒出香味，然后倒入控水的空心菜，放入精盐煸炒，炒熟放入味精，淋上香油翻炒均匀即可。

制作关键： 此菜炒得要快，时间长了易发黑。

营/养/价/值

空心菜是碱性食物，并含有钾、氯等调节水液平衡的元素，食后可降低肠道的酸度。空心菜所含的烟酸维生素C等能降低胆固醇、甘油三酯，具有降脂减肥的功效。空心菜中的叶绿素有“绿色精灵”之称，可以健美皮肤。它的粗纤维素的含量较丰富，这种食用纤维素是纤维素、半纤维素、木质素、胶浆及果胶等组成，具有促进肠蠕动、通便解毒作用。

三彩鲜桃炒虾仁

主料： 虾仁5千克

配料： 黄、红、绿彩椒分别为2.5千克，鲜核桃仁2.5千克

调料： 植物油4千克、精盐0.075千克、味精0.02千克、鸡蛋清0.05千克、料酒0.06千克、葱0.12千克、胡椒粉少许（湿淀粉、清汤适量）

制作过程

1 将虾仁去虾线洗净，用干毛巾吸干水分，放入盆中，加入蛋清、精盐、料酒、湿淀粉拌匀上浆。彩椒去籽，洗干净，切成小菱形片。葱择洗干净，切末备用。

2 锅上火，放水烧开，放入少许精盐，放入切好的彩椒块和鲜核桃仁焯水过凉，控水备用。

3 锅上火放油烧热，烧至三至四成热时，放入虾仁滑散、滑熟捞出，控油备用。

4 锅上火，放油少许，放入葱末炝锅出香味，放入彩椒和鲜桃仁，烹入料酒、胡椒粉，放入精盐和味精，翻炒片刻，放入虾仁翻炒均匀，用湿淀粉勾芡即可。

制作关键： 虾仁滑油时，控制好油温。

营/养/价/值

虾仁具有补肾壮阳，健胃的功效，熟食能温补肾阳，凡久病体虚、短气乏力、面黄肌瘦者，可作为食疗补品，而健康人食之可健身强力。核桃仁含有对人体有重要作用的钙、镁、磷、锌、铁等矿物元素，有很高的营养价值，能够促进新陈代谢，消除疲劳，恢复体力，美容美肤，益气补血的作用。

热菜

彩色海蜇

酸咸甜爽口
海蜇脆嫩

原料： 黄瓜0.3千克、大白菜0.4千克、心里美萝卜0.3千克、胡萝卜0.2千克、水发木耳0.3千克、海蜇头1.5千克、白糖0.01千克、醋0.05千克、味精0.005千克、酱油0.02千克、香油0.01千克、辣椒油0.005千克、花椒油0.005千克、肉丝0.05千克、香菜叶少许、蒜蓉0.01千克

制作过程

1 将黄瓜洗净切成丝；大白菜洗净切成丝；心里美萝卜去皮，洗净切丝；胡萝卜去皮，洗净切丝；水发木耳切丝；海蜇用水洗净，浸泡1个小时切丝。

2 将木耳丝、胡萝卜丝、海蜇丝分别焯水过凉，沥干水分。

3 将黄瓜丝、心里美萝卜丝、胡萝卜丝、木耳丝分别码放在盘子周围，将大白菜丝码放在盘子中间；海蜇丝放在大白菜丝上，将肉丝滑油捞出，留底油，放入葱末、姜末炝锅，加入精盐、味精、酱油、料酒、肉丝、勾芡后淋明油浇在海蜇上，用香菜叶点缀。

4 将糖、醋、酱油、味精、香油、辣椒油、花椒油兑成碗汁。食用时浇在盘子上，搅拌均匀即可。

营/养/价/值

海蜇含有人体需要的多种营养成分，尤其人们饮食中所缺的碘，是一种重要的营养食品。海蜇能软坚散结、行淤化积、清热化痰，对气管炎、哮喘、胃溃疡等疾病有益。

葱油花生

花生酥脆
葱油味香

原料： 去皮花生仁2千克、精盐0.01千克、味精0.005千克、大料5个、香油0.005千克、葱0.05千克、黄瓜0.05千克、胡萝卜0.05千克

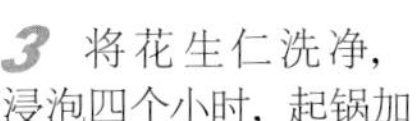

1 将黄瓜去皮、去瓤，洗净切丁。

2 将胡萝卜去皮，洗净切丁，焯水过凉。

3 将花生仁洗净，浸泡四个小时，起锅加入水、花生仁、大料、精盐煮20分钟，煮熟捞出过凉，沥干水分倒入盆中。

4 另起锅加入油、葱段炸至变黄，将葱段捞出，将油浇到盆中的花生仁上，加入盐、味精、黄瓜丁、胡萝卜丁、香油拌均匀，装盘即可。

营/养/价/值

花生富含蛋白质、脂肪、碳水化合物、粗纤维、钙、磷、铁等。促进人体的生长发育，花生中钙的含量极高，钙是构成人体骨骼的主要成分；促进细胞发育，提高智力；花生含有大量的亚油酸，这种物质可使人体内胆固醇分解为胆汁酸排出体外，避免胆固醇在体内沉积。

凉拌荆棘

原料： 荆棘2.5千克、蒜蓉0.02千克、盐0.01千克、味精0.005千克、醋0.01千克、香油0.01千克、红尖椒1个

制作过程

1 将红尖椒顶刀切粒。

2 将荆棘择好洗净，沥干水分，倒入盆中，加入香油、醋、盐、味精、蒜蓉搅拌均匀即可装盘，最后用辣椒粒点缀。

营/养/价/值

此菜含有多种人体所需的营养成分和有效物质，还有清除自由基，调节免疫活性细胞，增强免疫功能，提高抗病能力，延缓人体衰老功能。

蒜泥羊肉

原料： 羊后腿肉4千克、葱段0.05千克、姜片0.05千克、料酒0.01千克、大料0.005千克、花椒0.005千克、盐0.02千克、酱油0.05千克、蒜蓉0.05千克、香油0.01千克、味精0.005千克、辣椒油0.01千克、香菜少许、醋0.005千克

制作过程

1 将羊腿肉洗净，放入开水锅中，加入葱段、姜片、料酒、大料、花椒、盐烧沸后，改小火烧2个小时左右，捞出晾凉。

2 将盐、味精、蒜蓉、香油、辣椒油、酱油、醋兑成碗汁。

3 将煮熟的羊肉切成片，码放在盘中。浇上兑好的碗汁，用香菜叶点缀，食用时拌均匀即可。

营/养/价/值

羊肉营养丰富，对贫血、产后气血两虚、腹部冷痛、体虚畏寒、营养不良、腰膝酸软以及虚寒病症的人均有很大裨益。羊肉性温，冬季常吃羊肉，不仅可以增加人体热量，抵御寒冷，而且能增加消化酶，保护胃壁，修复胃黏膜，帮助脾胃消化，起到抗衰老的作用。

第三周

星期二

热
[白灼基围虾]
热
[豆腐夹]
热
[韭薹炒鸡蛋]
热
[清炒快菜]
热
[兔肉炖土鸡]
热
[西芹炒羊肉]
热
[鲜菇冬瓜]
热
[小炒鱼香带鱼]
凉
[怪味苦瓜]
凉
[果脯瓜条]
凉
[凉拌双耳]
凉
[腌鲜鱼]

星期二

热菜

- 白灼基围虾
- 豆腐夹
- 韭薹炒鸡蛋
- 清炒快菜
- 兔肉炖土鸡
- 西芹炒羊肉
- 鲜菇冬瓜
- 小炒鱼香带鱼

凉菜

- 怪味苦瓜
- 果脯瓜条
- 凉拌双耳
- 腌鲜鱼

白灼基围虾

主料：鲜基围虾5千克

调料：豉油汁、水适量

特点：鲜咸味美

制作过程

1 将鲜基围虾洗干净。

2 锅上火，放入水烧开，放入鲜基围虾，烧开煮熟。

3 将煮熟的基围虾捞出，控水后放入盘中，把豉油汁放入碗中即可。

制作关键：选料要用鲜活的，煮的时间不宜太长。

营/养/价/值

基围虾营养丰富，且其肉质松软，易消化，对身体虚弱以及病后需要调养的人是极好的食物。虾中含有丰富的镁，镁对心脏活动具有重要的调节作用，能很好地保护心血管系统；虾的通乳作用较强，并且富含磷、钙，对小儿、孕妇有补益作用。

热菜

豆腐夹

主料：豆腐10千克、肉末2千克

配料：香菜0.5千克

调料：植物油3千克、精盐0.075千克、味精0.02千克、海鲜酱0.05千克、腐卤汁0.1千克、酱油0.03千克、葱0.12千克、姜0.03千克、蒜0.05千克、料酒0.06千克、高汤1.5千克、水淀粉适量

制作过程

1 将豆腐洗净，切成5厘米长，2厘米宽的方块；葱、姜择洗干净，切末；蒜去皮，洗净切碎；香菜择洗干净，切段备用。

2 将肉末加入葱末、姜末、料酒、精盐、味精、酱油各少许调匀备用。

3 锅上火，放油烧七成热，放入切好的豆腐块，炸成金黄色捞出控油。从中间片开，不要断开，成夹子形状，抹入肉馅摆入蒸盒中备用。

4 锅上火，放油烧热，放入葱、姜、蒜炝出香味，放入酱油、海鲜酱、腐卤汁，加入高汤烧开，放入精盐、味精调好口味，浇在豆腐夹上，放入蒸箱。蒸20分钟取出，锅再次上火，把蒸豆腐夹的汤汁放入锅中烧开，用水淀粉勾芡，把芡汁均匀地浇在豆腐夹上，撒上香菜即可。

制作关键：夹肉馅均匀，蒸时要把馅蒸熟。

营/养/价/值

豆腐中富含各类优质蛋白，并含有糖类、植物油、铁、钙、磷、镁等。豆腐能够补充人体营养成分，帮助消化、促进食欲，其中的钙质等营养物质对牙齿、骨骼的生长发育十分有益，其中铁质对人体造血功能大有裨益。

韭薹炒鸡蛋

特点：韭香味美　咸香可口

主料：鸡蛋4千克

配料：韭薹10千克

调料：植物油1.5千克、精盐0.05千克、味精0.025千克、葱0.12千克、姜0.03千克、香油少许

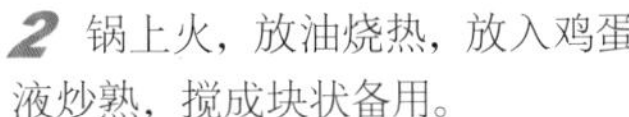

制作过程

1 鸡蛋打散放入盆中；韭薹择去尖和尾洗干净，切成4厘米的段；葱、姜择洗干净，切末。

2 锅上火，放油烧热，放入鸡蛋液炒熟，搅成块状备用。

3 锅再次上火，放油烧热，放入葱、姜炝出香味，放入韭薹煸炒，再加精盐、味精翻炒后放入炒好的鸡蛋块，搅拌均匀炒熟，淋入香油即可。

制作关键：在炒韭薹时，一定要用小火煸炒至熟。

营/养/价/值

鸡蛋中富含蛋白质、维生素A、维生素B_2、锌等，尤其适合婴幼儿，孕产妇及病人食用。中医认为，韭薹有补肾助阳、温中降逆、补中益肝、活血化瘀、通络止血等作用。

清炒快菜

主料：快菜10千克

调料：植物油0.15千克、葱0.15千克、蒜0.05千克、精盐0.075千克、味精0.015千克、香油少许

制作过程

1 将快菜去根和叶，择洗干净，切成4厘米长的段；葱、蒜去皮，择洗干净，切末备用。

2 锅上火，放水烧开，放入少许精盐，烧开焯水，过凉备用。

3 锅上火，放油烧热，放入葱蒜炒香，然后放入快菜翻炒，放入精盐、味精翻炒均匀，淋入香油即可。

制作关键：此菜要用旺火快炒。

兔肉炖土鸡

主料：兔子肉7.5千克、白条土鸡10千克

调料：植物油0.25千克、精盐0.1千克、味精0.05千克、白糖0.2千克、酱油0.3千克、葱0.15千克、姜0.03千克、料酒0.15千克、八角0.015千克、桂皮0.015千克、花椒0.015千克、高汤2.5千克、水适量

制作过程

1 将兔子肉洗干净，剁成3厘米见方的块；白条土鸡洗干净，剁去头、爪子、尾尖，切成和兔子一样大小的块；葱、姜择洗干净，切段和块备用。

2 锅上火，放水烧开，放入兔块和土鸡焯水，捞出洗干净，控水备用。

3 锅上火，放油少许，放入白糖和糖色，视糖色炒好时，快速放入八角、桂皮、花椒、葱段和姜块煸炒，烹入料酒，再放入酱油、高汤和适量的水烧开后放入土鸡块，用旺火烧开，改小火慢炖。放入精盐炖至50分钟以后，放入兔子肉。开锅后改小火慢炖，放入味精炖熟即可。

制作关键：白条土鸡不要和兔子肉一块炖，白条土鸡肉不易烂。

营/养/价/值

鸡肉中蛋白质的含量较高，氨基酸种类多，而且消化率高，很容易被人体吸收利用，有增强体力、强壮身体的作用。鸡肉含有对人体生长发育有重要作用的磷脂类，是中国人膳食结构中脂肪和磷脂的重要来源之一。鸡肉对营养不良、畏寒怕冷、乏力疲劳、月经不调、贫血、虚弱等症状的病人有很好的食疗作用。中医认为，鸡肉有温中益气、补虚填精、健脾胃、活血脉、强筋骨的功效。兔肉富含大脑和其他器官发育不可缺少的卵磷脂，有健脑益智的功效。

热菜

西芹炒羊肉

特点：咸鲜味美　清爽滑嫩

主料： 羊肉5千克

配料： 西芹7.5千克、红尖椒2千克

调料： 植物油4千克、精盐0.03千克、酱油0.2千克、味精0.025千克、鸡蛋清6个、料酒0.1千克、水淀粉适量、葱0.12千克、姜0.03千克

营/养/价/值

芹菜营养丰富，含蛋白质、粗纤维等营养物质以及钙、磷、铁等微量元素，还含有挥发性物质。中医认为，芹菜有健胃、利尿、净血、调经、降压、镇静的作用，亦是高纤维食物。羊肉性温，补气滋阴，暖中补虚，开胃健力，对体虚畏寒、腰膝酸软以及虚寒病症的病人均有很大裨益。

制作过程

1 将羊肉去筋，切成0.2厘米厚的片，用鸡蛋清、精盐、味精、料酒、酱油、淀粉上浆备用。西芹去皮，洗干净，切成0.1厘米的菱形块。葱、姜择洗干净切末。红尖椒去把、去籽洗干净，切成菱形片备用。

2 锅上火放水，加入少许精盐，放入西芹焯水，捞出过凉控水备用。

3 锅再次上火放油，烧至三至四成热时，放入羊肉滑嫩滑熟，捞出控油备用。锅留少许油，放入葱、姜炝锅，炒出香味，放入西芹、红尖椒煸炒，烹入料酒、酱油，放入精盐和羊肉翻炒，最后放入味精搅拌均匀即可。

制作关键： 滑羊肉时，油温不要太高，要保持羊肉的滑嫩。

热菜

鲜菇冬瓜

特点：口味咸鲜　营养丰富

主料： 鲜香菇3千克、冬瓜10千克

调料： 植物油0.15千克、精盐0.05千克、味精0.02千克、葱0.12千克、姜0.03千克、蒜0.035千克、香油适量、水淀粉适量、清汤少许

营/养/价/值

冬瓜含维生素C较多，且钾盐含量高，钠盐含量较低。冬瓜中所含的丙醇二酸，能有效地抑制糖类转化为脂肪，加之冬瓜本身不含脂肪，热量不高，对于防止人体发胖具有重要意义，有助于体型健美。冬瓜性寒味甘，清热生津。香菇具有高蛋白、低脂肪、多糖、多种氨基酸和多种维生素。

制作过程

1 将鲜香菇去根洗净，切成块；冬瓜去皮、去籽，洗干净，切4厘米长，3厘米宽的薄片；葱、姜、蒜择洗干净，分别切末备用。

2 锅上火，放水烧开，放入冬瓜片焯水，捞出控水。锅留水，鲜香菇焯水后捞出控水。然后把锅中水倒掉，洗干净，加入清汤，开锅后放入鲜香菇和少许精盐、味精煨至入味。

3 锅上火，放油烧热，放入葱、姜、蒜炝出香味，放入冬瓜片翻炒，再放入煨好的鲜香菇、精盐、味精翻炒均匀，用水淀粉勾薄芡，淋入香油即可。

制作关键： 鲜香菇要煨入味，冬瓜焯水不要太长。

小炒鱼香带鱼

主料：带鱼15千克

配料：青、红尖椒各1.5千克

调料：植物油5千克、精盐0.15千克、味精0.03千克、豆瓣酱0.5千克、酱油0.15千克、醋0.5千克、葱0.12千克、姜0.03千克、蒜0.015千克、料酒0.2千克、白糖0.5千克、淀粉1千克

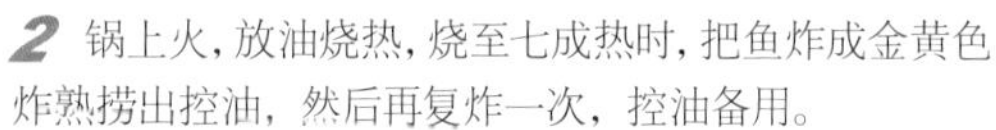

1 将带鱼去头、去尾、刷鳞、去内脏，洗干净，斜刀切2厘米宽的条；青、红尖椒去把、去籽，洗干净切丝；葱、姜、蒜去皮，择洗干净，切丝、段和片；把切好的带鱼条放入盆中，用葱段、姜片、料酒、精盐、味精腌渍入味，然后把带鱼条捡出去，用干淀粉拌匀，备用。

2 锅上火，放油烧热，烧至七成热时，把鱼炸成金黄色，炸熟捞出控油，然后再复炸一次，控油备用。

3 锅上火，放油烧热，放入葱丝、姜丝和蒜片炝出香味，放入豆瓣酱煸炒，烹入料酒，放入白糖、醋、酱油，加少许高汤，调成鱼香汁。烧开后放入炸好的带鱼块，翻炒均匀，用水淀粉勾芡即可。

制作关键：炸鱼的时候，油温不要太高，勾芡时注意火候。

营/养/价/值

带鱼的脂肪含量高于一般鱼类，且多为不饱和脂肪酸，这种脂肪酸具有降低胆固醇的作用。带鱼含有丰富的镁元素，对心血管系统有很好的保护作用。常吃带鱼还有养肝补血、泽肤养发健美，补益五脏的功效。

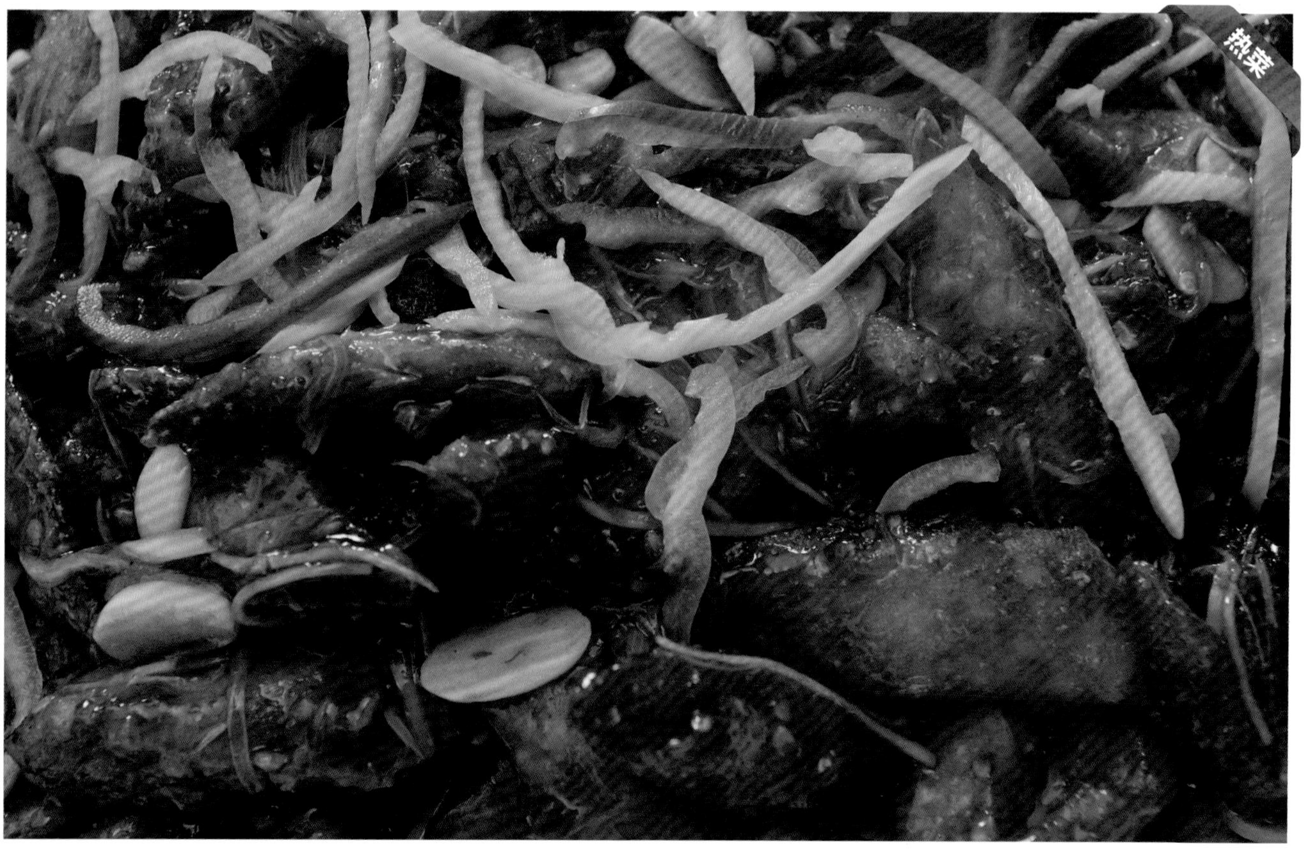

热菜

怪味苦瓜

特点 酸甜苦辣咸麻鲜 清香脆嫩 补脾开胃

原料： 苦瓜2.5千克、色拉油100毫升、醋0.01千克、白糖0.05千克、红辣椒油0.01千克、酱油0.01千克、葱花0.01千克、姜末0.01千克、蒜蓉0.01千克、香油0.005千克、芝麻酱0.01千克、盐0.01千克、味精0.005千克、豆豉蓉0.06千克、老干妈酱0.02千克

制作过程

1 将苦瓜洗净，切去两头，切成两片，去掉瓜瓤，顺着切成宽4厘米，长0.6厘米厚的条，放入沸水锅中焯至断生捞出过凉，沥干水分倒入盆中，加入香油拌匀装盘。

2 将锅里放少许油烧热，下入豆豉蓉炒香，下入葱姜蒜末，炒出香味，加入白糖、醋、香油、花椒油、芝麻酱、老干妈酱、味精翻炒均匀，浇在苦瓜上，食用时拌均匀即可。

营/养/价/值

苦瓜中含有蛋白质及大量维生素C，能提高机体的免疫能力。苦瓜汁含有某种蛋白成分，能加强巨噬细胞能力。

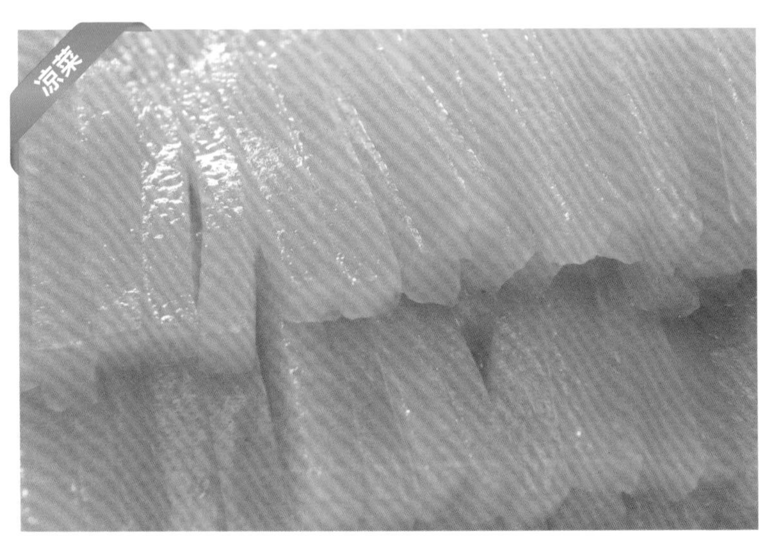

果脯瓜条

特点 酸甜可口 风味独特

原料： 冬瓜2.5千克、果珍0.5千克、话梅0.1千克

制作过程

1 将冬瓜去皮、去瓤，切成0.5厘米厚的片，再改成4厘米长的条。洗净后，放入开水锅中烫至熟，捞出晾凉。

2 用冷开水将果珍、话梅搅匀，溶化后将冬瓜条倒入，浸泡到冬瓜入味后取出装盘即可，用香菜叶、红尖椒点缀。

营/养/价/值

冬瓜含维生素C多，且钾盐含量高，钠盐含量较低，高血压、肾脏病、浮肿病等患者食之，可达到消肿而不伤正气的作用。冬瓜中所含的丙醇二酸，能有效地抑制糖类转化为脂肪，加之冬瓜本身不含脂肪，热量不高，对于防止人体发胖具有辅助作用，冬瓜性寒味甘，清热生津。

凉拌双耳

原料： 水发银耳1.5千克、水发木耳2千克、香菜0.1千克、盐0.015千克、醋0.02千克、味精0.005千克、香油0.01千克、花椒油0.01千克、小米椒0.005千克

制作过程

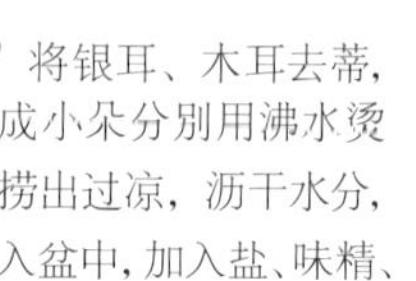

1 将香菜洗净切段；小米椒洗净，顶刀切粒。

2 将银耳、木耳去蒂，撕成小朵分别用沸水烫透捞出过凉，沥干水分，倒入盆中，加入盐、味精、香油、醋、花椒油、香菜段、小米椒粒拌匀即可装盘。

营／养／价／值

银耳含有丰富的胶质，多种维生素、无机盐、氨基酸，有滋阴补肾，润肺，生津止咳、强心健脑、提神补血、补气等功能。木耳中铁的含量极为丰富，能养血驻颜，令人肌肤红润，容光焕发。

腌鲜鱼

原料： 鲈鱼5千克、葱段0.05千克、姜片0.05千克、酱油0.01千克、盐0.025千克、面粉0.2千克、花椒0.01千克、大料0.005千克、胡椒粉0.01千克、料酒0.02千克

制作过程

1 将鲈鱼开膛，去鳞、去内脏，洗净后去头、去尾、去骨，将鱼肉片成片，用料酒、葱、姜、酱油、盐、花椒、大料、胡椒粉腌3～4个小时。

2 起锅放油，将鱼片拍面粉，炸至金黄色捞出，晾凉装盘即可。用香菜叶和红尖椒片点缀。

营／养／价／值

鲈鱼富含蛋白质、维生素A以及B族维生素、钙、镁、锌、硒等营养元素；具有补肝肾、益脾胃、化痰止咳之功效，对肝肾不足的人有很好的补益作用。鲈鱼还可治胎动不安、产生少乳等症，是健身补血、健脾益气和益体安康的佳品。

第三周

星期三

热
[木耳淮山炒南瓜]
热
[鲜蘑快菜]
热
[风味大排]
热
[鸡蛋豆腐]
热
[凉瓜鸭片]
热
[烧茄子]
热
[蒜薹芽菜炒肉丝]
热
[双椒冬笋炒鳝鱼]
凉
[海豆素鸡]
凉
[凉拌马苋菜]
凉
[香辣鱼块]
凉
[蘸酱菜]

热菜

- 木耳淮山炒南瓜
- 鲜蘑快菜
- 风味大排
- 鸡蛋豆腐
- 凉瓜鸭片
- 烧茄子
- 蒜薹芽菜炒肉丝
- 双椒冬笋炒鳝鱼

凉菜

- 海豆素鸡
- 凉拌马苋菜
- 香辣鱼块
- 蘸酱菜

木耳淮山炒南瓜

主料： 淮山5千克、南瓜4千克

配料： 水发木耳3千克

调料： 植物油0.2千克、精盐0.075千克、味精0.05千克、水淀粉0.1千克、葱0.15千克、蒜0.05千克、清汤少许

制作过程

1 将淮山去皮，洗干净；南瓜去皮、去籽、洗干净，分别切成3厘米长的菱形片；水发木耳，去根洗干净切成小片；葱、蒜去皮，洗干净，切末备用。

2 锅上火，放水烧开，放入淮山、南瓜、木耳焯水，捞出控水备用。

3 锅上火，放油烧热，放入葱末、蒜末炒出香味，放入木耳、淮山、金瓜翻炒，放入精盐、味精，炒均匀炒熟，用水淀粉勾芡即可。

制作关键： 淮山和南瓜不要一块焯水。

营/养/价/值

山药含有淀粉酶、多酶氧化酶等物质，有利于脾胃消化吸收。山药含有黏液蛋白，有降低血糖的作用。中医认为，山药具有健脾补肺、益胃补肾、固肾益精、聪耳明目，助五脏、强筋骨、长志安神的功效。木耳中铁的含量极为丰富，能养血驻颜，令人肌肤红润，容光焕发；木耳能增强机体免疫力；南瓜有促进生长发育，保护胃黏膜，帮助消化的功效。

热菜

鲜蘑快菜

清淡爽口

主料：快菜10千克

配料：鲜蘑3千克

调料：植物油0.15千克、精盐0.075千克、味精0.015千克、葱0.12千克、蒜0.03千克、香油少许

制作过程

1 将快菜择洗干净，切成长 4 厘米的段；鲜菇去根，洗干净，撕成 2 厘米宽的条，葱和蒜择洗干净，切沫备用。

2 锅上火，放水烧开，放入快菜和鲜蘑分别焯水，捞出控水备用。

3 锅上火放油烧热，放入葱末、蒜末炒香，放入焯完水的鲜蘑和快菜翻炒，放入精盐、味精炒匀炒熟，淋入香油出锅即可。

制作关键：此菜焯水不宜太长，用旺火快炒。

营/养/价/值

此菜含蛋白质、脂肪、碳水化合物、粗纤维、钙、铁、硫胺素、核黄素、烟酸、抗坏血酸。蘑菇中含有人体难以消化的粗纤维、半粗纤维和木质素，可保持肠内水分平衡，还可吸收余下的胆固醇、糖分，将其排出体外。

风味大排

特点

外焦里嫩

香气诱人

主料：猪排骨15千克

调料：植物油7.5千克、精盐0.15千克、味精0.15千克、胡萝卜0.5千克、芹菜0.5千克、葱头0.5千克、香菜0.0005千克、姜0.075千克、香料（八角、花椒、香叶、小茴香各少许）、熟黑白芝麻适量、孜然面少许

制作过程

1 胡萝卜、姜去皮，洗净切片；葱头去皮，去根，洗干净切块；香菜、芹菜洗干净，切段；整块的排骨洗干净，备用。

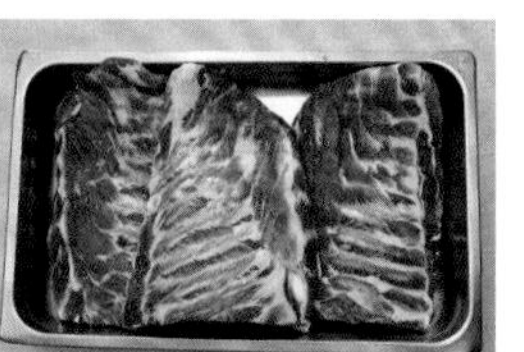

2 将整块排骨的两面撒少许精盐和味精，放入香料、葱段、姜片、胡萝卜、香菜和芹菜段腌至入味备用。

3 把腌好的排骨放入蒸箱，蒸一个半小时取出，拣去葱、姜等各种香料，胡萝卜、芹菜待凉备用。

4 锅上火，放油烧至七成热时，放入排骨，炸成金黄色捞出控油，剁成 9 厘米的段，摆入盘中，撒入熟黑白芝麻、孜然面和香菜段即可。

制作关键：排骨要腌入味，蒸熟，炸的时候要外焦里嫩。

营/养/价/值

猪排骨提供人体生理活动必需的优质蛋白、脂肪，尤其是丰富的钙质可维护骨骼健康。

鸡蛋豆腐

特点：口味鲜嫩

主料： 豆腐10千克

配料： 鸡蛋2千克

调料： 植物油0.5千克、精盐0.06千克、味精0.02千克、香葱0.15千克、清汤、水淀粉适量

制作过程

1 将豆腐洗净，切成1.5厘米见方的块；香葱择洗干净，切末；鸡蛋打碎放入盆中备用。

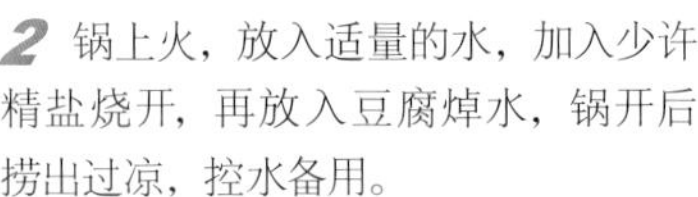

2 锅上火，放入适量的水，加入少许精盐烧开，再放入豆腐焯水，锅开后捞出过凉，控水备用。

3 锅上火，放油烧热，放入蛋液炒熟，炒碎备用。

4 锅再次上火，放油烧热，放入葱末炒出香味，加入清汤，放入炒好的鸡蛋，再加入精盐和豆腐。开锅后，改小火慢炖，放入味精，待豆腐炖入味，用水淀粉勾芡即可。

制作关键： 炖豆腐时一定要注意火候，要用小火慢炖。

营/养/价/值

豆腐中富含各类优质蛋白，并含有糖类、植物油、铁、钙、磷、镁等。豆腐能够补充人体营养，帮助消化、促进食欲，其中的钙质等营养物质对牙齿、骨骼的生长发育十分有益。

凉瓜鸭片

特点：鸭片鲜嫩 凉瓜爽脆

主料： 鸭胸脯肉3千克

配料： 凉瓜10千克、红尖椒1千克

调料： 植物油4千克、精盐0.075千克、味精0.025千克、鸡蛋5个、料酒0.12千克、葱0.12千克、蒜0.015千克、淀粉适量、清汤适量

制作过程

1 将凉瓜去柄、去籽，洗干净，切成小的坡刀片；红尖椒去籽、去柄，洗干净，切成菱形片；葱、姜、蒜择洗干净，切末，鸭胸脯肉切成0.3厘米的薄片，用精盐、料酒、鸡蛋、淀粉上浆备用。

2 锅上火，放水烧开，加少许精盐和油，放入凉瓜和红尖椒片焯水，捞出过凉，控水备用。

3 锅上火，放油烧至三至四成热时，下入鸭片滑透，捞出控油备用。

4 锅上火，放油烧热，下入葱姜蒜炝锅，炝出香味，放入红尖椒片和凉瓜片翻炒，再放入少许清汤，加入精盐、味精炒熟，用水淀粉勾芡均匀即可。

制作关键： 凉瓜焯水时要用冷水过透。

营/养/价/值

鸭肉中的脂肪酸熔点低，易于消化，所含B族维生素和维生素E较其他肉类多，能有效抵抗脚气病，神经炎和多种炎症，还能抗衰老。鸭肉中含有较为丰富的烟酸，它是构成人体内两种重要辅酶的成分之一。苦瓜含有蛋白质成分及大量维生素C。

营/养/价/值

茄子含有丰富的维生素，这种物质能增强人体细胞间的黏着力，增强毛细血管的弹性，减低毛细血管的脆性及渗透性，防止微血管破裂出血，使心血管保持正常的功能。西红柿含有丰富的维生素、矿物质、碳水化合物、有机酸及少量的蛋白质。有促进消化、利尿、抑制多种细菌作用。西红柿中维生素D可保护血管。

烧茄子

特点：软嫩咸香 微酸微甜

主料： 茄子15千克

配料： 西红柿5千克

调料： 植物油7.5千克、精盐0.15千克、白糖0.5千克、酱油0.25千克、葱0.12千克、姜0.03千克、蒜0.25千克、清汤适量、湿淀粉适量

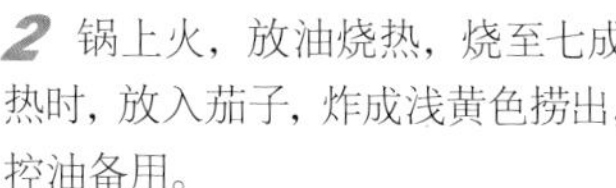

制作过程

1 将茄子去柄，削皮洗净，切成坡刀块；西红柿洗净，切成3厘米的块；葱、姜择洗干净，切末；蒜去皮，洗净，切蓉备用。

2 锅上火，放油烧热，烧至七成热时，放入茄子，炸成浅黄色捞出，控油备用。

3 锅内留底油少许，放入葱、姜、蒜炝锅，炒出香味，放入西红柿、酱油和少许清汤、精盐、味精烧开，用湿淀粉勾芡，撒上蒜蓉即可。

制作关键： 炸茄子的时候，油温要控制好，炸透。

营/养/价/值

猪肉为人类提供优质蛋白质和必需的脂肪酸，提供血红素（有机铁）和促进铁吸收的半胱氨酸。猪肉性平味甘、润肠胃、生津液、补肾气、解热毒的功效。蒜薹中含有丰富的维生素C。

蒜薹芽菜炒肉丝

主料： 猪通脊4千克

配料： 蒜薹5千克、芽菜1.5千克

调料： 植物油4千克、精盐0.05千克、味精0.015千克、鸡蛋5个、酱油0.2千克、葱0.12千克、姜0.03千克、淀粉少许

特点：香气浓郁 美味可口

制作过程

1 将猪通脊肉洗净切成0.2厘米粗，4厘米长的丝，用精盐、味精、鸡蛋、淀粉上浆；蒜薹择去尖和尾，洗干净，切3厘米长的段；芽菜洗干净，切碎备用。

2 锅上火放油烧至三至四成热时，放入肉丝，滑散滑熟捞出，控油备用。

3 锅上火放油烧热，放入葱、姜炝出香味，再放入芽菜和蒜薹翻炒，下入肉丝、精盐、味精、酱油均匀炒熟即可。

制作关键： 肉丝滑油时不要滑老。

双椒冬笋炒鳝鱼

特点：鲜辣滑嫩

主料： 活鳝鱼12.5千克

配料： 美人椒2千克、杭椒2千克、冬笋3千克

调料： 植物油4千克、精盐0.075千克、味精0.05千克、酱油0.15千克、醋0.2千克、白糖0.05千克、葱0.15千克、姜0.06千克、蒜0.1千克、水淀粉0.2千克、白胡椒粉适量、高汤适量

制作过程

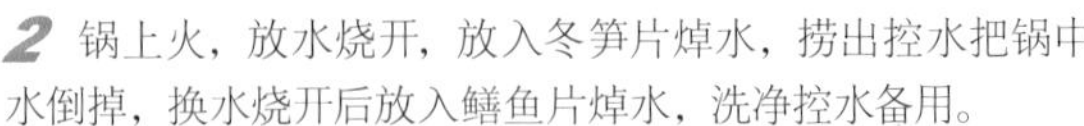

1 将活鳝鱼宰杀放血，将鳝鱼去脊骨、内脏，选精肉切成4厘米长的菱形片；美人椒和杭椒洗干净，顶刀切0.5厘米的圈；冬笋去皮，洗干净，切梳子刀片，葱、姜、蒜去皮，择洗干净，分别切段、片和末备用。

2 锅上火，放水烧开，放入冬笋片焯水，捞出控水把锅中水倒掉，换水烧开后放入鳝鱼片焯水，洗净控水备用。

3 锅上火，放油烧至五成热时，下入焯完水的鳝鱼片滑油，捞出控油备用。

4 锅再次上火，放入油烧热，用葱段、姜末、蒜片煸出香味，下入美人椒和杭椒圈、冬笋翻炒，放入酱油、精盐、醋，再放入鳝鱼片，加入高汤翻炒均匀，再放入白糖、胡椒粉，改小火，用水淀粉勾芡即可。

制作关键： 鳝鱼要选活的，滑油注意油温。

营/养/价/值

鳝鱼中含有丰富的不饱和脂肪酸和卵磷脂，它是构成人体各器官组织的细胞膜的主要成分，而且是脑细胞不可缺少的营养。中医认为，鳝鱼有补气养血、温阳健脾、滋补肝肾，祛风通络等医疗保健功能。冬笋有开胃健脾，增强机体免疫力的功效。

热菜

海豆素鸡

黄褐相间
软柔咸鲜味醇

原料： 水发海带1千克、豆皮1千克、鲜汤150毫升、盐0.015千克、味精0.005千克、白糖0.005千克、胡椒粉0.005千克、香油0.01千克、葱段0.01千克、姜片0.01千克、干辣椒0.005千克、酱油0.015千克、大料0.002千克、花椒0.002千克、油适量

营/养/价/值

豆皮中含有丰富的优质蛋白，营养价值较高。海带的营养价值很高，海带中含有大量的碘，碘是甲状腺合成的主要物质。

制作过程

1 将豆皮切成1厘米宽、6厘米长的条，系成纽扣。将海带也切成同样的长条，系成纽扣。

2 起锅放油，将系好的豆皮过油炸一下捞出，锅留底油，加入葱、姜、干辣椒、花椒、大料炒香，加入调料、高汤，下入海带和豆皮烧沸，小火煨一会，待汤汁收干倒出，晾凉即可装盘。

凉拌马苋菜

咸鲜爽口
防暑降温

原料： 马苋菜5千克、盐0.015千克、蒜蓉0.05千克、味精0.005千克、香油0.01千克、醋0.01千克

营/养/价/值

马苋菜的维生素C含量高居绿色蔬菜第一位，它富含钙、磷、铁等营养物质，而且不含草酸，所含钙、铁进入人体后很容易被吸收利用，还能促进儿童牙齿和骨骼的生长发育。

制作过程

将马苋菜择好洗净，焯水过凉，沥干水分，倒入盆中，加入蒜蓉、盐、味精、醋、香油，拌均匀即可装盘，用小椒粒点缀。

香辣鱼块

特点
色泽红亮
麻辣香鲜

原料： 草鱼3千克，干辣椒0.1千克，花椒0.01千克，料酒0.02千克，白糖0.02千克，盐0.01千克，味精0.005千克，高汤0.52千克，色拉油1.5千克（实耗0.5千克），葱、姜、蒜各适量

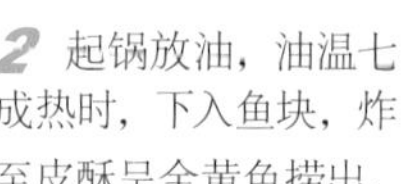

制作过程

1 将草鱼去鳞、开膛、去内脏，洗干净后切小瓦块，再冲洗干净。

2 起锅放油，油温七成热时，下入鱼块，炸至皮酥呈金黄色捞出。

3 锅内留底油烧热，下入干辣椒、花椒、葱、姜、蒜炒香，倒入高汤、鱼块和调料烧沸，改用小火慢慢收汁，待汤汁快收干时，淋明油出锅，晾凉后即可装盘。

营/养/价/值

草鱼含有丰富的不饱和脂肪酸，对血液循环有利，是心血管病人的良好食物。草鱼含有丰富的硒元素，经常食用有抗衰老、养颜的功效，而且对肿瘤也有一定的辅助防治作用。对身体瘦弱、食欲不振的人来说，草鱼肉嫩而不腻，可以开胃、滋补。

蘸酱菜

特点
酱香浓郁
口味爽口

原料： 生菜1千克、小黄瓜1千克、小西红柿1千克、小萝卜1千克、香菜0.5千克、香葱0.5千克、葱末0.01千克、姜末0.01千克、杭椒0.5千克、黄酱0.5千克、鸡蛋4个、味精0.003千克、油适量

制作过程

1 将生菜洗净掰开；小黄瓜洗净切成条；香菜洗净，切段；香葱洗净，切段，小萝卜洗净，杭椒洗净，分别码放在盘中。

2 将黄酱倒入盆中，加入少量水抓均匀。起锅上火放油，将鸡蛋炒熟，倒出备用。

3 另起锅上火放油，下入葱姜末炒香，下入和好的黄酱，小火熬20分钟，下入鸡蛋、味精，淋香油出锅，倒入碗中和盘中的熟菜一起食用。

营/养/价/值

此菜含有的葫芦素C，具有提高人体免疫功能的作用；其含有的维生素E，可以起到延年益寿的作用；含有的丙醇二酸，可抑制糖类物质变为脂肪；含有的维生素B_1，对改善大脑和神经系统功能有利，能安神定志。

第三周

星期四

热
[荷塘脆炒]
热
[酱爆腰果鸡丁]
热
[青笋炒鸡蛋]
热
[肉末芽菜炖豆腐]
热
[上汤娃娃菜]
热
[水煮肉片]
热
[炸两样]
热
[珍珠丸子]
凉
[红油肚丝]
凉
[凉拌红薯叶]
凉
[泡制板栗]
凉
[香菇菜花]

热菜

- 荷塘脆炒
- 酱爆腰果鸡丁
- 青笋炒鸡蛋
- 肉末芽菜炖豆腐
- 上汤娃娃菜
- 水煮肉片
- 炸两样
- 珍珠丸子

凉菜

- 红油肚丝
- 凉拌红薯叶
- 泡制板栗
- 香菇菜花

荷塘脆炒

主料：莲藕5千克

配料：胡萝卜2千克、百合10袋、西芹3千克

调料：植物油0.2千克、精盐0.065千克、味精0.02千克、葱0.15千克、蒜0.03千克、水淀粉适量

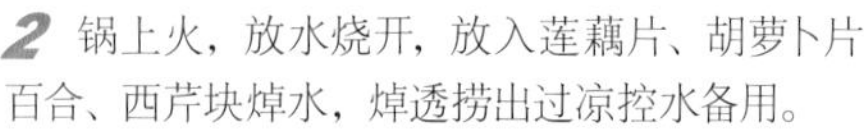

1 将莲藕去皮，洗净，切成0.2厘米厚的片。胡萝卜去皮，洗干净，切成0.3厘米宽，0.2厘米厚的菱形片。百合去掉外面的烂瓣、根和尖，掰开洗干净。西芹去皮和根洗干净，切成0.1厘米宽的菱形块。葱、蒜择洗干净，切碎备用。

2 锅上火，放水烧开，放入莲藕片、胡萝卜片、百合、西芹块焯水，焯透捞出过凉控水备用。

3 锅上火，放油烧热，下入葱末、蒜末炒出香味，倒入莲藕、胡萝卜、百合、西芹翻炒，放入精盐、味精炒熟，用水淀粉勾芡炒匀，出锅即可。

制作关键：原料不要一起焯水，否则熟的不均匀。

营/养/价/值

此菜的营养价值很高，富含铁、钙等微量元素，植物蛋白质、维生素以及淀粉含量也很丰富，有明显的补益气血的作用。莲藕中含有黏液蛋白和膳食纤维，能与人体内胆酸盐，食物中胆固醇及甘油三酯结合，使其从粪便中排出，从而减少脂类的吸收。

热菜

酱爆腰果鸡丁

特点：酱香肉嫩

主料： 鸡脯肉5千克

配料： 葱头10千克、腰果1千克

调料： 植物油4千克、甜面酱0.5千克、精盐0.03千克、白糖0.15千克、料酒0.2千克、酱油0.05千克、鸡蛋5个、水淀粉适量

制作过程

1 将鸡脯肉洗净，去筋，十字花刀切成1厘米的方丁；葱头去皮，洗干净，切成和鸡丁大小一样的丁。

2 将鸡丁放入盆中，加入精盐、料酒、鸡蛋、水淀粉上浆备用。

3 锅中放油，烧至四成热时，放入浆好的鸡丁，滑油、滑散、滑熟，捞出控油。待油温凉时放入腰果慢慢升油温，炸至金黄色时捞出控油备用。

4 锅上火，放油少许，放入葱头煸炒，炒至略断生时，捞出备用。

5 锅上火，放油烧热，放入甜面酱炒熟、炒香，加入精盐、白糖、料酒、酱油炒匀，放入鸡丁和煸好的葱头炒匀，放入腰果出锅即可。

制作关键： 炒酱不要炒煳，鸡丁滑油要控制好油温，否则会变老或不熟。

营/养/价/值

鸡肉中蛋白质的含量较高，氨基酸种类多，而且消化率高，很容易被人体吸收利用，有增强体力、强壮身体的作用。鸡肉含有对人体生长发育有重要作用的磷脂类，是中国人膳食结构中脂肪和磷脂的重要来源之一。鸡肉对营养不良、畏寒怕冷、乏力疲劳、月经不调、贫血、虚弱等症状有很好的食疗作用。中医认为，鸡肉有温中益气、补虚填精、健脾胃、活血脉、强筋骨的功效。

青笋炒鸡蛋

特点：鲜香爽口

主料： 鸡蛋5千克

配料： 青笋7.5千克、红尖椒1.5千克

调料： 植物油0.35千克、精盐0.05千克、味精0.02千克、葱0.15千克、姜0.03千克、香油少许

制作过程

1 将青笋去皮、去叶，洗干净，切成3厘米宽的菱形片。红尖椒去籽，洗干净切成和笋片大小一样的菱形片。葱、姜去皮，洗干净，切末。鸡蛋打入盆中加盐少许，搅拌成蛋液备用。

2 锅上火，放油烧热，倒入蛋液炒熟炒散，倒出备用。

3 锅上火，放水烧开，放入青笋片焯水，捞出过凉，控水备用。

4 锅上火，放油烧热，放葱末、姜末炒出香味，放入红椒片和青笋片翻炒，加入精盐和味精炒熟，倒入炒好的鸡蛋，炒匀出锅即可。

制作关键： 青笋焯水不宜过长。

营/养/价/值

鸡蛋中富含蛋白质、维生素A、维生素B_2、锌等，尤其适合婴幼儿，孕产妇及病人食用。青笋开通疏利，消积下气，利尿通乳。

星期一 星期二 星期三 星期四 星期五

肉末芽菜炖豆腐

主料： 豆腐10千克

配料： 肉末0.5千克、芽菜1千克

调料： 植物油0.15千克、精盐0.05千克、味精0.02千克、葱0.15千克、姜0.01千克、蒜0.02千克、酱油0.2千克、料酒200克、鲜汤适量

制作过程

1 将豆腐洗净，切成1.5厘米的方块。芽菜洗干净，切末。葱、姜、蒜择洗干净，切末备用。

2 锅上火，放水烧开，放豆腐焯水，焯透后捞出控水备用。

3 锅上火，放油烧热，放入葱、姜、蒜炒出香味，放入肉末煸炒，烹入料酒、酱油，下入芽菜炒匀，倒入鲜汤烧开，加入精盐、味精后倒入豆腐。开锅后改小火慢炖，炖至入味即可。

制作关键： 肉末和芽菜要煸香，豆腐要炖至入味。

营/养/价/值

豆腐中富含各类优质蛋白，并含有糖类、植物油、铁、钙、磷、镁等。豆腐能够补充人体营养、帮助消化、促进食欲、其中的钙质等营养物质对牙齿、骨骼的生长发育十分有益，能够防治骨质疏松症，铁质对人体造血功能大有裨益。

上汤娃娃菜

主料： 娃娃菜10千克

配料： 松花蛋1千克，方火腿1千克，青、红尖椒0.5千克

调料： 植物油0.25千克、精盐0.075千克、味精0.02千克、胡椒粉0.02千克、高汤3千克、葱0.15千克、姜0.03千克、蒜0.05千克

制作过程

1 将娃娃菜择洗干净，切成几瓣；松花蛋煮熟，去壳，切成方丁；方火腿切成和松花蛋大小一样的丁；青、红尖椒去籽，洗干净，也切丁；葱、姜择洗干净，切末；蒜瓣从中间切一刀备用。

2 锅上火，放水烧开，放入娃娃菜焯水，焯透过凉，控水备用。

3 锅上火，放油烧热，放入蒜瓣炸成金黄色，然后放入葱、姜炒出香味，放入高汤用旺火烧开，放入精盐、胡椒粉、娃娃菜、松花蛋、方火腿丁改小火煨至入味，放入味精，青、红尖椒丁至熟即可。

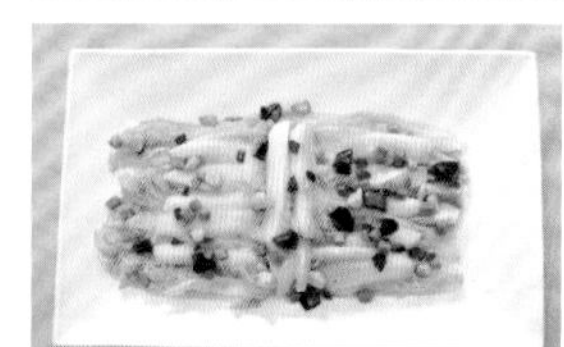

制作关键： 此菜要用高汤，用小火煨熟。

营/养/价/值

娃娃菜营养相当丰富，含有大量的维生素C、纤维素以及各种矿物质。娃娃菜是糖尿病和肥胖患者的理想食物。

水煮肉片

特点：麻辣鲜香

主料： 猪通脊5千克

配料： 豆芽7千克

调料： 植物油3千克、辣椒酱0.2千克、精盐0.03千克、味精0.02千克、料酒0.15千克、酱油0.05千克、鸡蛋4个、葱0.15千克、姜0.03千克、蒜0.05千克、淀粉0.2千克、麻椒面少许、高汤适量、干辣椒段0.5千克

制作过程

1 将猪通脊肉洗净，切成 0.2 厘米厚的片，用少许精盐、料酒、酱油、鸡蛋、淀粉上浆备用。

2 豆芽洗干净，葱、姜、蒜择洗干净，分别切末备用。

3 锅上火，放油烧热，放入少许辣椒酱，用葱、姜、蒜炒出香味，放入豆芽煸炒，加入精盐、味精炒熟，放入盘中备用。

4 锅上火，放油，放入辣椒酱、葱、姜、蒜煸香，烹入料酒、酱油，放入高汤烧开，捞出所有原料的渣滓，放入精盐、味精调好口味，再倒入浆好的肉片，余熟捞出放在炒好的豆芽上，撒上麻椒面、干辣椒段、蒜蓉。

5 锅上火，放油烧热，把油浇在菜上即可。

制作关键： 在汤中余肉片时，不宜太长，断生即可出锅。

营/养/价/值

猪通脊肉为人类提供优质蛋白质和必需的脂肪酸，提供血红素（有机铁）和促进铁吸收的半胱氨酸，能改善缺铁性贫血。猪通脊肉性平味甘，有润肠胃、生津液、补肾气、解热毒的功效。豆芽中含有核黄素，口腔溃疡的人很适合食用，它还富含纤维素、是便秘者的健康蔬菜。

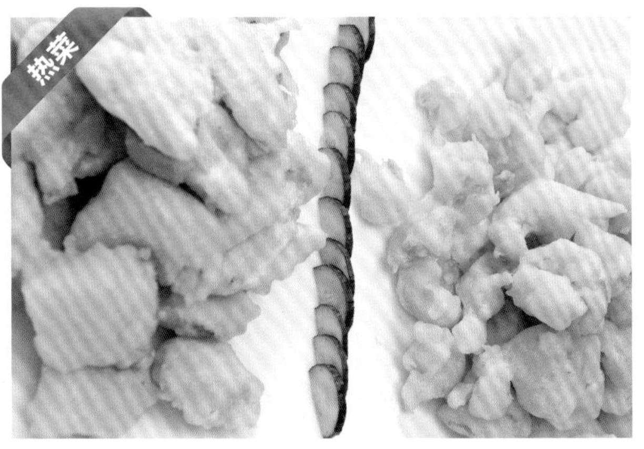

炸两样

特点：色泽美观 酥脆咸鲜

主料： 黑鱼10千克、虾仁5千克

调料： 植物油4千克、精盐0.05千克、味精0.02千克、料酒0.015千克、葱0.25千克、姜0.1千克、鸡蛋10个、干淀粉5千克、面粉0.2千克、泡打粉适量、水0.3千克

制作过程

1 葱、姜择洗干净，切段和片。黑鱼宰杀放血，去头、去尾、去骨，将鱼肉选出，漂洗干净片成薄片。将虾仁去掉虾线，洗干净。鱼片和虾仁分别用精盐、味精、料酒、葱段、姜片腌渍入味，备用。

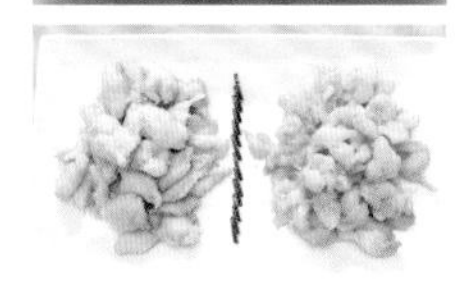

2 用淀粉 0.2 千克和鸡蛋、适量的水、精盐少许，调成软炸糊，剩余的淀粉和面粉，放入泡打粉，加入适量的水调成脆皮糊备用。

3 将虾仁吸干水分，放入软炸糊拌匀，鱼片放入调好的脆皮糊拌均匀备用。

4 锅上火，放入油烧至七成热，放入虾仁炸至皮酥，捞出控油。油温降至七成热时，再放鱼片炸，炸至皮酥至熟，捞出控油，分开放入盘中即可。

制作关键： 炸两种原料的时候，油温要掌握好。

营/养/价/值

黑鱼肉中含有蛋白质、脂肪、氨基酸等，还含有人体必需的钙、铁、磷及多种维生素，有抗衰老的作用。黑鱼中富含核酸，这是人体细胞所必需的物质。虾仁具有补肾壮阳，健胃的功效，熟食能温补肾阳，凡久病体虚、短气乏力、面黄肌瘦者，可作为食疗补品，而健康人食之可健身强力。

珍珠丸子

特点
丸子像珍珠
口味鲜香不腻

主料：肉馅10千克

配料：马蹄1千克、冬笋1千克、江米3千克、青豆0.1千克、红尖椒0.5千克

调料：精盐0.075千克、味精0.03千克、葱0.15千克、姜0.1千克、五香粉0.05千克、香油、清汤和水淀粉适量

制作过程

1 将马蹄洗干净，剁碎；冬笋去皮，洗干净剁碎；葱、姜择洗干净切末；江米用凉水浸泡12个小时，捞出控水；红尖椒去籽，洗干净，切成小方丁备用。

2 把肉馅放入葱末、姜末、五香粉、马蹄、冬笋、精盐、味精、水淀粉、香油搅拌均匀，做成丸子馅，然后挤成丸子蘸上江米放进蒸盘送入蒸箱，蒸30分钟左右，取出，摆入餐盘中。

3 锅上火，放入清汤、青豆和红椒丁。开锅后放入精盐、味精，用水淀粉勾芡淋在丸子上即可。

制作关键：江米用水泡透，控干水。

营/养/价/值

此菜提供优质蛋白质和必需的脂肪酸，提供血红素（有机铁）和促进铁吸收的半胱氨酸。

热菜

凉菜

特点

色泽分明

香脆鲜嫩

原料： 熟猪肚2千克、青红尖椒各0.02千克、香菜段0.01千克、辣椒油0.05千克、醋0.01千克、酱油0.01千克、味精0.005千克、盐0.01千克、香油0.01千克、大葱白0.01千克

制作过程

1 将处理干净的熟猪肚切成5厘米长的丝，焯水晾凉，沥干水分倒入盆中。

2 大葱切丝，香菜切段，将青红尖椒丝焯水与肚丝、香菜段、葱丝同放一个盆中，加入盐、味精、香油、醋、辣椒丝、酱油拌均匀即可装盘。

营/养/价/值

猪肉提供优质蛋白质和必需的脂肪酸，提供血红素（有机铁）和促进铁吸收的半胱氨酸，能改善缺铁性贫血。中医认为，猪肉性平味甘、润肠胃、生津液、补肾气、解热毒的功效。

凉菜

特点

色泽翠绿

质地滑嫩

原料： 嫩红薯叶5千克、蒜蓉0.05千克、盐0.015千克、味精0.005千克、醋0.01千克

制作过程

将红薯叶洗净后放入沸水锅中，烫热捞出过凉，沥干水分，倒入盆中，加入蒜蓉、盐、味精、醋、香油拌均匀即可装盘。

营/养/价/值

红薯叶含蛋白质、脂肪、糖、铁、磷、胡萝卜素等，经常食用有预防便秘、保护视力的作用，还能保持皮肤细嫩、延缓衰老。

泡制板栗

色调和谐　咸鲜甜带辣
果香微酸　嫩脆味美

原料： 板栗5千克、干红辣椒0.5千克、老盐水5000毫升、盐0.1千克、红糖0.05千克、白菌0.05千克、白糖0.1千克、醪糟汁100毫升

制作过程

1 将板栗去壳、去皮，洗净，装入坛中，加入25%的盐水，腌渍两天捞出晾干，干红辣椒去柄洗净。

2 将老盐水、盐、红糖、白糖和醪糟汁，装入坛中调匀，加入干红辣椒和白菌，盖上坛盖，坛边注入适量的水，泡制7天入味即可食用。

营/养/价/值

板栗含有丰富的营养成分，包括糖类、蛋白质、脂肪、多种维生素和无机盐。

香菇菜花

特点

黑白分明
鲜嫩可口

原料： 香菇1千克，菜花2.5千克，青、红尖椒各0.01千克，盐0.015千克，味精0.005千克，香油0.01千克，醋0.01千克

制作过程

1 将香菇浸泡3个小时，改刀切块。

2 菜花去柄，掰成小朵洗净；青红尖椒洗净，切菱形片。

3 起锅烧水，将菜花烫熟后捞出过凉，沥干水分倒入盆中，将青、红尖椒焯水过凉和菜花倒在一起。

4 将香菇焯水捞出，倒入盆中，加入清汤上屉蒸10分钟，取出晾凉后和菜花、青红尖椒倒在一起加入盐、味精、香油、醋拌匀，即可装盘。

营/养/价/值

菜花的营养较一般蔬菜丰富，它含有蛋白质、脂肪、碳水化合物、食物纤维、维生素和钙、磷、铁等矿物质。菜花有抗氧化的微量元素。菜花中有丰富的维生素C，可增强肝脏解毒能力，并能提高机体的免疫力。香菇含有高蛋白、低脂肪、多糖、多种氨基酸和多种维生素。

第三周

星期五

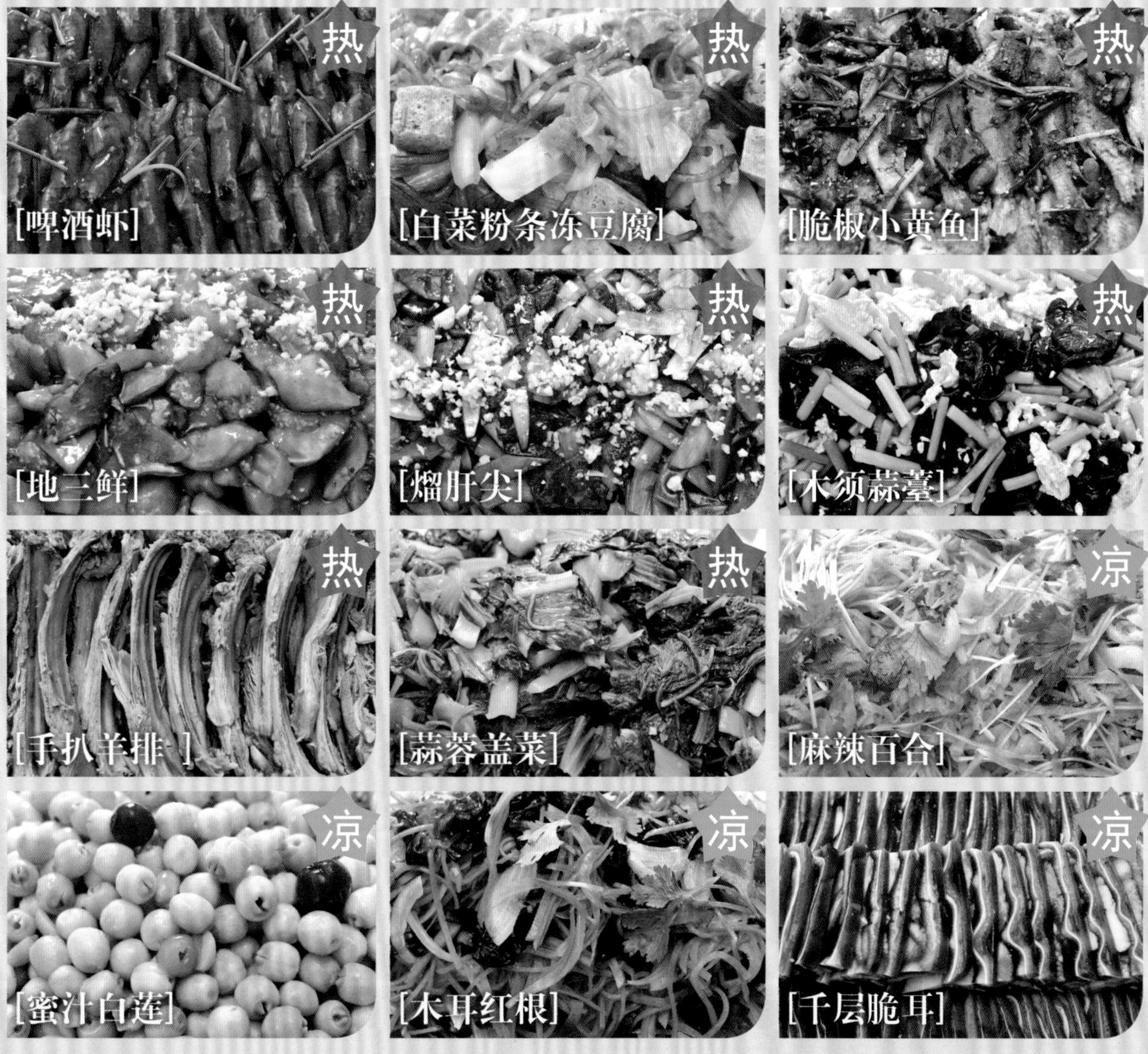
热
[啤酒虾]
热
[白菜粉条冻豆腐]
热
[脆椒小黄鱼]
热
[地三鲜]
热
[熘肝尖]
热
[木须蒜薹]
热
[手扒羊排]
热
[蒜蓉盖菜]
凉
[麻辣百合]
凉
[蜜汁白莲]
凉
[木耳红根]
凉
[千层脆耳]

星期五

热菜

- 啤酒虾
- 白菜粉条冻豆腐
- 脆椒小黄鱼
- 地三鲜
- 熘肝尖
- 木须蒜薹
- 手扒羊排
- 蒜蓉盖菜

凉菜

- 麻辣百合
- 蜜汁白莲
- 木耳红根
- 千层脆耳

啤酒虾

主料：鲜虾7.5千克

调料：植物油4千克、葱0.2千克、姜0.03千克、辣椒段0.1千克、精盐0.02千克、花椒0.1千克、味精0.02千克、啤酒5瓶、水适量

特点 虾鲜味香

制作过程

1 将鲜虾去须和腮，去虾线洗干净；葱、姜择洗干净，切段和片备用。

2 锅上火，放油烧至五成热时，把虾放入，略炸后捞出，控油备用。

3 锅中放油烧热，放入干辣椒段、花椒、葱段、姜片炒香，放入啤酒，加入少许开水，放入炸好的虾、精盐，开锅后改小火焖至待汁收浓时，放入味精即可。

制作关键：焖的时间不宜太长，汤汁不要太多。

营/养/价/值

虾肉中含有蛋白质、脂肪、糖类、钙、磷、铁、维生素A、维生素B、烟酸等。虾味甘、咸、性温，有壮阳益肾、补精、通乳之功效。老年人食虾皮，可补钙。

热菜

星期一 星期二 星期三 星期四 星期五

白菜粉条冻豆腐

咸鲜汤浓

主料：冻豆腐7.5千克

配料：大白菜10千克、粉条1千克

调料：植物油0.25千克、精盐0.075千克、味精0.02千克、葱0.15千克、蒜0.05千克、鲜汤10千克、酱油0.2千克、香油少许

营/养/价/值

白菜含有多种营养物质，是人体生理活动所必需的维生素、无机盐及食用纤维素的重要来源。中医认为，白菜性平味甘，可解除烦恼，通利肠胃，利尿通便，清肺止咳。豆腐中富含各类优质蛋白，并含有糖类、植物油、铁、钙、磷、镁等。豆腐能够补充人体营养成分、帮助消化、促进食欲，其中的钙质等营养物质对牙齿、骨骼的生长发育十分有益。粉条富含碳水化合物、膳食纤维、蛋白质、烟酸和钙、镁、铁、钾等矿物质。

制作过程

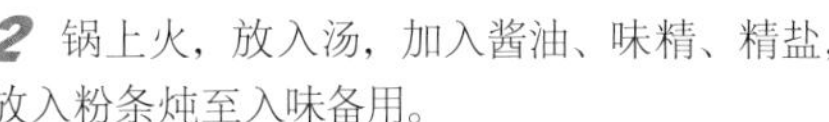

1 冻豆腐切成1.5厘米宽的方块；白菜择洗干净，切成3厘米的方块；葱、蒜择洗干净，切末备用。

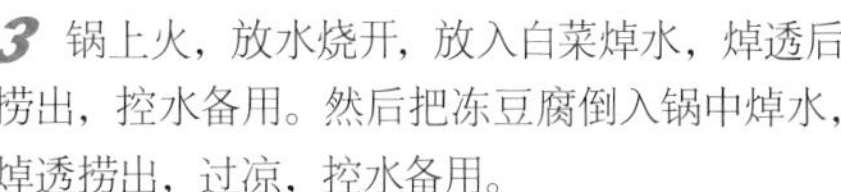

2 锅上火，放入汤，加入酱油、味精、精盐，放入粉条炖至入味备用。

3 锅上火，放水烧开，放入白菜焯水，焯透后捞出，控水备用。然后把冻豆腐倒入锅中焯水，焯透捞出，过凉，控水备用。

4 锅上火，放油烧热，放葱、蒜炒出香味，倒入焯过水的白菜翻炒，放入鲜汤、精盐、味精，开锅后加入冻豆腐改小火慢炖，炖透放入煨入味的粉条拌匀，淋入香油即可。

制作关键：开锅后改小火慢炖，粉条炖的时间不要过长。

脆椒小黄鱼

酥脆香辣

主料：小黄鱼20千克

配料：香葱段0.5千克

调料：植物油8千克、精盐0.2千克、味精0.15千克、料酒0.2千克、大葱0.5千克、姜0.3千克、花椒0.05千克、五香粉2袋、干淀粉2千克、酥脆椒3千克

营/养/价/值

黄鱼含有丰富的蛋白质、微量元素和维生素，对人体有很好的补益作用，对体质虚弱的中老年人来说，食用黄鱼有食疗效果。黄鱼含有丰富的微量元素硒，能清除人体代谢产生的自由基，能延缓衰老。

制作过程

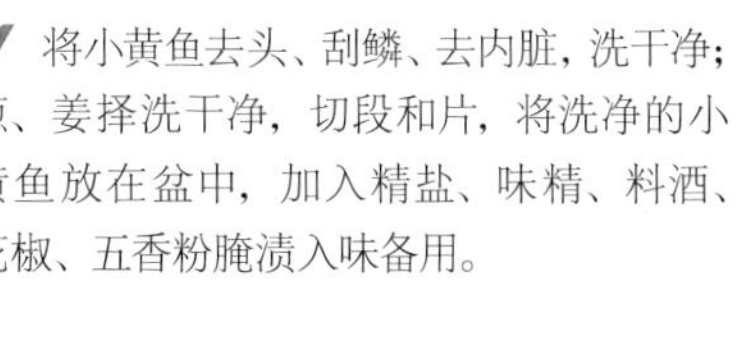

1 将小黄鱼去头、刮鳞、去内脏，洗干净；葱、姜择洗干净，切段和片，将洗净的小黄鱼放在盆中，加入精盐、味精、料酒、花椒、五香粉腌渍入味备用。

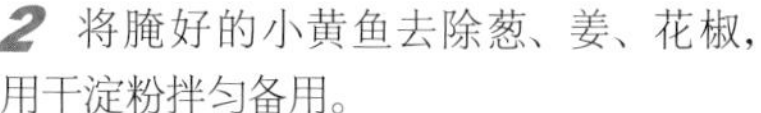

2 将腌好的小黄鱼去除葱、姜、花椒，用干淀粉拌匀备用。

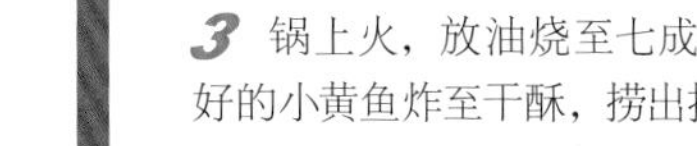

3 锅上火，放油烧至七成热时，放入拌好的小黄鱼炸至干酥，捞出控油备用。

4 锅留底油，放入香葱段和酥脆椒煸炒，然后放入炸好的小黄鱼一起煸炒，炒至入味即可。

制作关键：炒的时候注意翻锅，不要把小黄鱼翻碎。

地三鲜

主料: 茄子10千克

配料: 土豆6千克、青椒2千克

调料: 植物油4千克、精盐0.075千克、味精0.025千克、白糖0.15千克、酱油0.2千克、葱0.15千克、蒜0.2千克、水淀粉适量、汤2千克

制作过程

1 将茄子去柄、去皮，洗干净，切成大小均匀的坡刀块；土豆去皮，洗干净，切成大小均匀的滚刀块，用水洗去淀粉；青椒去柄、去籽，切成3厘米的方块；葱、蒜择洗干净，切末备用。

2 锅上火，放油烧至六至七成热时，先炸土豆，炸成金黄色，炸熟后捞出控油，备用；再炸茄子，炸熟捞出，控油备用；青椒滑熟备用。

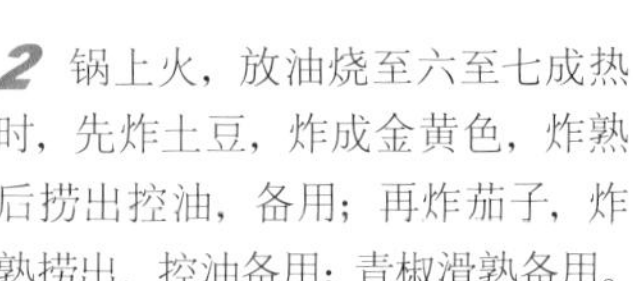

3 锅内放油烧热，放入葱、蒜炒出香味，放入酱油、汤、精盐、白糖、味精。开锅后用水淀粉勾芡，倒入炸好的茄子上。土豆、青椒另起锅翻炒，最后再放些蒜末翻匀即可。

制作关键: 炸土豆时油温先低后慢慢升高，要把茄子和土豆的油控净。

营/养/价/值

茄子含有蛋白质、脂肪、碳水化合物、维生素以及钙、磷、铁等多种营养成分，还含有丰富的维生素，能增强人体细胞间的黏着力，增强毛细血管的弹性，降低毛细血管的脆性及渗透性，防止微血管破裂出血，使心血管保持正常的功能。土豆中的蛋白质比大豆还好，土豆含有丰富的赖氨酸和色氨酸，这是一般食物不可比的。

热菜

熘肝尖

特点：口味咸微酸 滑嫩爽口

主料：鲜猪肝5千克

配料：葱头7.5千克、胡萝卜2千克

调料：植物油4千克、精盐0.05千克、味精0.015千克、姜0.03千克、蒜0.15千克、胡椒粉0.03千克、酱油0.2千克、醋0.1千克、汤适量、白糖少许、淀粉少许

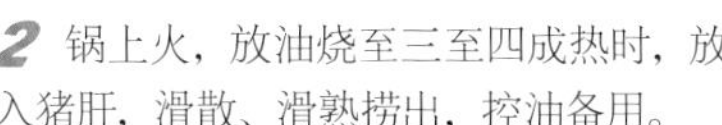

1 将鲜猪肝切片，用精盐、料酒、淀粉上浆；葱头去根，洗干净切块；葱、姜、蒜洗干净，切末；胡萝卜去皮，洗干净，切成菱形片备用。

2 锅上火，放油烧至三至四成热时，放入猪肝，滑散、滑熟捞出，控油备用。

3 把酱油、醋、精盐、味精、胡椒粉、白糖、蒜末加入汤，用水淀粉调成芡汁备用。

4 锅上火放油烧热，放入葱头块、姜煸炒，烹入料酒炒熟，放入猪肝，再放入调好的芡汁，快速炒熟即可。

制作关键：猪肝滑油时，油温不要太热。

营/养/价/值

猪肝中含有丰富的维生素A，具有维持正常生长的作用；能保护眼睛，维持正常视力，防治眼睛干涩、疲劳，维持健康的肤色，对皮肤的健美有重要意义。猪肝中铁质丰富，可调节和改善贫血病人造血系统的生理功能。猪肝还含有一般肉类食品不含的维生素C和微量元素硒。

木须蒜薹

特点：清香爽口

主料：鸡蛋5千克、蒜薹7.5千克

配料：水发木耳2千克

调料：植物油1千克、精盐0.05千克、味精0.02千克、葱0.12千克、香油少许

1 将蒜薹去头、去尾，洗干净，切成3厘米长的段；木耳去根，洗干净撕成小片；葱择洗干净，切末；鸡蛋打散放入盆中，放入少许精盐搅匀备用。

2 锅上火，放水烧开，放入木耳和蒜薹焯水，捞出控水备用。

3 锅上火，放油烧热，放入蛋液炒熟，倒出控油。锅留余油烧热，放入葱炒香，再放入木耳和蒜薹翻炒，加精盐和鸡蛋翻炒至熟，放入味精炒匀，淋入香油即可。

制作关键：蒜薹焯水不宜过长，否则会变色。

营/养/价/值

蒜薹中含有丰富的维生素C，具有明显的降血脂的作用。鸡蛋中富含蛋白质、维生素A、维生素B_2、锌等，尤其适合婴幼儿，孕产妇及病人食用。

手扒羊排

特点：肉鲜味美

热菜

主料：羔羊排15千克

配料：花叶生菜

调料：葱0.2千克、姜0.15千克、精盐0.1千克、味精0.05千克、蒜蓉辣酱4瓶、小香葱0.05千克、香菜0.1千克

制作过程

1 将羔羊排洗干净，剁成15厘米长的条。花叶生菜去根，洗干净。葱、姜洗干净，切段和片。小香葱和香菜洗净，切末备用。

2 锅上火，放水烧开，放入精盐、葱段、姜片，再放入羔羊排开锅后改小火煮50分钟，捞出控汤，把花叶生菜铺放盘上，然后把羊排放在上面。

3 锅上火，放入羊汤少许，放入蒜蓉辣酱、精盐、味精、香葱和香菜末调成汁，与羊排放在一起即可。

制作关键：选料时用羔羊排为宜，煮的时候火候不宜过大。

营/养/价/值

羊肉性温，冬季常吃羊肉，不仅可以增加人体热量，抵御严寒；而且还能增加消化酶，保护胃壁，修复胃黏膜，帮助脾胃消化，起到抗衰老的作用。

蒜蓉盖菜

特点：清香爽口

热菜

主料：盖菜10千克

调料：植物油0.15千克、精盐0.075千克、味精0.02千克、葱0.15千克、蒜0.12千克、香油少许

制作过程

1 将盖菜去根和黄叶，择洗干净，切成4厘米的段；葱去皮，择洗干净，切末和蓉备用。

2 锅上火，放水烧开，放入少许精盐，放入盖菜焯水捞出过凉，控水后备用。

3 锅上火，放油烧热，放入葱末和蒜蓉炒出香味，然后放入焯完水的盖菜翻炒，加精盐炒至断生，再放入味精，淋入香油，炒匀即可。

制作关键：盖菜焯水不要过长，炒的时候要用旺火快速炒。

营/养/价/值

盖菜含有多种维生素，有提神醒脑的功效。盖菜含有大量的抗坏血酸，是活性很强的还原物质，参与机体重要的氧化还原过程，能增加大脑的含氧量，激发脑对氧的利用，有提神醒脑，解除疲劳的作用。

麻辣百合

原料： 百合2.5千克、葱白0.05千克、香菜0.05千克、精盐0.015千克、味精0.005千克、辣椒油0.02千克、花椒油0.01千克、醋0.01千克

制作过程

1 将香菜切段，葱切丝。

2 将百合切成5厘米长的丝投入沸水锅中，煮至柔软细嫩捞出，沥干水分倒入盆中，加入精盐、味精、辣椒油、花椒油、醋、葱丝、香菜搅拌均匀即可装盘。

营/养/价/值

百合主要含有生物素、秋水碱等多种生物碱和营养物质，有良好的营养滋补之功，特别是病后体弱、神经衰弱等症大有裨益。百合中的硒、铜等微量元素能抗氧化、促进维生素C的吸收。

蜜汁白莲

原料： 白莲1.5千克、冰糖1千克、糖桂花0.01千克、食用碱0.01千克、红绿樱桃

制作过程

1 将莲子用碱水泡发后去芯，清洗干净，放盆中加适量水，上屉蒸烂取出。

2 起锅，将锅内加入水、冰糖、糖桂花，烧开溶化后下入莲子收汁，装盘晾凉，用红绿樱桃点缀即可。

营/养/价/值

此菜含有人体所需的蛋白质、碳水化合物及钙、磷、铁及多种维生素等营养元素，是老幼皆宜的食品，有补中益气、养心益肾、镇静安神、健脾养胃等功效。

木耳红根

特点：口味咸鲜 色泽红艳 营养丰富

原料： 胡萝卜2千克、葱头0.5千克、水发木耳1千克、精盐0.015千克、味精0.005千克、醋0.01千克、香油0.005千克、花椒油0.005千克、辣椒油0.005千克、香菜叶少许

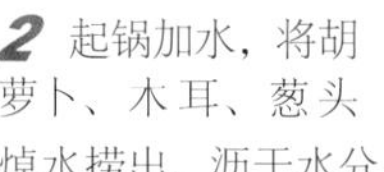

制作过程

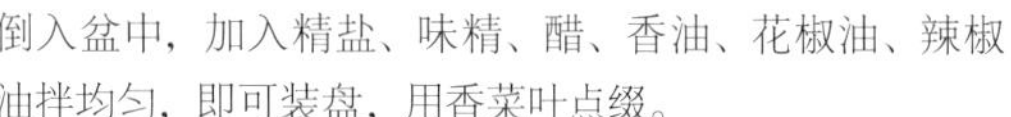

1 将胡萝卜去皮洗净切丝，葱头洗净切丝，水发木耳去蒂洗净，掰成小朵。

2 起锅加水，将胡萝卜、木耳、葱头焯水捞出，沥干水分倒入盆中，加入精盐、味精、醋、香油、花椒油、辣椒油拌均匀，即可装盘，用香菜叶点缀。

营/养/价/值

胡萝卜含有大量胡萝卜素，有补肝明目的作用，可治疗夜盲症；含有降糖物质，是糖尿病人的良好食品。木耳中铁的含量极为丰富，能养血驻颜，令人肌肤红润，容光焕发。

千层脆耳

特点：酱香脆嫩 造型美观

原料： 猪耳朵25个、香料包（香叶、八角、桂皮、草果、干辣椒、花椒、葱段、姜片）1个、酱油0.25千克、精盐0.005千克、老汤5千克

制作过程

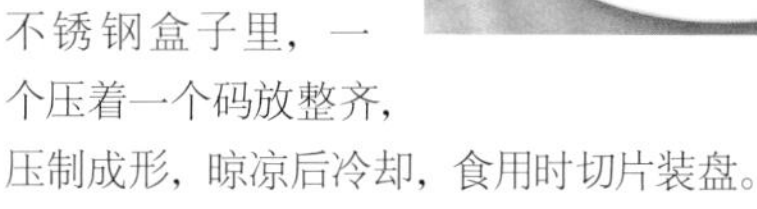

1 锅内加入香料包、酱油和老汤制成酱汤，加入猪耳朵。

2 开锅后改小火酱至熟烂捞出，放在不锈钢盒子里，一个压着一个码放整齐，压制成形，晾凉后冷却，食用时切片装盘。

营/养/价/值

猪耳朵含有蛋白质、脂肪及硫酸皮肤素B，具有软化血管、抗凝血，促进造血功能和皮肤损伤愈合及保健美容作用，其胶质的造血功能优于阿胶。

第四周

星期一

热
[汆鱼片粉]
热
[家常豆腐]
热
[椒盐琵琶虾]
热
[青瓜木耳鲜桃仁]
热
[酸辣鸡条]
热
[蒜蓉苦苣菜]
热
[鱼子酱蒸水蛋]
热
[杏鲍菇炒里脊片]
凉
[芥末拉皮]
凉
[凉拌猪头肉]
凉
[什锦彩丝]
凉
[蒜蓉鲶鱼]

星期一
星期二
星期三
星期四
星期五

星期一

热菜

- 氽鱼片粉
- 家常豆腐
- 椒盐琵琶虾
- 青瓜木耳鲜桃仁
- 酸辣鸡条
- 蒜蓉苦苣菜
- 鱼子酱蒸水蛋
- 杏鲍菇炒里脊片

凉菜

- 芥末拉皮
- 凉拌猪头肉
- 什锦彩丝
- 蒜蓉鲶鱼

氽鱼片粉

主料：黑鱼15千克

配料：粉条2千克、菠菜3千克、红尖椒0.5千克

调料：植物油0.5千克、精盐0.1千克、味精0.025千克、料酒0.15千克、香葱0.1千克、淀粉1千克、酱油0.25千克、鲜汤3千克

特点 鱼鲜味美

制作过程

1 将黑鱼宰杀放血，去头、去尾、去骨，将鱼肉片成薄鱼片，洗干净加入精盐、味精、料酒腌渍入味，用淀粉上浆。粉条用温水泡开。菠菜择洗干净切段。红尖椒去籽，洗干净切粒。香葱择洗干净，切末备用。

2 锅上火，放入鲜汤烧开，放入精盐、酱油、味精，放入粉条，炖至入味再放入菠菜搅匀，炖熟，倒入盆中备用。

3 锅上火，再放入鲜汤，开锅后放入浆好的鱼片，改小火氽熟，捞出放在盘中粉条和菠菜上面，撒上红椒粒和香葱末。

4 锅上火，放油烧热，热油浇在红尖椒粒和香葱上即可。

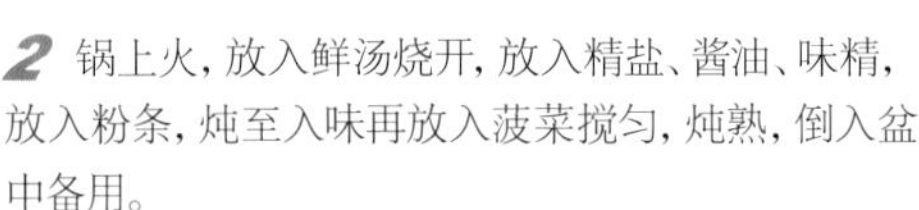

制作关键：鱼片要腌入味，氽的时候要小火氽熟。

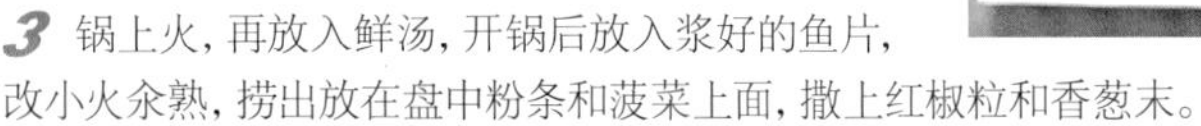

营/养/价/值

黑鱼肉中含有蛋白质、脂肪、多种氨基酸等，还含有人体必需的钙、铁、磷及多种维生素。粉条富含碳水化合物、膳食纤维、蛋白质、烟酸和钙、镁、铁、钾等矿物质。菠菜含有维生素C、胡萝卜素、蛋白质以及铁、钙、磷等矿物质。

热菜

家常豆腐

主料： 豆腐10千克、肉末1千克

配料： 水发木耳、韭薹

调料： 植物油5千克、豆瓣辣酱0.5千克、精盐0.045千克、味精0.02千克、白糖0.05千克、料酒0.15千克、酱油0.2千克、鲜汤1.5千克、葱1.5千克、姜0.05千克、蒜0.1千克、水淀粉适量

制作过程

1 将豆腐切成2厘米宽、3厘米长、0.5厘米厚的三角片。水发木耳择去根，大片撕成小片。韭薹去头，洗干净，切成3厘米长的段。葱、姜、蒜择洗干净，分别切成末备用。

2 锅上火，放油烧至七成热时把切好的豆腐片倒入锅中，炸至金黄色时捞出，控油备用。

3 锅再次上火，放油烧热，放入葱末、姜末炒出香味，再放入肉末、豆瓣辣酱、水发木耳，烹入料酒、酱油煸炒，加入鲜汤、精盐、味精、白糖，烧开后放入炸好的豆腐，改小火收汁，最后用水淀粉勾芡。

4 锅再次上火，放油少许，烧热，放入韭薹煸炒，炒好后放入做好的豆腐里即可。

制作关键： 做豆腐要小火入味，勾芡要均匀。

营/养/价/值

豆腐中富含各类优质蛋白，并含有糖类、植物油、铁、钙、磷、镁等。豆腐能够补充人体营养、帮助消化、促进食欲，其中的钙质等营养物质对牙齿、骨骼的生长发育十分有益。

热菜

椒盐琵琶虾

主料： 琵琶虾10千克

配料： 香葱0.5千克、红尖椒0.5千克

调料： 植物油4千克、椒盐0.05千克、味精0.005千克、干淀粉1千克

制作过程

1 将琵琶虾洗干净，加入干淀粉拌匀备用。

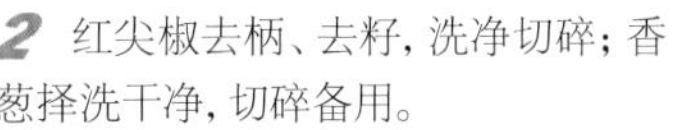

2 红尖椒去柄、去籽，洗净切碎；香葱择洗干净，切碎备用。

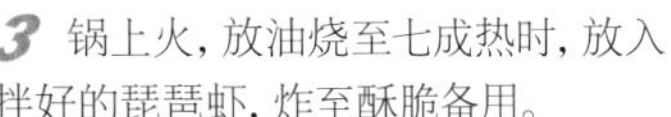

3 锅上火，放油烧至七成热时，放入拌好的琵琶虾，炸至酥脆备用。

4 锅再次上火，放入少许油，放入香葱末和红尖椒粒炒香，放入炸好的琵琶虾翻炒，撒入椒盐即可。

制作关键： 炸虾时，油温不要太低。

营/养/价/值

虾肉中含有蛋白质、脂肪、糖类、钙、磷、铁、维生素A、维生素B、烟酸等。虾味甘、咸，性温，有壮阳益肾、补精、通乳之功效。

青瓜木耳鲜桃仁

主料： 凉瓜10千克

配料： 水发木耳2千克、鲜桃仁1.5千克

调料： 植物油0.2千克、精盐0.05千克、味精0.02千克、鲜汤适量、水淀粉适量、葱0.15千克、蒜0.05千克

热菜

制作过程

1 将凉瓜从中间切开，去籽，洗干净，切成1厘米宽的斜刀片；水发木耳去根，择洗干净，大片撕成小片；葱、蒜去皮，择洗干净，切葱花和蒜末备用。

2 锅上火，放水烧开，放入凉瓜、木耳和鲜桃仁焯水，捞出过凉，控水备用。

3 锅上火，放入油烧热，放入葱花、蒜末炒出香味，再倒入焯完水的凉瓜、木耳和鲜桃仁翻炒，放入精盐、味精，加少许鲜汤炒熟，用水淀粉勾芡翻炒均匀即可。

制作关键： 凉瓜焯水不要过长，焯完要冷水清洗。

营/养/价/值

苦瓜中蛋白质成分及大量维生素C能提高机体的免疫能力。核桃仁含有对人体有重要作用的钙、镁、磷、锌、铁等矿物元素，有很高的营养价值，能够促进新陈代谢，消除疲劳，恢复体力，美容美肤，益气补血的作用。木耳中铁的含量极为丰富，能养血驻颜，令人肌肤红润，容光焕发。

酸辣鸡条

特 点 酸辣可口

主料： 带皮去骨鸡腿肉10千克

配料： 葱头5千克、青尖椒2千克、红尖椒2千克

调料： 植物油0.3千克、姜0.1千克、蒜瓣0.15千克、精盐0.1千克、味精0.025千克、糖0.05千克、酱油0.25千克、醋0.6千克、料酒0.15千克、小米椒0.3千克、鲜汤0.5千克、水淀粉适量

制作过程

1 将去皮鸡腿肉洗净；葱头去皮，洗净，切成1厘米宽的条；青、红尖椒去籽，洗干净，切成和葱头一样大小的条；姜去皮，洗干净，切成0.3厘米的粗丝；蒜瓣洗净，切成和姜一样粗的丝；小米椒洗干净，顶刀切圈备用。

2 锅上火放水，放入去皮鸡腿肉，改小火把鸡腿肉浸熟，捞出过凉控水，切成1厘米宽的条备用。

3 锅上火，放油烧热，放入葱头条、青尖椒、红尖椒煸炒，加入少许精盐，炒至断生捞出备用。

4 锅上火，放油烧热，加入姜丝、蒜丝、小米椒炒出香味，放入鸡条翻炒，烹入醋、酱油、料酒，加入各种配料，再倒入鲜汤、精盐、味精、白糖炒均匀，用水淀粉勾芡即可。

制作关键： 要用嫩鸡腿肉，用小火浸熟为好。

营/养/价/值

鸡肉蛋白质含量较高，而且消化率高，在肉中可以说是蛋白质最高的，有增强体力，强壮身体的作用。鸡肉也是磷、铁、铜、锌的良好来源并且富含维生素B_1、维生素A、维生素D等，鸡肉含有对人体生长发育有重要的磷脂类，是中国人膳食结构中脂肪和磷脂的重要来源之一。鸡肉对营养不良、畏寒怕冷、乏力疲劳、月经不调、贫血等有很好的食疗作用。

蒜蓉苦苣菜

主料： 苦苣菜10千克

调料： 植物油0.15千克、精盐0.05千克、味精0.015千克、葱0.05千克、蒜瓣0.2千克、香油少许

制作过程

1 将苦苣菜择洗干净；葱去皮和根，洗干净，切末；蒜瓣去皮，洗干净剁成蒜蓉备用。

2 锅上火，放水烧开，下入少许精盐，放入苦苣菜焯水，捞出控水备用。

3 锅上火，放入油烧热，下入葱、蒜末炝出香味，再放入苦苣菜煸炒，放入精盐、味精翻炒均匀炒熟，淋入香油，出锅即可。

营/养/价/值

苦苣菜的营养价值比较高，富含蛋白质、食物纤维、维生素B_1、B_2、C，胡萝卜素、烟酸及锌、铜、铁、锰等。苦苣菜有助于促进人体内抗体的合成，增强机体免疫力，促进大脑机能。

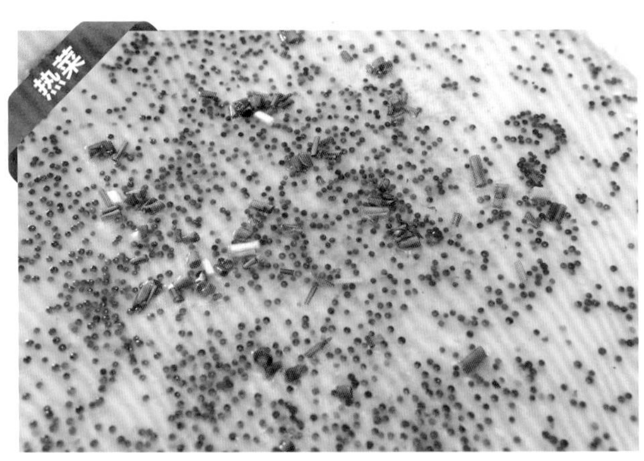

鱼子酱蒸水蛋

主料： 鸡蛋5千克

配料： 鱼子酱2瓶、香葱0.5千克

调料： 精盐0.12千克、味精0.02千克、清汤0.5千克、水淀粉适量水4千克

制作过程

1 将鸡蛋打入盆中，放入精盐、味精和水搅成蛋液。香葱择洗干净，切末备用。

2 把搅好的蛋液倒入餐盒，放入蒸箱蒸15分钟，蒸熟取出。

3 锅上火，放入清汤烧开，放入少许精盐、味精、鱼子酱，开锅后用水淀粉勾芡均匀浇在蒸好的鸡蛋上即可。

制作关键： 蒸鸡蛋的时候，要用中火，最后用小火。

营/养/价/值

鸡蛋中富含蛋白质、维生素A、维生素B_2、锌等，尤其适合婴幼儿，孕产妇及病人食用。香葱具有促进消化吸收的作用。

杏鲍菇炒里脊片

主料： 猪里脊5千克、杏鲍菇10千克

配料： 黄彩椒0.5千克、红彩椒0.5千克

调料： 植物油3千克、精盐0.04千克、味精0.02千克、料酒0.01千克、葱0.02千克、姜0.015千克、鲜汤0.05千克、鸡蛋清5个、水淀粉0.25千克

制作过程

1 将猪里脊洗干净，切成0.2厘米厚的片，用蛋清、料酒、少许精盐、水淀粉上浆。杏鲍菇洗干净，切成2厘米宽的菱形片。红彩椒和黄彩椒去籽、去把，洗干净，切成菱形片。葱、姜择洗干净，切末备用。

2 锅上火，放水烧开，放入杏鲍菇焯水，焯透后捞出控水，然后再放入红彩椒和黄彩椒焯水，捞出控水备用。

3 锅再次上火烧热，放油烧五成热时，放入浆好的里脊片，滑散、滑熟，捞出控油备用。

4 锅留底油烧热，放入葱末、姜末炒出香味，放入杏鲍菇、红彩椒片、黄彩椒片翻炒，放入鲜汤、精盐、滑好的里脊片翻炒均匀，炒熟放入味精，用水淀粉勾芡即可。

制作关键： 杏鲍菇、黄彩椒、红彩椒焯水要分开，滑肉要用温油。

营/养/价/值

猪肉为人类提供优质蛋白质和必需的脂肪酸，提供血红素（有机铁）和促进铁吸收的半胱氨酸，能改善缺铁性贫血。猪肉性平味甘，具有润肠胃、生津液、补肾气、解热毒的功效。杏鲍菇可降低人体血液中的胆固醇含量。

芥末拉皮

原料： 拉皮2千克、菠菜2.5千克、蒜蓉0.05千克、红尖椒丝少许、盐0.01克、味精0.005千克、醋0.015千克、芥末油0.3千克

制作过程

1 将拉皮切成段；菠菜洗净，切段；红尖椒切丝。

2 起锅加水，将菠菜焯水过凉，沥干水分后倒入盆中，加入精盐、味精、香油、芥末油、醋拌匀放在盘子中。

3 将拉皮洗净捞出，倒入盆中，加入盐、味精、蒜蓉、醋、芥末油搅拌均匀，放在菠菜上面，用红尖椒丝点缀即可。

营/养/价/值

菠菜中含有丰富的胡萝卜素、维生素C、钙、磷及一定量的铁、维生素E等有益成分，能供给人体多种营养物质，其所含铁质，对缺铁性贫血有较好的辅助治疗作用。菠菜含有大量的植物粗纤维，具有促进肠道蠕动的作用，利于排便，且能促进胰腺分泌，帮助消化。

凉拌猪头肉

原料： 熟猪头肉5千克、黄瓜1千克、蒜蓉0.05千克、辣椒酱0.01千克、花椒油0.01千克、盐0.005千克、味精0.002千克、醋0.01千克、酱汤适量

制作过程

1 酱汤的制作：先将八角0.05千克、甘草0.05千克、丁香0.05千克、桂皮0.025千克、小茴香0.015千克、花椒0.03千克，用纱布包好做成料包，锅中加水10千克，加入酱油0.5千克、料酒0.5千克、盐0.2千克、冰糖0.5千克、味精0.015千克，烧开后下入料包煮1小时，发出香味即成酱汤。

2 将猪头去毛，洗净，先用开水烫一下捞出。锅中下入老汤将净猪头煮至熟烂捞出，晾凉后去掉骨头，将猪头肉切成片，倒入盆中。

3 将黄瓜去皮，洗净，切成滚刀块和切好的猪头肉放在一起，加入盐、味精、蒜蓉、醋、辣椒油、花椒油搅拌均匀即可装盘。

营/养/价/值

猪头肉为人类提供优质蛋白质和必需的脂肪酸；提供血红素（有机铁）和促进铁吸收的半胱氨酸，能改善缺铁性贫血。

星期一
星期二
星期三
星期四
星期五

什锦彩丝

特点 色泽鲜艳 味美爽口

原料： 大白菜2千克、青尖椒0.2千克、红尖椒0.2千克、紫甘蓝0.2千克、豆皮0.3千克、粉丝0.3千克、香菜0.01千克、盐0.015千克、味精0.005千克、花椒油0.01千克、香油0.01千克、醋0.015千克

制作过程

1 将粉丝用温水泡软过凉，改刀切成长段；大白菜、青尖椒、红尖椒、紫甘蓝、豆皮、香菜分别洗净切成丝。

2 起锅，将青、红尖椒，紫甘蓝，豆腐丝分别焯水过凉，沥干水分和大白菜、粉丝一起放入盆中，加入精盐、味精、花椒油、醋、香油一起拌匀即可装盘。

营/养/价/值

此菜含有多种营养物质，是人体生理活动所必需的维生素、无机盐及食用纤维素的重要来源。大白菜中含有丰富的钙，比番茄高5倍。大白菜是糖尿病和肥胖症病人的健康食品，其性平味甘，有解除烦恼，通利肠胃，利尿通便，清肺止咳的作用。

蒜蓉鲶鱼

特点 蒜香浓郁 咸鲜味美

原料： 鲶鱼4千克、葱段0.02千克、姜片0.02千克、大蒜0.1千克、大料0.005千克、花椒0.01千克、胡椒粉0.01千克、料酒0.02千克、盐0.03千克、味精0.005千克、糖0.01千克、酱油0.02千克、油适量

制作过程

1 将鲶鱼开膛，洗干净顶刀切段，用葱、姜、花椒、盐、味精、胡椒粉、料酒腌渍12个小时。

2 起锅、上火、加油，油温六至七成热时，下入鱼块炸至金黄色捞出控油。锅内留底油，加入大蒜炒香，再下入葱、姜炒香，放入大料、高汤、盐、味精、料酒、白糖后下入炸好的鱼块，大火烧开改小火，待汤汁收干后即可，倒入盆中晾凉后，码放在盘中，用香菜叶点缀。

营/养/价/值

鲶鱼含有丰富的蛋白质和矿物质等营养元素，特别适合体弱虚损、营养不良之人食用。中医认为，鲶鱼性温、味甘，归胃、膀胱经；具有补气、滋阴、催乳、开胃、利小便之功效；鲶鱼是催乳的佳品，并有滋阴养血、补中气、开胃、利尿的作用，是妇女产后食疗滋补的必选食物。

第四周

星期二

热
[橄榄菜炒豇豆]
热
[海带黄豆]
热
[蚝油生菜]
热
[红烧乳鸽]
热
[韭黄鸡蛋]
热
[三鲜豆腐]
热
[鱼香鸡里蹦]
热
[竹荪紫薯鱼丸]
凉
[凉拌南极冰藻]
凉
[凉拌玉米坨]
凉
[盐水虾]
凉
[盐水鸭]

热菜

- 橄榄菜炒豇豆
- 海带黄豆
- 蚝油生菜
- 红烧乳鸽
- 韭黄鸡蛋
- 三鲜豆腐
- 鱼香鸡里蹦
- 竹荪紫薯鱼丸

凉菜

- 凉拌南极冰藻
- 凉拌玉米坨
- 盐水虾
- 盐水鸭

橄榄菜炒豇豆

主料： 豇豆10千克

配料： 瓶装橄榄菜2千克

调料： 植物油0.12千克、精盐0.075千克、味精0.02千克、葱0.12千克、姜0.03千克、蒜0.02千克、酱油0.12千克、香油少许

制作过程

1 将豇豆去头，择洗干净，切成3～4厘米的段；葱、姜、蒜择洗干净，切末备用。

2 锅上火，放水烧开，加入豇豆焯水断生后捞出，过凉，控水备用。

3 锅上火，放油烧热，下入葱、姜、蒜、橄榄菜炒出香味，放入豇豆翻炒，加入精盐、酱油、味精翻炒均匀，炒熟即可。

制作关键： 豇豆焯水要断生。

营/养/价/值

豇豆中所含维生素C能促进抗体的合成，提高机体抗病毒的作用；所含磷脂有促进胰岛素分泌，增加糖代谢的作用，是糖尿病人的理想食品；所含维生素B_1能维持正常的消化腺分泌和胃肠道蠕动的功能，抑制胆碱酯活性，可帮助消化，增进食欲。豇豆提供了易于消化吸收的优质蛋白，适量的碳水化合物及多种微生素、微量元素等，可补充机体的营养素，中医认为豇豆有健脾补肾的辅助功效。

热菜

海带黄豆

香味浓郁
营养丰富

主料：海带根8千克

配料：五花肉丁1千克、黄豆2千克

调料：植物油0.5千克、精盐0.075千克、味精0.02千克、葱0.15千克、姜0.03千克、蒜0.05千克、水淀粉少许、清汤适量

营/养/价/值

海带的营养价值很高。海带中含有大量的碘，碘是甲状腺合成的主要物质。海带中含有大量的甘露醇，具有利尿消肿的作用。黄豆含有丰富的蛋白质，含有多种人体必需的氨基酸，可以提高人体免疫力。黄豆中的卵磷脂可除掉附在血管壁上的胆固醇。

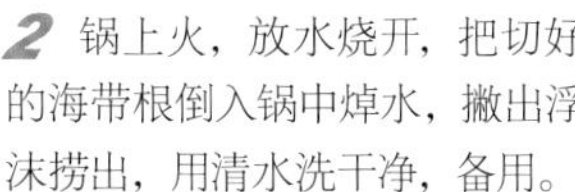

1 将海带根洗干净，切成1厘米宽的方块；黄豆用水泡开煮熟；葱、姜、蒜择洗干净，切末备用。

2 锅上火，放水烧开，把切好的海带根倒入锅中焯水，撇出浮沫捞出，用清水洗干净，备用。

3 锅上火，放油烧热，放入葱末、姜末、蒜末炒出香味，再放入五花肉丁煸炒，烹入料酒、酱油，加入海带、黄豆翻炒，加入少许鲜汤、精盐，改小火炒熟，加入味精，用水淀粉勾芡均匀即可。

蚝油生菜

特
点

咸鲜爽口

主料：生菜10千克

调料：植物油0.15千克、精盐0.05克、味精0.015千克、蚝油0.2千克、酱油0.15千克、蒜0.15千克、水淀粉适量

营/养/价/值

生菜富含胡萝卜素及多种维生素，在其白色的乳状汁液中含有甘露醇、菊糖、蛋白质、有机酸以及钙、铁、磷等无机盐。具有镇痛催眠、降低胆固醇、辅助治疗神经衰弱等功效，有利尿和促进血液循环的作用。中医认为，生菜味甘、性凉；具有清热爽神、清肝利胆、养胃的功效。

1 将生菜去根，剥开洗净撕成片状；蒜去皮，洗净剁成蓉；葱择洗干净，切末备用。

2 锅上火，放水烧开，把生菜倒入焯水，焯透过凉，控水备用。

3 锅上火，放油烧热，放入葱末、蒜末炒出香味，放入蚝油、酱油倒入生菜翻炒，加入精盐、味精翻炒，用水淀粉勾芡均匀即可。

制作关键：生菜焯水不宜过长。

红烧乳鸽

主料：净乳鸽20千克

调料：植物油0.25千克、精盐0.2千克、味精0.025千克、白糖0.2千克、料酒0.15千克、花椒0.01千克、大料0.01千克、桂皮0.005千克、小茴香0.015千克、大葱0.15千克、姜0.075千克、水适量、酱油0.25千克

制作过程

1 将乳鸽去头、去爪子和尾尖，改刀成四块。葱、姜择洗干净，切段和块备用。

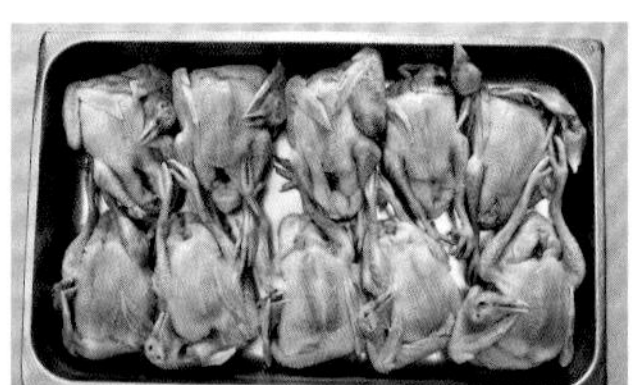

2 锅上火，放水烧开，放入切好的鸽子块焯水，捞出过凉，控水备用。

3 锅上火，放少许油，放入白糖炒糖色，视糖色炒好时，放入葱段、姜片炒出香味，倒入焯完水的乳鸽块煸炒，烹入料酒、酱油，让乳鸽块均匀上色，放入热水烧开。将各种香料装入料包放入锅中，加入精盐，用旺火烧开，转小火慢炖50分钟放入味精，待汤汁收浓时即可。

制作关键：糖色不要炒糊。

营/养/价/值

鸽肉的蛋白质含量在15％以上，鸽肉的消化率可达97％。此外，鸽肉所含的钙、铁、铜等元素以及维生素都比鸡、鱼、牛、羊肉含量高。中医认为，乳鸽易于消化，具有滋补益气，祛风解毒的功能，对病后体弱、血虚闭经、头晕神疲、记忆衰退有很好的补益辅助治疗作用。

韭黄鸡蛋

主料：鸡蛋5千克

配料：韭黄10千克

调料：植物油0.25千克、精盐0.02千克、味精0.02千克、葱0.12千克

制作过程

1 将韭黄洗净，切成3厘米长的段；葱择洗干净，切末；鸡蛋打碎放入盆中，搅成蛋液备用。

2 锅上火，放油烧热，倒入打好的蛋液，炒熟倒出备用。

3 锅再次上火放油，烧热放葱末炒香，倒入韭黄翻炒，放入精盐、味精炒熟，倒入炒好的鸡蛋，翻炒均匀即可。

制作关键：炒鸡蛋的时候，油温要控制好。

营/养/价/值

鸡蛋的卵磷脂、甘油三酯、胆固醇和卵黄素，对神经系统的身体发育有很大作用。韭黄含有膳食纤维、胡萝卜素、多种矿物质，韭黄具有健胃、提神、保暖的功效。韭黄含有膳食纤维，可促进排便；并含有一定量的胡萝卜素，对眼睛以及人体免疫力都有益处；其味道有些辛辣，可促进食欲；且含有多种矿物质，是营养丰富的蔬菜。从中医理论讲，韭黄具有健胃、提神，保暖的功效；对妇女产后调养和生理不适，均有舒缓的作用。

三鲜豆腐

鲜嫩适口

主料：豆腐7.5千克

配料：海参1.5千克、鲜鱿鱼2千克、蹄筋2千克

调料：植物油0.15千克、精盐0.02千克、味精0.02千克、酱油0.2千克、清汤1.5千克、胡椒粉0.02千克、葱0.12千克、姜0.015千克、蒜0.02千克、水淀粉适量

制作过程

1 将豆腐切成 1.5 厘米的方块；海参洗干净，切成小菱形块；鲜鱿鱼洗干净，剞成鱿鱼卷；蹄筋洗干净，切成 3 厘米的段；葱、姜、蒜择洗干净，切末备用。

2 锅上火，放水烧开，放入少许精盐，放入豆腐焯水，焯透过凉控水。锅里换水烧开，放入海参、鱿鱼、蹄筋焯水，捞出控水备用。

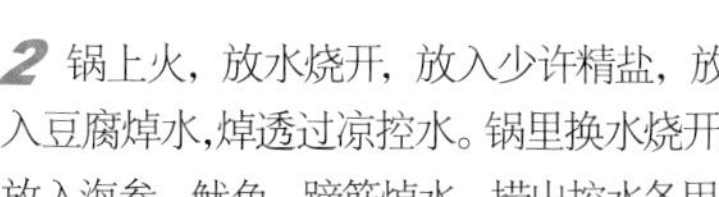

3 锅上火，放油烧热。放入葱、姜、蒜炝锅出香味，放入清汤、精盐、味精、胡椒粉、酱油，用旺火烧开，放入海参、鱿鱼、蹄筋转小火炖 10 分钟，放入豆腐，开锅改小火炖至入味，用水淀粉勾芡即可。

制作关键：海参要洗净沙子，豆腐炖至入味为好。

营/养/价/值

豆腐中富含各类优质蛋白，并含有糖类、植物油、铁、钙、磷、镁等。豆腐能够补充人体营养、帮助消化、促进食欲，其中的钙质等营养物质对牙齿、骨骼的生长发育十分有益，能够辅助治疗骨质疏松症，其中的铁质对人体造血功能大有裨益。

鱼香鸡里蹦

特点

咸鲜微甜微酸

主料：虾仁5千克、鸡脯肉4千克

配料：西芹7.5千克

调料：植物油2.5千克、精盐0.075千克、味精0.05千克、料酒0.15千克、白糖0.15千克、酱油0.1千克、醋0.3千克、鸡蛋清10个、郫县豆瓣酱0.25千克、葱0.15千克、姜0.03千克、蒜0.05千克、水淀粉适量、汤少许

制作过程

1 将虾仁去虾线，洗净；鸡脯肉切成鸡丁；西芹去根、去皮，洗干净，切成宽 1 厘米长，2 厘米的块；葱、姜、蒜择洗干净切丝和末备用。

2 将虾仁和鸡丁分别放入两个盆中，加入精盐、鸡蛋清、水淀粉上浆备用。

3 锅上火，放水烧开，放入少许精盐，将西芹焯水捞出，控水备用。

4 锅上火，放油烧至三成热，放入鸡丁和虾仁滑油，滑熟捞出，控油备用。锅留少许底油，放入葱、姜、蒜炸香，再放入郫县豆瓣酱炒香，放入西芹翻炒，烹入酱油、醋，加入少许汤和白糖烧开，用水淀粉勾芡，倒入滑熟的虾仁和鸡丁，翻炒均匀即可。

制作关键：滑虾仁和肉丝时油温要掌握好。

营/养/价/值

虾仁中含有蛋白质、脂肪、糖类、钙、磷、铁、维生素A、维生素B、烟酸等。虾味甘、咸，性温，有壮阳益肾、补精、通乳之功。鸡肉中蛋白质的含量较高，氨基酸种类多，而且消化率高，很容易被人体吸收利用，有增强体力、强壮身体的作用。鸡肉含有对人体生长发育有重要作用的磷脂类，是中国人膳食结构中脂肪和磷脂的重要来源之一。鸡肉对营养不良、畏寒怕冷、乏力疲劳、月经不调、贫血、虚弱等症状的病人有很好的食疗作用。

竹荪紫薯鱼丸

特点
营养丰富
鲜咸适口

主料： 鲜胖头鱼尾10千克

配料： 紫薯1.5千克、竹荪0.15千克、油菜心0.25千克、枸杞0.05千克、精盐0.12千克、味精0.03千克、葱姜水0.6千克、鸡蛋清0.75千克、水淀粉、清汤1.5千克

制作过程

1 将鱼尾洗净，去骨、去皮，取净鱼肉，除去鱼肉上的腥线，改刀成0.5厘米的片，在清水中漂洗干净。紫薯洗干净，去皮，放入蒸箱蒸熟，取出晾凉。竹荪去头、去尾，用水泡发好洗干净，切成1.5厘米长的段备用。

2 将鱼肉和蒸好的紫薯放入粉碎机中，加入葱姜水、鸡蛋清、精盐、水淀粉搅成鱼蓉上劲备用。

3 锅内放入冷水，用手挤成小鱼丸，放入水中，小火加热至60℃～70℃，将鱼丸焖熟备用。

4 锅上火，放入清汤烧开，放入枸杞和鱼丸，加入精盐、味精，开锅后放入油菜心即可。

制作关键： 鱼蓉要搅上劲，冷水下锅，小火焖熟。

营/养/价/值

鱼肉营养丰富，具有滋补健胃、利水消肿、通乳、清热解毒的功效。鱼肉含有维生素A、铁、钙、磷，常吃鱼有养肝补血、泽肤养发健美的功效。

热菜

凉拌南极冰藻

绵软爽口

原料： 南极冰藻1.5千克、青尖椒0.2千克、红尖椒0.2千克、盐0.015千克、味精0.005千克、蒜蓉0.05千克、醋0.01千克、香油0.01千克

制作过程

1 先将南极冰藻用凉水浸泡30分钟，用清水洗干净，沥干水分倒入盆中。

2 将青、红尖椒切丝，焯水过凉，沥干水分和南极冰藻放在一起，加入盐、味精、蒜蓉、醋、香油拌均匀即可装盘。

营/养/价/值

南极冰藻含有丰富的海藻胶原蛋白、纤维素、钙、磷、铁、碘多种营养元素，能促进肠胃消化吸收；海藻胶原蛋白是美容圣品，常吃可抗衰老。

凉拌玉米坨

主副食搭配合理

营养丰富

原料： 芹菜叶4千克、玉米面1.5千克、盐0.015千克、味精0.005千克、蒜泥0.2千克、辣椒油0.01千克

制作过程

1 先将芹菜叶洗净，倒入盆中，撒上盐；玉米面拌均匀，上屉蒸15分钟取出，放在盒中晾凉。

2 将蒜瓣捣成泥，放在碗中，加入盐、味精、辣椒油、花椒油搅均匀，兑成碗汁。食用时将碗汁浇在蒸好的玉米坨上，拌均匀即可。

营/养/价/值

此菜营养丰富，含蛋白质、粗纤维等营养物质以及钙、磷、铁等微量元素，还含有挥发性物质，有健胃、利尿、净血、调经、降压、镇静的作用，也是高纤维食物。

盐水虾

特点：色泽鲜红　咸淡适中　鲜嫩可口

原料：虾2千克、葱段0.01千克、姜片0.01千克、花椒0.005千克、盐0.015千克、水适量、盐少许、香油少许

制作过程

1 将虾洗净。

2 起锅加入水、盐、葱段、姜片、花椒、味精、油烧开煮10分钟，待葱、姜、花椒香味进入水中时，下入虾，开锅煮1分钟，晾凉后将虾整齐码放在盘中，用香菜点缀即可。

营/养/价/值

虾肉中含有蛋白质、脂肪、糖类、钙、磷、铁、维生素A、维生素B、烟酸等。中医认为，虾味甘、咸，性温，有壮阳益肾、补精、通乳之功效。

盐水鸭

特点：香鲜味美　清爽不腻

原料：净鸭子3只、葱0.3千克、料酒0.04千克、大葱3棵、姜片0.2千克、八角6粒、花椒0.01千克、香叶0.005千克、味精0.01千克、胡椒粉0.005千克

制作过程

1 将鸭子去掉肛门，从背上劈开。用盐、味精、胡椒粉抹遍鸭子全身，先将一只鸭子放在盆中，撒上葱段、姜片、花椒、八角、香叶，再将另一只鸭子放在上面，撒上葱、姜、花椒、八角、香叶后，再将第三只鸭子放在上面用同样的方法腌好，腌10个小时，放在冰箱里(保持常温)。

2 起锅加水烧沸后下入鸭子，再加少许盐，改小火煮至熟烂捞出，去掉葱、姜、大料、香叶。晾凉后改刀切块装盘，用香菜叶点缀。

营/养/价/值

鸭肉中的脂肪酸熔点低，易于消化，所含B族维生素和维生素E较其他肉类多。鸭肉中含有较为丰富的烟酸，它是构成人体内两种重要辅酶的成分之一。鸭肉性寒味甘、咸，归脾、胃、肺、肾经；可大补虚劳、滋五脏之阴、清虚劳之热、补血行水、清热健脾。

第四周

星期三

热
[葱辣鱼条]
热
[黑椒牛柳]
热
[酱汁豆腐]
热
[茭白炒腊肠]
热
[丝瓜炒鸡蛋]
热
[蒜蓉红苋菜]
热
[山药炖咸水鸭]
热
[五彩冬瓜]
凉
[叉烧里脊]
凉
[凉拌山野菜]
凉
[麻辣牛舌]
凉
[五香毛豆]

星期三

热菜

- 葱辣鱼条
- 黑椒牛柳
- 酱汁豆腐
- 茭白炒腊肠
- 丝瓜炒鸡蛋
- 蒜蓉红苋菜
- 山药炖咸水鸭
- 五彩冬瓜

凉菜

- 叉烧里脊
- 凉拌山野菜
- 麻辣牛舌
- 五香毛豆

葱辣鱼条

主料：草鱼15千克

配料：干辣椒0.5千克、葱段0.15千克

调料：植物油4千克、精盐0.075千克、味精0.05千克、糖0.05千克、酱油0.2千克、干淀粉1千克、姜0.075千克、料酒0.25千克、鲜汤适量

制作过程

1 将草鱼刮去鳞，开膛去内脏、去头、去尾、去大骨，洗干净，切成2厘米宽的条。姜去皮，洗净切片，把鱼条加入少许精盐、料酒、姜片腌渍入味。

2 将腌好的鱼条均匀拍上干淀粉，锅上火放油烧至七成热时，放入鱼条炸至金黄色，捞出控油备用。

3 锅上火放油，放入葱段、干辣椒炸香，烹入料酒、酱油，加入鲜汤放入精盐、糖、味精，开锅后倒入炸好的鱼条，改小火炖至入味即可。

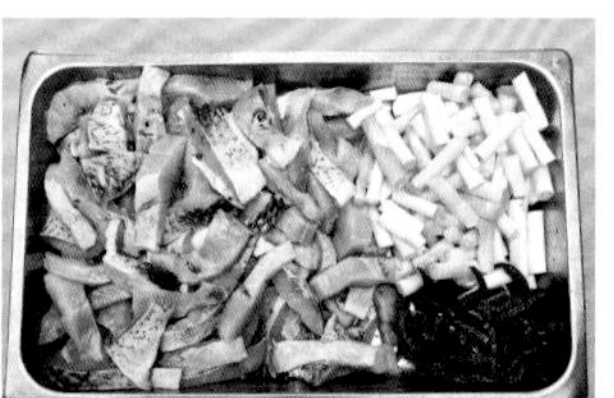

制作关键：鱼条出锅时要慢，防碎。

营/养/价/值

草鱼含有丰富的不饱和脂肪酸，对血液循环有利，是心血管病人的良好食物。草鱼含有丰富的硒元素，经常食用有抗衰老、养颜的功效。对身体瘦弱、食欲不振的人来说，草鱼肉嫩而不腻，可以开胃、滋补。

热菜

营/养/价/值

牛肉含有丰富的蛋白质，氨基酸组成比猪肉更接近人体需要，能提高机体抗病能力，对生长发育及手术后、病后调养的人在补充失血、修复组织等方面特别适宜。牛肉有补中益气、滋养脾胃、强健筋骨、化痰息风的功效。杏鲍菇可降低人体血液中的胆固醇含量，增强人体抗病的能力。

黑椒牛柳

黑椒味浓肉滑嫩

主料：牛通脊肉5千克

配料：杏鲍菇4千克、青尖椒0.15千克、红尖椒0.15千克

调料：植物油3千克、精盐0.03千克、味精0.02千克、酱油0.15千克、料酒0.15千克、黑椒酱0.5千克、鲜汤0.25千克、葱0.15千克、姜0.03千克、蒜0.05千克、鸡蛋5个、干淀粉1千克、水淀粉适量

制作过程

1 将牛通脊去筋，洗干净，切成1厘米宽，4厘米长的牛柳条。杏鲍菇洗干净，切成0.5厘米宽，4厘米长的条。青、红尖椒去籽、去把，洗干净，切成和杏鲍菇一样的条。葱、姜、蒜择洗干净，切末备用。

2 切好的牛柳条用精盐、酱油、鸡蛋、淀粉上浆；杏鲍菇用干淀粉拌匀备用。

3 锅上火，放油烧至四成热时，下入牛柳条滑油，滑熟捞出控油，待油温升至七成热时，放入拌好的杏鲍菇，炸至金黄色捞出，控油备用。

4 锅上火，放油烧热，放入葱末、姜末、蒜末、青尖椒条、红尖椒条炒出香味，下入黑椒酱，烹入料酒、酱油，加入鲜汤、精盐、味精，与滑好的牛柳条和炸好的杏鲍菇条翻炒均匀，炒熟后用水淀粉勾芡均匀即可。

制作关键：牛柳滑油时掌握好油温，不要滑老。

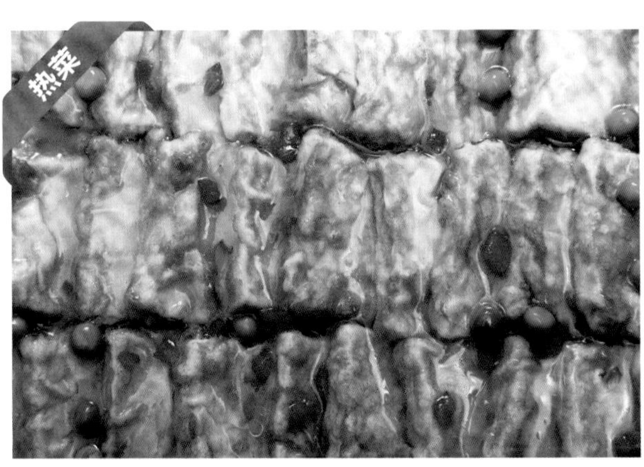

营/养/价/值

豆腐中富含各类优质蛋白，并含有糖类、植物油、铁、钙、磷、镁等。豆腐能够补充人体营养，帮助消化，其中的钙质等营养物质对牙齿、骨骼的生长发育十分有益；铁质对人体造血功能大有裨益。

酱汁豆腐

特点

酱香味浓
豆腐软嫩

主料：豆腐10千克

配料：香葱500克

调料：植物油4000克、甜面酱1000克、精盐20克、味精30克、姜30克、白糖150克、酱油150克、鲜汤500克、水淀粉适量

制作过程

1 将豆腐切成1厘米宽、4厘米长的条；香葱择洗干净；姜去皮，洗干净，切末备用。

2 锅上火，放油烧至七成热时，将豆腐条倒入锅中，炸至金黄色时捞出，控油备用。

3 锅上火放油，放入姜末炒出香味，倒入甜面酱，用小火慢炒，然后放入鲜汤、酱油、白糖、精盐、味精，烧开后放入炸好的豆腐条烧开，改小火炖至入味，用水淀粉勾芡均匀，放入香葱即可。

制作关键：炖豆腐的时候用小火炖至入味。

茭白炒腊肠

特点：色泽分明　咸鲜味美

主料： 腊肠5千克

配料： 茭白10千克、青尖椒0.5千克、红尖椒0.5千克

调料： 植物油2千克、精盐0.05千克、味精0.02千克、糖0.015千克、葱0.12千克、姜0.015千克、蒜0.02千克、水淀粉适量、汤0.2千克

制作过程

1 将腊肠放入蒸箱蒸20分钟取出，斜刀切片。茭白去皮，洗干净，切成2厘米宽的菱形片。青、红尖椒去籽、去把，洗干净，切成菱形片。葱、姜、蒜择洗干净，切末备用。

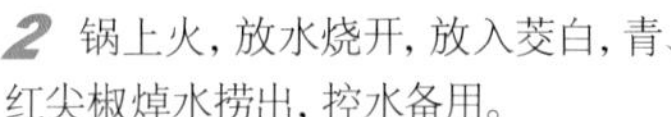

2 锅上火，放水烧开，放入茭白，青、红尖椒焯水捞出，控水备用。

3 锅上火，放油烧热，放入葱、姜、蒜炒出香味，再放入茭白和青、红尖椒片和腊肠煸炒，放入精盐、味精、白糖、汤少许，翻炒均匀。炒熟后用水淀粉勾芡出锅即可。

制作关键： 此菜要用中火，翻锅时注意腊肠宜碎。

热菜

营/养/价/值

茭白含有解酒作用的维生素，且它的有机氮素以氨基酸状态存在，并能提供硫元素，营养价值很高，容易为人体所吸收。茭白含有较多的碳水化合物、蛋白质、脂肪等，能补充人体的营养物质，具有健壮机体的作用。腊肠富含蛋白质、碳水化合物、烟酸、维生素以及钙、磷、钾、镁等矿质元素。

丝瓜炒鸡蛋

特点：味道咸香

主料： 丝瓜10千克

配料： 鸡蛋5千克

调料： 植物油1千克、精盐0.75千克、味精0.02千克、葱0.15克、蒜0.05千克、白醋少许

制作过程

1 将丝瓜去皮，洗干净，切成1.5厘米的坡刀块；葱、蒜去皮，择洗干净切末；鸡蛋打散放在盆中搅成蛋液备用。

2 锅上火放水，加入少许白醋烧开，放入丝瓜焯水，捞出控水备用。

3 锅上火，放油烧热，放入蛋液炒均匀，炒熟倒出备用。

4 锅再次上火，放油烧热，放葱末、蒜末炒香，放入丝瓜翻炒，加入精盐、味精，倒入炒好的鸡蛋翻炒均匀即可。

制作关键： 丝瓜焯水宜发黑，放少许白醋。

营/养/价/值

鸡蛋中富含蛋白质、维生素A、维生素B_2、锌等，尤其适合婴幼儿，孕产妇及病人食用。丝瓜的营养价值很高，丝瓜中含有蛋白质、脂肪、碳水化合物、粗纤维、钙、磷、铁、瓜氨酸以及核黄素等B族维生素、维生素C，还含有人参中所含的成分——皂苷。中医认为，丝瓜实味甘性平，有清暑凉血、解毒通便、祛风化痰、润肌美容、通经络、行血脉、下乳汁等功效。

蒜蓉红苋菜

主料： 红苋菜10千克

调料： 植物油0.25千克、精盐0.075千克、味精0.02千克、葱0.15千克、蒜0.25千克、香油少许

营/养/价/值

苋菜的维生素C含量高居绿色蔬菜第一位，它富含钙、磷、铁等营养物质，而且不含草酸，所含钙、铁进入人体后很容易被吸收利用，还能促进儿童牙齿和骨骼的生长发育。苋菜对于维持正常心肌活动，促进凝血也大有裨益，这是因为它所含丰富的铁可以合成红细胞中的血红蛋白，有造血和携带氧气的功能，最宜贫血患者食用。常吃苋菜还可以减肥，增强体质。

制作过程

1 将红苋菜去根和黄叶，清洗干净，切成4厘米的段。葱、蒜去皮，洗干净切末和剁蓉，备用。

2 锅上火，放水烧开，放入红苋菜焯水，捞出控水，备用。

3 锅上火，放油烧热，放入葱末、蒜蓉炒香，倒入红苋菜煸炒，加精盐、味精，炒熟后淋入香油即可。

制作关键： 红苋菜焯水时间不宜太长。

山药炖咸水鸭

主料： 白条咸水鸭15千克

配料： 山药8千克

调料： 精盐0.075千克、味精0.015千克、花椒0.015千克、葱0.15千克、姜0.05千克、水适量、香油少许

营/养/价/值

鸭肉中的脂肪酸熔点低，易于消化，所含B族维生素和维生素E较其他肉类多。鸭肉中含有较为丰富的烟酸，它是构成人体内两种重要辅酸酶的成分之一。中医认为，鸭肉性寒味甘、咸，归脾、胃、肺、肾经；可大补虚劳、滋五脏之阴、清虚劳之热、补血行水、清热健脾。

制作过程

1 将白条咸水鸭清洗干净，剁去鸭头、尾尖、爪子，改刀成3厘米的块。将山药去皮，洗干净，切成滚刀块。葱、姜择洗干净，切段和片备用。

2 锅上火，放水烧开，放入咸水鸭块焯水焯透，捞出控水备用。

3 锅上火，放水烧开，加入葱段、姜片、咸水鸭块，把花椒装入料袋放入锅中，用旺火烧开，改小火炖50分钟，放入精盐，切好的山药，再炖15分钟，放入味精调味，淋入香油，出锅即可。

制作关键： 在炖山药的时候，要掌握好时间。

五彩冬瓜

主料: 冬瓜10千克

配料: 黄彩椒2千克、红彩椒2千克、绿彩椒2千克、鲜香菇2千克

调料: 植物油0.25千克、精盐0.1千克、味精0.02千克、葱0.15千克、蒜0.02千克、鲜汤0.2千克、水淀粉适量

制作过程

1 将冬瓜去皮、去籽，洗干净，切成4厘米长，2厘米宽的片；彩椒分别去籽、去把，洗干净，切成菱形片；鲜香菇去把，洗干净，切坡刀片；葱、姜去皮，择洗干净切末备用。

2 锅上火放水，水开后放入冬瓜片、彩椒片和鲜香菇焯水，捞出控水备用。

3 锅上火，放油烧热，放入葱、姜炒出香味，再放入冬瓜片、彩椒片、鲜香菇翻炒，加精盐，少许鲜汤炒匀炒熟，用水淀粉勾芡均匀即可。

制作关键: 此菜焯水要分开。

营/养/价/值

冬瓜含维生素C较多，且钾盐含量高，钠盐含量较低，高血压、肾脏病、浮肿病等患者食之，可达到消肿而不伤正气的作用。冬瓜中所含的丙醇二酸，能有效地抑制糖类转化为脂类，加之冬瓜本身不含脂肪，热量不高，对于防止人体发胖具有重要意义，还可以有助于体型健美。中医认为，冬瓜性寒味甘，清热生津，解暑除烦，在夏日食用尤为适宜。

热菜

叉烧里脊

原料：猪通脊肉4千克、葱姜蒜（拍破）各0.03千克、盐0.02千克、料酒0.1千克、香油0.01千克、白糖0.05千克、酱油0.02千克、醋少许、高汤适量、花椒0.005千克、大料0.005千克、番茄酱少许

制作过程

1 将里脊肉洗净，切成梳子刀形状，长5厘米宽、3厘米的块，用葱、姜、白糖、料酒、大料、花椒和酱油将肉腌2～3个小时。

2 起锅放油，油温六至七成热时，放入肉炸一下，捞出控油。锅内留底油，下入葱段、姜片炒香，加入料酒、酱油、番茄酱，再加入高汤、精盐、味精、糖烧开后，下入里脊肉改小火煨1个小时，最后大火收汁稍微勾芡汁，淋入香油即可出锅。肉晾凉后切片装盘，用香菜叶点缀。

营/养/价/值

此菜为人类提供优质蛋白质和必需的脂肪酸，提供血红素（有机铁）和促进铁吸收的半胱氨酸，能改善缺铁性贫血。此菜性平味甘、润肠胃、生津液、补肾气、解热毒的功效。

凉拌山野菜

原料：山野菜3千克、蒜蓉0.05千克、红彩椒0.015千克、黄彩椒0.015千克、精盐0.01千克、味精0.005千克、香油0.01千克、醋0.01千克

制作过程

1 将山野菜择好洗干净，红、黄彩椒切丝。

2 起锅加水，烧开后下入山野菜，红、黄彩椒炒熟，捞出过凉，沥干水分倒入盆中，加入盐、味精、蒜蓉、醋、香油拌均匀即可。

营/养/价/值

山野菜含有丰富的蛋白质、维生素、矿物质、纤维素等。山野菜具有很高的医疗价值，能预防多种疾病。

星期一
星期二
星期三
星期四
星期五

麻辣牛舌

特点：麻辣咸鲜 味美爽口

原料： 牛舌5千克、葱0.03千克、姜0.03千克、盐0.02千克、味精0.005千克、老卤汤5千克、白糖0.01千克、甜面酱0.1千克、茴香0.02千克、桂皮0.02千克、大料0.005千克、油适量、酱油少许、醋0.01千克、辣椒面0.015千克、花椒面0.01千克

制作过程

1 将牛舌烫一下捞出，去掉舌膜洗净，用葱段、花椒、大料、姜片、盐、味精腌两个小时。

2 起锅，锅内倒入老汤、茴香、桂皮、甜面酱、酱油、白糖和水，烧沸后下入牛舌，至牛舌熟透捞出，晾凉切片，葱姜切丝，香菜切段，倒入盆中，撒上花椒面、辣椒面、醋，将油烧热浇在花椒面、辣椒面上，加入盐、味精拌均匀，即可装盘。

营/养/价/值

牛舌蛋白质含量高，脂肪低，有补气健身、补胃滋阴的作用。

五香毛豆

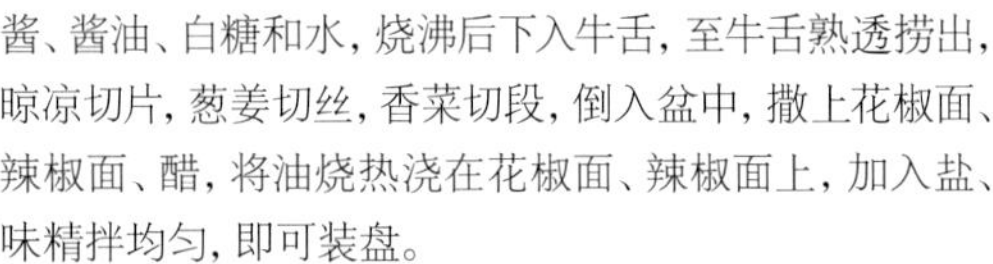

特点：色泽碧绿 香嫩味美

原料： 毛豆2.5千克、大料0.005千克、花椒0.005千克、盐0.015千克、味精0.005千克、高汤少许、水适量

制作过程

1 将毛豆择好，洗干净。

2 起锅加水，加盐、味精、花椒、大料，开锅后下入毛豆，改小火煮15分钟捞出，晾凉即可装盘。

营/养/价/值

毛豆含有丰富的食物纤维，不仅能改善便秘，还有利于血压和胆固醇的降低；含有的卵磷脂是大脑发育不可缺少的营养成分之一，有助于改善大脑的记忆力和智力水平；毛豆含有能清除血管壁上脂肪的化合物，从而起到降血脂和降低血液中胆固醇的作用。

第四周

星期四

热
[扒羊肉条]
热
[红烧鲫鱼]
热
[火龙果炒虾仁]
热
[鸡蛋肉末炒西芹]
热
[麻婆豆腐]
热
[清炒穿心莲]
热
[烧全素]
热
[小炒鸡片]
凉
[凉拌贡菜]
凉
[酸辣鸡条]
凉
[蒜泥茄子]
凉
[油焖小河虾]

热菜

- 扒羊肉条
- 红烧鲫鱼
- 火龙果炒虾仁
- 鸡蛋肉末炒西芹
- 麻婆豆腐
- 清炒穿心莲
- 烧全素
- 小炒鸡片

凉菜

- 凉拌贡菜
- 酸辣鸡条
- 蒜泥茄子
- 油焖小河虾

扒羊肉条

主料：嫩羊腿肉10千克

配料：粉条4千克、菠菜3千克

调料：植物油0.2千克、精盐0.075千克、味精0.02千克、葱0.2千克、姜0.1千克、花椒0.05千克、酱油0.25千克、鲜汤少许

特点

咸鲜适口 肉烂味美

制作过程

1 将羊腿肉洗干净；粉条用水泡开；菠菜择洗干净，切成4厘米长的段；葱、姜择洗干净，切段和片备用。

2 锅上火，放水烧开，放入葱段、姜片、花椒，放入羊腿肉煮至熟时捞出，切成宽3厘米，长6厘米的条，放入盘中码放整齐。锅上火，放油烧热，放入葱段、姜片炝锅，再放入鲜汤，加入精盐、味精烧开，倒入装有羊肉条的盘中，放入蒸箱蒸30分钟，备用。

3 锅上火，放入鲜汤，加入精盐、味精、酱油，放入粉条煨至入味，备用。

4 锅再次上火，把蒸好的羊肉条推入锅中（保持形状不散），再把煨好的粉条和菠菜放在锅中的羊肉条上烧烤。待汤汁收浓时，用水淀粉勾芡均匀，大翻勺出锅装盘即可。

制作关键：蒸的时候要掌握好时间，不要把肉蒸得太烂。

营/养/价/值

羊肉富含碳水化合物、膳食纤维、蛋白质、维生素、胆固醇、钙、磷、钾、镁、钠等元素。羊肉性温，冬季常吃羊肉，不仅可以增加人体热量，抵御寒冷，而且还能增加消化酶，保护胃壁，修复胃黏膜，帮助脾胃消化，起到抗衰老的作用。羊肉营养丰富，对腹部冷痛、体虚畏寒、腰膝酸软的病人均有很大裨益。

营/养/价/值

鲫鱼所含的蛋白质质优、齐全，易于消化吸收，可增强抗病能力。鲫鱼有健脾利湿，和中开胃，活血通络、温中下气之功效。鲫鱼可补气血，暖胃。

红烧鲫鱼

鱼鲜味浓

主料：鲫鱼20千克

配料：鲜香菇0.5千克、青尖椒0.5千克、红尖椒0.5千克

调料：植物油5千克、葱0.15千克、姜0.1千克、蒜0.075千克、酱油0.2千克、料酒0.25千克、精盐0.075千克、味精0.02千克、糖0.05千克、高汤适量、水淀粉少许

1 将鲫鱼刮鳞开膛，去内脏，去鳃，洗干净；鲜香菇去根，洗干净，片成薄片。青、红尖椒，去籽，去把，洗干净，切成1.5厘米的菱形片。葱、姜、蒜择洗干净，切段和片备用。

2 锅中放油，烧至七成热时，将鲫鱼放入锅中，炸成金黄色捞出，控油备用。

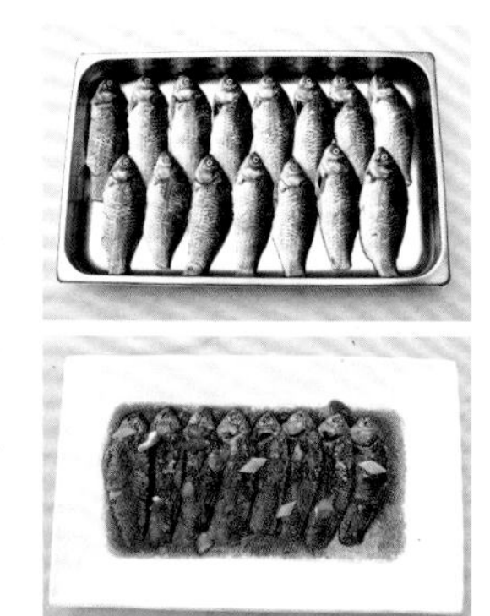

3 锅中放油烧热，放入葱段、姜片和蒜片炒出香味，烹入料酒、酱油，加入适量的高汤，再放入白糖、精盐、味精，烧开后放入炸好的鲫鱼，开锅后转小火慢烧，放入香菇片、青尖椒片、红尖椒片，最后大火收浓汤汁，用水淀粉勾芡即可。

制作关键：火候不宜太大，否则鱼容易烂，入味效果不好。

营/养/价/值

虾仁的营养价值很高，含有蛋白质、钙，而脂肪含量较低。虾仁味甘、咸、性温，具有补肾壮阳、理气，开胃之功效。火龙果富含一般蔬果中较少有的植物性白蛋白，这种活性白蛋白会自动与人体内的重金属离子结合，通过排泄系统排出体外，从而起解毒作用。火龙果富含美白皮肤的维生素C，还含有水溶性膳食纤维。火龙果中含铁量比一般的水果要高，铁是制造血红蛋白及其他铁质物质不可缺少的元素，摄入适量的铁质还可预防贫血。

火龙果炒虾仁

主料：虾仁5千克、火龙果10个

配料：黄瓜0.15千克，红、黄圣果2千克

特点：火龙果味突出 虾仁鲜香

调料：植物油4千克、精盐0.075千克、味精0.02千克、鸡蛋清3个、淀粉0.25千克

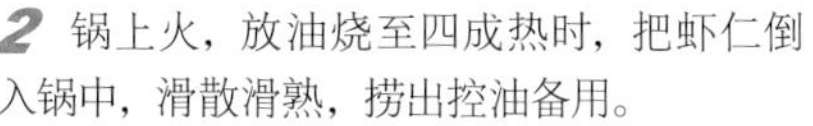

1 将虾仁去虾线，洗干净，用蛋清、精盐、淀粉上浆。火龙果去皮切成1.5厘米长的菱形块。黄瓜去皮、去籽，洗干净，切成和火龙果大小一样的菱形块。红、黄圣果洗干净，切成瓣备用。

2 锅上火，放油烧至四成热时，把虾仁倒入锅中，滑散滑熟，捞出控油备用。

3 锅上火，放水烧开，放入黄瓜焯水，捞出控水备用。

4 锅上火，放油少许烧热，放入黄瓜和红黄圣果煸炒，放入精盐，倒入火龙果和滑好的虾仁，翻炒均匀炒熟，用水淀粉勾芡均匀即可。

制作关键：此菜翻炒要慢，火龙果易烂。

鸡蛋肉末炒西芹

特点 鲜嫩爽口 色泽分明

主料： 鸡蛋5千克

配料： 肉末1千克、西芹5千克

调料： 植物油0.25千克、精盐0.075千克、味精0.02千克、酱油0.15千克、料酒0.05千克、葱0.15千克、姜0.03千克、蒜0.02千克

制作过程

1 将鸡蛋打散放入盆中，放入少许精盐搅成蛋液；西芹去皮、去筋，洗干净，切成1.5厘米的方丁；葱、姜、蒜择洗干净，切末备用。

2 锅上火，放水烧开，放入西芹丁焯水捞出，过凉控水备用。

3 锅上火，放油烧热，倒入鸡蛋液翻炒，炒熟倒出备用。

4 锅再次上火，放油烧热，放入葱、姜、蒜末，烹入料酒、酱油煸炒，再放入焯过水的西芹丁翻炒，放入精盐、味精炒熟，倒入炒好的鸡蛋，翻炒均匀即可。

制作关键： 西芹焯水不宜太长，捞出要过凉。

营/养/价/值

西芹营养丰富，含蛋白质、粗纤维等营养物质以及钙、磷、铁等微量元素，还含有挥发性物质。中医认为，西芹有健胃、利尿、净血、调经、降压、镇静的作用。

麻婆豆腐

特点 麻辣可口 色泽红润

主料： 豆腐10千克

配料： 牛肉末0.5千克、香葱0.2千克

调料： 植物油0.2千克、葱0.15千克、姜0.03千克、蒜0.015千克、辣椒酱0.5千克、花椒面0.025千克、精盐0.075千克、味精0.02千克、酱油0.15千克、鲜汤1.5千克、水淀粉适量

制作过程

1 将豆腐切成1.5厘米见方的块；姜、香葱去根，择洗干净，切成末；大葱择洗干净，切葱花备用。

2 锅上火，放水烧开，将豆腐倒入锅中焯水焯透，过凉控水备用。

3 锅上火，放油烧热，放入牛肉末、花椒面煸炒，炒熟后放入辣椒酱，葱、姜、蒜炒出香味，放入鲜汤、酱油、精盐、味精，烧开后倒入豆腐。开锅后改小火炖至入味，用水淀粉勾芡均匀即可。

制作关键： 炖豆腐时要用小火，效果更佳。

营/养/价/值

豆腐中富含各类优质蛋白，并含有糖类、植物油、铁、钙、磷、镁等。豆腐能够补充人体营养、帮助消化、促进食欲，其中的钙质等营养物质对牙齿、骨骼的生长发育十分有益，能够辅助治疗骨质疏松症，其中的铁质对人体造血功能大有裨益。

清炒穿心莲

清淡爽口

主料：穿心莲10千克

配料：植物油0.2千克、精盐0.02千克、味精0.02千克、葱0.15千克、蒜0.03千克

制作过程

1 将穿心莲择洗干净；葱、蒜去皮，洗干净，切末备用。

2 锅上火，放水烧开，倒入穿心莲焯水，捞出控水备用。

3 锅上火，放油烧热，放入葱、蒜炒出香味，倒入焯过水的穿心莲翻炒，放入精盐、味精翻炒均匀，炒熟即可。

制作关键：穿心莲焯水不要过长，否则色泽不好看。

营/养/价/值

穿心莲富含蛋白质、碳水化合物、烟酸、维生素以及锰、锌、钾、镁、钙、钠等元素。中医认为，穿心莲味苦、性寒，归心、肺、胃、膀胱经；具有清热解毒，利湿消肿的功效。

烧全素

特点

清淡爽口

营养丰富

主料：西兰花5千克、胡萝卜3千克

配料：鲜香菇2千克、马蹄11千克

调料：植物油0.2千克、精盐0.075千克、味精0.02千克、葱0.15千克、蒜0.03千克、鲜汤0.2千克、水淀粉适量、香油少许

制作过程

1 将西兰花去根，掰成小朵，洗干净；胡萝卜去皮，洗干净，切成2厘米宽的菱形片。鲜香菇去根，洗干净片成小片；马蹄洗干净，顶刀切成0.2厘米厚的片；葱、蒜择洗干净，切末备用。

2 锅上火，放水烧开，分别放入西兰花、胡萝卜片、鲜菇片、马蹄片焯水，捞出过凉，控水备用。

3 锅上火，放油烧热，放葱末、蒜末炒出香味，放入焯完水的主料和配料翻炒，放入精盐、味精翻炒炒熟，用水淀粉勾芡，淋入香油即可。

制作关键：此菜原料焯水要分开，炒得速度要快。

营/养/价/值

胡萝卜含有大量胡萝卜素，有补肝明目的作用。西兰花中矿物质成分比其他蔬菜更全面，钙、磷、铁、钾、锌、锰等含量很丰富。

小炒鸡片

特点
肉嫩香辣

主料：鸡脯肉3千克

配料：水发木耳2千克、青线椒3千克、红线椒3千克

调料：植物油4千克、精盐0.05千克、味精0.02克、鸡蛋清5个、淀粉0.25千克、葱0.15千克、姜0.03千克、蒜0.02千克、料酒0.15千克、香油少许

制作过程

1 将鸡脯肉洗净，片成0.2厘米厚的柳叶片，用鸡蛋清、精盐、淀粉上浆。水发木耳去根，洗干净，大片撕小片。青、红线椒去把，洗干净，顶刀切成0.5厘米厚的圈。葱、姜、蒜择洗干净，切末备用。

2 锅上火，放水烧开，放入木耳焯水，捞出控水备用。

3 锅上火，放油烧至四成热时，放入浆好的鸡片，滑散滑熟，捞出控油备用。

4 锅上火，放油烧热，放入葱、姜、蒜炒出香味，放入木耳和青、红线椒煸炒，放入精盐和滑好的鸡片，烹入料酒翻炒均匀，炒熟后放入味精，淋入香油即可。

制作关键：鸡片要切均匀，滑油要掌握好油温。

营/养/价/值

鸡肉中蛋白质的含量较高，氨基酸种类多，而且消化率高，很容易被人体吸收利用，有增强体力、强壮身体的作用。鸡肉含有对人体生长发育有重要作用的磷脂类，是中国人膳食结构中脂肪和磷脂的重要来源之一。鸡肉对营养不良、畏寒怕冷、乏力疲劳、月经不调、贫血、虚弱等症状的人有很好的辅助食疗作用。

热菜

凉拌贡菜

脆香爽口

原料： 贡菜3.5千克、蒜蓉0.05千克、红尖椒0.01千克、精盐0.01千克、味精0.005千克、醋0.01千克、香油0.01千克

营/养/价/值

贡菜含有丰富的蛋白质、果胶及多种氨基酸、维生素和人体必需的钙、铁、锌、胡萝卜素、钾、钠、磷等多种微量元素及碳水化合物，具有健胃、利尿、补脑、安神、解毒、减肥等辅助作用。

制作过程

1 将贡菜洗干净切段，红尖椒切丝。

2 起锅上火加水，将贡菜和红尖椒分别焯水过凉，沥干水分，倒在盆中加入盐、蒜蓉、味精、醋、香油拌均匀即可。

酸辣鸡条

酸辣鲜咸

不腻适口

原料： 鸡腿肉2.5千克、青尖椒0.01千克、红尖椒0.01千克、葱段0.005千克、姜片0.05千克、大料0.005千克、花椒0.005千克、盐0.02千克、味精0.005千克、醋0.02千克、辣椒油0.02千克、水适量

营/养/价/值

此菜中蛋白质的含量较高，氨基酸种类多，而且消化率高，很容易被人体吸收利用，有增强体力、强壮身体的作用；还含有对人体生长发育有重要作用的磷脂类，是中国人膳食结构中脂肪和磷脂的重要来源之一。对营养不良、畏寒怕冷、乏力疲劳、月经不调、贫血、虚弱等症状的人有很好的食疗作用。

制作过程

1 将鸡腿肉去骨，洗净。

2 起锅上火加水，下入葱段、姜片、大料、精盐、肉开锅后改小火，去掉沸沫煮30分钟，将肉和汤一起倒入盆中晾凉。

3 将鸡腿肉切成条，码放在盘中，将青红尖椒焯水过凉，沥干水分加入盐、味精、香油拌均匀，撒在切好的鸡条上面。

4 将精盐、味精、醋、辣椒油和香油兑成碗汁，食用时将碗汁浇在鸡条上拌均匀即可。

星期一
星期二
星期三
星期四
星期五

蒜泥茄子

原料：长茄子3千克、蒜泥0.2千克、精盐0.015千克、味精0.005千克、青尖椒0.005千克、红尖椒0.005千克、香油0.01千克

制作过程

1 先将长茄子洗净，上屉蒸40分钟取出晾凉，青红尖椒切粒。

2 戴上一次性口罩和手套，将蒸好的茄子撕成条，码放在盘中。

3 将捣好的蒜泥、精盐、水、醋、香油兑成碗汁，食用时将兑好的碗汁浇在茄子上，用青、红尖椒粒点缀，拌均匀即可。

营/养/价/值

茄子含有丰富的维生素P，这种物质能增强人体细胞间的黏着力，增强毛细血管的弹性，降低毛细血管的脆性及渗透性，防止微血管破裂出血，使心血管保持正常的功能。茄子含有维生素E，有防止出血和抗衰老的功能。

油焖小河虾

原料：小河虾2千克、盐0.01千克、糖0.005千克、味精0.005千克、葱段0.01千克、姜片0.01千克、油适量、高汤少许

制作过程

1 先将小河虾洗净，沥干水分。

2 起锅上火放油，将小河虾炸熟，捞出控油。

3 锅底留底油，下入葱段和姜片炒香，倒入高汤、盐、糖和炸好的小河虾，改小火焖一会儿，改大火收汁，加入味精翻炒均匀即可装盘，用香菜点缀，晾凉后食用。

营/养/价/值

虾营养丰富，且其肉质松软，易消化，对身体虚弱以及病后需要调养的人是极好的食物。虾中含有丰富的镁，对心脏活动具有重要的调节作用，能很好地保护心血管系统。虾的通乳作用较强，并且富含磷、钙，对小儿、孕妇尤其有补益功效。

第四周

星期五

热
[板栗娃娃菜]
热
[炒双花]
热
[海带炖肉]
热
[姜芽炒黑鱼丝]
热
[苦瓜莲子]
热
[腊八豆蒸嘎鱼]
热
[木须肉]
热
[杏鲍菇炖豆腐]
凉
[干锅小河鱼]
凉
[凉拌腐竹]
凉
[蒜蓉海发菜]
凉
[盐水猪肝]

星期五

热菜

- 板栗娃娃菜
- 炒双花
- 海带炖肉
- 姜芽炒黑鱼丝
- 苦瓜莲子
- 腊八豆蒸嘎鱼
- 木须肉
- 杏鲍菇炖豆腐

凉菜

- 干锅小河鱼
- 凉拌腐竹
- 蒜蓉海发菜
- 盐水猪肝

板栗娃娃菜

主料：娃娃菜10千克、板栗3千克

调料：植物油0.15千克、精盐0.05千克、味精0.02千克、鲜汤4千克、糖0.05千克、枸杞子0.02千克、葱0.12千克、水淀粉适量

制作过程

1 将娃娃菜择洗干净，切成四瓣；葱择洗干净，切末备用。

2 锅上火，放水烧开，放入娃娃菜焯水，捞出控水备用。

3 锅上火，放油烧热，下入葱末炒香，放入娃娃菜翻炒，再放入精盐和鲜汤。开锅后放入板栗、枸杞子，改小火，放入味精、白糖翻炒，均匀炒熟，用水淀粉勾芡即可。

制作关键：此菜要用鲜汤，炒至入味。

营/养/价/值

此菜营养相当丰富，含有大量的维生素C、纤维素及各种矿物质。同时也是糖尿病和肥胖患者的理想食物。

炒双花

主料： 菜花5千克、西兰花5千克

调料： 植物油0.15千克、精盐0.05千克、味精0.02千克、鲜汤0.5千克、水淀粉适量、香油少许、葱0.12千克、蒜0.05千克

营/养/价/值

菜花的维生素C极高，不但有利于人的生长发育，更重要的是能够提高人体免疫功能，促进肝脏解毒，增强体质，增加抗病能力，提高人体机体免疫功能。西兰花中富含钙、磷、铁、钾、锌、锰等矿物质，能增强肝脏的解毒功能，提高机体免疫力。

制作过程

1 将西兰花去根，洗净，掰成小朵。菜花和西兰花一样洗净掰成小朵。葱、蒜择洗干净，切末备用。

2 锅上火，放水烧开，先放入菜花焯水焯透，捞出过凉控水，再放入西兰花焯水焯透，捞出过凉控水备用。

3 锅上火放油烧热，放入葱、蒜炒出香味，再倒入菜花和西兰花翻炒，放入精盐、味精，加入鲜汤，翻炒均匀，用水淀粉勾芡淋入香油即可。

制作关键： 两种原料不要一块焯水，炒的时候要用旺火快炒。

海带炖肉

主料： 五花肉15千克、海带根7.5千克

调料： 植物油0.2千克、精盐0.075千克、味精0.03千克、葱0.12千克、姜0.1千克、料酒0.15千克、胡椒粉0.015千克、花椒0.01千克、桂皮0.01千克、大料0.01千克、白糖0.5千克、酱油0.25千克

营/养/价/值

五花肉含有丰富的优质蛋白和必需的脂肪酸，并提供血红素（有机铁）和促进铁吸收的半胱氨酸，能改善缺铁性贫血。五花肉营养丰富，容易吸收，有补充皮肤养分、美容的效果。海带的营养价值很高。海带中含有大量的碘，碘是甲状腺合成的主要物质。海带中含有大量的甘露醇，具有利尿消肿的作用。

制作过程

1 把五花肉刮洗干净，切成2.5厘米见方的块，海带根洗干净，切成2厘米宽的菱形片；葱、姜择洗干净，切成段和片备用。

2 锅上火，放水烧开，把切好的五花肉放入锅中焯水焯透捞出，控水备用。

3 大锅放少许油，加入白糖炒成糖色，炒好后放入花椒、大料、桂皮、葱、姜炒出香味，倒入焯完水的五花肉煸炒，烹入料酒、酱油，把肉炒上色加入热水、精盐，大火烧开改小火炖60分钟，炖熟把肉捞出，剩余的汤加适量的开水烧开，调好味放入海带片炖至入味，再把炖好的肉块倒入，放入味精出锅即可。

制作关键： 五花肉块煸炒时用小火，要炒上色出油，顺着锅边加热水。

姜芽炒黑鱼丝

特点 咸鲜微辣 入口香脆

主料: 大黑鱼4千克、姜芽5千克

配料: 香芹2千克、红尖椒1千克

调料: 植物油3千克、精盐0.05千克、味精0.015千克、料酒0.12千克、白糖0.015千克、葱0.1千克、水淀粉适量、鲜汤适量

制作过程

1 大黑鱼洗干净加工好，切成4厘米长，0.3厘米粗的的丝。姜芽洗干净，切成和黑鱼一样粗的丝。香芹去叶和根，洗干净，切成4厘米长的段。红尖椒去籽、去粑，洗干净切成丝。葱择洗干净，切末备用。

2 锅上火，放水煮沸，把黑鱼丝放入焯水，过凉控水。锅再加水烧丌，放入香芹段焯水，过凉后控水备用。

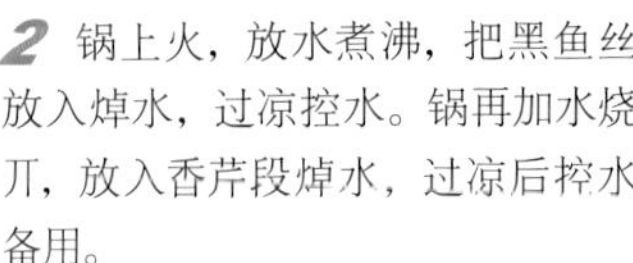

3 锅上火，放油烧至四成热时，把焯过水的黑鱼丝滑油、滑散，捞出控油备用。

4 锅上火，放油烧热，放入葱末炒出香味，再放入红尖椒丝、姜芽丝和香芹段翻炒，放入精盐烹入料酒炒熟，最后放入味精翻炒均匀即可。

制作关键: 此菜用旺火快炒。

营/养/价/值

黑鱼肉中含有蛋白质、脂肪、多种氨基酸等，还含有人体必需的钙、铁、磷及多种维生素，有抗衰老的作用。黑鱼中富含核酸，这是人体细胞所必需的物质。

苦瓜莲子

主料：苦瓜10千克

配料：莲子2千克

调料：植物油0.15千克、精盐0.05千克、味精0.015千克、鲜汤0.2千克、水淀粉适量、葱0.12千克

营/养/价/值

苦瓜中维生素C的含量是瓜类中最高的，可消除疲劳，有安眠及镇静的效果。莲子性平味甘，含有丰富的蛋白质，可补脾益肾、养心安神。

制作过程

1 将苦瓜去籽和蒂，洗干净，切成宽0.5厘米长，3厘米的菱形片。莲子去芯，用温水泡开。葱择洗干净，切末备用。

2 锅上火，放水烧开，把泡好的莲子放入锅中煮熟捞出，备用。

3 锅再次上火，放水烧开，放入苦瓜焯水，捞出过凉，控水备用。

4 锅上火，放油烧热，放入葱末炒出香味，放入苦瓜翻炒，加入精盐、味精，再倒入煮好的莲子，翻炒炒熟，用水淀粉勾芡均匀即可。

制作关键：苦瓜焯水不宜太长，焯完要过一遍冷水，否则会变颜色。

腊八豆蒸嘎鱼

主料：嘎鱼27千克

配料：腊八豆13瓶、香葱0.5千克

调料：植物油0.15千克、精盐0.05千克、味精0.015千克、料酒0.2千克、葱0.15千克、姜0.03千克

营/养/价/值

嘎鱼营养丰富，含有钙、磷和维生素等营养成分，是大脑新陈代谢不可缺少的物质。

制作过程

1 将嘎鱼开膛，去内脏、去鳃，洗干净；葱、姜择洗干净，切段和片；小香葱择洗干净，切末备用。

2 将嘎鱼用精盐、料酒、葱段、姜片腌入味，摆入蒸盒里面，上面撒入腊八豆，放入蒸箱蒸15分钟，蒸熟取出，上面撒入香葱末。

3 锅上火，放油烧热，淋在蒸好的嘎鱼上即可。

制作关键：蒸鱼的时候要掌握好时间。

木须肉

特点：鲜香味浓 营养丰富

主料： 猪通脊肉5千克

配料： 水发木耳2千克、鸡蛋3千克、黄瓜5千克

调料： 植物油4千克、精盐0.075千克、味精0.02千克、酱油0.1千克、料酒0.12千克、鲜汤0.5千克、水淀粉适量、葱0.15千克、姜0.03千克、蒜0.015千克

制作过程

1 将猪通脊肉洗净，切成0.2厘米厚的片，鸡蛋打入盆中打散搅成蛋液。黄瓜去皮，洗干净，切成菱形片。水发木耳去根，洗干净，撕成小朵。葱、姜、蒜择洗干净，分别切末备用。

2 将切好的里脊片放入盆中，加入少许精盐、料酒、酱油、淀粉上浆备用。

3 锅上火，放油烧至四成热时，放入浆好的肉片，滑散、滑熟捞出控油，将油倒出留少许油烧热，倒入搅好的蛋液，炒熟出锅备用。

4 锅上火，放水烧开，把木耳片和黄瓜片分别焯水，捞出后控水备用。

5 锅中放油烧热，放入葱、姜、蒜炒香，倒入木耳片和黄瓜片翻炒，加入鲜汤、精盐、味精，放入滑熟的肉片和炒好的鸡蛋，最后用水淀粉勾芡均匀即可。

制作关键： 滑肉片时要掌握好油温，木耳和黄瓜要分别焯水。

营/养/价/值

木耳中铁的含量极为丰富，能养血驻颜，令人肌肤红润，容光焕发。猪通脊肉含有丰富的优质蛋白和必需的脂肪酸，并提供血红素（有机铁）和促进铁吸收的半胱氨酸，能改善缺铁性贫血。猪通脊肉营养丰富，容易吸收，有补充皮肤养分、美容的效果。

杏鲍菇炖豆腐

主料： 豆腐10千克、杏鲍菇3千克

调料： 植物油0.25千克、精盐0.075千克、味精0.02千克、葱0.12千克、姜0.03千克、蒜0.015千克、鲜汤1千克、水淀粉适量

制作过程

1 将豆腐切成1.5厘米见方的块，杏鲍菇洗干净，切成2厘米宽，3厘米长的菱形片。葱、姜、蒜择洗干净，分别切末备用。

2 锅上火，放水烧开，先放入杏鲍菇焯水，捞出后过凉控水，再倒入豆腐焯水，开锅捞出控水备用。

3 锅上火，放油烧热，放入葱末、蒜末炒出香味，加入鲜汤，开锅后加入杏鲍菇、豆腐，放入精盐用小火慢炖。待豆腐炖至入味时，用水淀粉勾芡均匀，出锅撒入香葱即可。

制作关键： 豆腐用小火慢炖，味道会更佳。

营/养/价/值

豆腐中富含各类优质蛋白，并含有糖类、植物油、铁、钙、磷、镁等。豆腐能够补充人体营养，帮助消化、促进食欲，其中的钙质等营养物质对牙齿、骨骼的生长发育十分有益。杏鲍菇可降低人体血液中的胆固醇含量，并能提高人体免疫力。

干锅小河鱼

色泽红褐
酥焦味美

原料：小河鱼2.5千克、干辣椒0.015千克、盐0.02千克、味精0.005千克、葱段0.02千克、姜片0.02千克、大料0.005千克、花椒0.005千克、酱油少许、油适量、料酒0.02千克

制作过程

1 先将小河鱼洗净后，用盐、料酒、葱段、姜片、大料、花椒、干辣椒段腌两个小时。

2 起锅、上火、放油，将小河鱼稍微蘸一点干面炸熟，捞出控油。

3 锅内留底油，下入干辣椒段、葱段、姜片炒香。下入小河鱼、盐、味精翻炒均匀即可，倒出晾凉后装盘食用。

营/养/价/值

鱼肉中蛋白质含量丰富，其中所含必需氨基酸的量和比值最适合人体需要，是人类摄入蛋白质的良好来源，鱼肉中脂肪含量较少，而且多由不饱和脂肪酸组成，人体吸收率可达95%。

凉拌腐竹

葱香味浓
清香爽口

原料：干腐竹1千克、青红尖椒各0.005千克、黄瓜0.05千克、葱油0.02千克、盐0.01千克、味精0.005千克、香油0.01千克

制作过程

1 先将腐竹用清水浸泡4个小时，洗净捞出，斜刀切块。青、红尖椒切菱形片。黄瓜去皮、洗净，切菱形片。

2 起锅加入水，水沸后下入切好的腐竹，与青、红尖椒片焯一下捞出过凉，沥干水分倒入盆中，加入黄瓜片、盐、味精、香油和葱油，拌匀即可装盘。

营/养/价/值

腐竹中谷氨酸含量很高，具有良好的健脑作用。腐竹中含有丰富的铁，而且易被人体吸收。

星期一
星期二
星期三
星期四
星期五

蒜蓉海发菜

特点 口感细嫩清脆 润滑舒爽 开胃醒酒 促进食欲

原料： 海发菜2千克、红尖椒0.02千克、蒜蓉0.05千克、盐0.01千克、味精0.005千克、香油0.015千克、醋0.02千克、葱油0.01千克

制作过程

1 将海发菜洗干净后，再用清水浸泡1个小时；红尖椒切丝。

2 起锅、上火，等水开后，下入海发菜和红尖椒丝，焯一下马上捞出过凉，沥干水分，倒入盆中加入蒜蓉、盐、味精、醋、香油、葱油拌均匀即可装盘。

营/养/价/值

海发菜富含蛋白质和钙、铁等，均高于猪、牛、羊肉及蛋类；所含蛋白质较丰富、比鸡肉、猪肉高，还含糖类、钙、铁、碘、藻胶、藻红元等营养成分，脂肪含量极少，故有山珍“瘦物”之称；中医认为，海发菜具有清热消滞、软坚化痰、消肠止痢等功效。

盐水猪肝

特点 蒜香味浓 补血提高免疫力

原料： 猪肝3千克、盐0.02千克、味精0.01千克、海天酱油0.02千克、香油0.01千克、蒜0.1千克、葱段0.01千克、姜片0.01千克、花椒0.005千克、大料0.005千克

制作过程

1 先将猪肝洗干净。

2 起锅、上火，加入清水、盐、葱段、姜片、花椒、猪肝、大料煮熟后，连汤和猪肝一起倒出晾凉，将猪肝改刀切片，码放在盘中。

3 将蒜捣成泥倒入碗中，加入盐少许，味精、酱油和香油兑成碗汁，食用时浇在切好的猪肝上即可。

营/养/价/值

猪肝铁质丰富，是补血食品中常见的食物，食用猪肝可调节和改善贫血病人造血系统的生理功能。猪肝中含有丰富的维生素A，具有维持正常生长和生殖机能的作用；具有保护眼睛，维持正常视力，防止眼睛干涩、疲劳。

第五周

星期一

热
[炒八宝菜]
热
[红烧翅中]
热
[胡椒虾]
热
[京鲁酱汁鲜鲈鱼]
热
[麻辣鸡丁]
热
[清炒鸡毛菜]
热
[肉末蒸水蛋]
热
[银杏豆腐]
凉
[凉拌花椒芽]
凉
[麻辣千张]
凉
[手撕兔肉]
凉
[芝麻鱼条]

星期一

热菜

- 炒八宝菜
- 红烧翅中
- 胡椒虾
- 京鲁酱汁鲜鲈鱼
- 麻辣鸡丁
- 清炒鸡毛菜
- 肉末蒸水蛋
- 银杏豆腐

凉菜

- 凉拌花椒芽
- 麻辣千张
- 手撕兔肉
- 芝麻鱼条

炒八宝菜

主料： 肉丁5千克

配料： 熟腰果1千克、西芹3千克、胡萝卜2千克、葱头4千克、彩椒各3千克

调料： 植物油4千克、精盐0.075千克、味精0.05千克、料酒0.1千克、鸡蛋5个、淀粉0.25千克、葱0.12千克、蒜0.05千克、姜0.03千克

制作过程

1 将肉丁用精盐、料酒、酱油、鸡蛋、淀粉上浆。将所有的配料择洗干净切丁，将葱、蒜择洗干净，切末备用。

2 锅上火，放水烧开。放入西芹、胡萝卜、彩椒焯水后捞出过凉，控水备用。

3 锅上火，放油烧至四成热时，放入肉丁滑油、滑熟捞出，控油备用。

4 锅留底油烧热，放入葱、姜末炒香，放入葱头和焯完水的西芹、胡萝卜、彩椒、肉丁翻炒，再加精盐、味精炒熟炒匀，最后放入熟腰果，用水淀粉勾芡均匀即可。

营/养/价/值

此菜为人类提供优质蛋白质和必需的脂肪酸，提供血红素（有机铁）和促进铁吸收的半胱氨酸。西芹营养丰富，含蛋白质、粗纤维等营养物质及钙、磷、铁等微量元素，还含有挥发性物质，有健胃、利尿、净血、调经、降压、镇静的作用。

制作关键： 肉丁滑油要掌握好油温，滑熟。

热菜

红烧翅中

特点 色泽红润 味美鲜香

主料： 鸡翅中10千克

配料： 青尖椒0.5千克、红尖椒0.5千克

调料： 植物油0.2千克、葱0.1千克、姜0.075千克、料酒0.1千克、白糖0.15千克、酱油0.1千克、精盐0.05千克、味精0.02千克、花椒0.015千克、大料0.015千克、桂皮0.015千克、水适量

营/养/价/值

鸡翅含有多种可强健血管和皮肤的成胶原及弹性蛋白等，对于血管、皮肤及内脏颇有效果。鸡翅内含有大量的维生素A，远超过青椒。鸡翅对视力、生长、上皮组织及骨骼的发育和胎儿的生成都是十分必要的。鸡翅适用于一般人群，尤其适合老年人和儿童。

制作过程

1 将鸡翅中洗干净。葱、姜择洗干净，切段和片。青、红尖椒去籽、去蒂，洗干净切条。

2 锅上火，放水烧开，放入鸡翅中焯水，开锅后撇去浮沫，捞出控水备用。

3 锅上火，放入少许油，下入白糖，视糖色炒好放入花椒、八角、桂皮、葱段和姜片炒出香味，再放入鸡翅中，烹入料酒、酱油，加入热水烧开，撇去浮沫，放入精盐转小火慢烧，待翅中烧烂汤汁收浓时，放上青、红尖椒点缀即可。

制作关键： 糖色不要炒煳，烧制时要掌握好火候。

胡椒虾

特点 黑胡椒味突出 虾外焦里嫩

主料： 鲜虾4千克

配料： 青尖椒0.5千克、红尖椒0.5千克

调料： 油4千克、精盐0.03千克、蒜0.015千克、料酒0.12千克、黑胡椒碎0.25千克、干淀粉0.5千克

营/养/价/值

虾肉中含有蛋白质、脂肪、糖类、钙、磷、铁、维生素A、维生素B、烟酸等。虾味甘、咸，性温，有壮阳益肾、补精、通乳之功效。

制作过程

1 将鲜虾洗干净，用精盐、料酒腌至入味，用干淀粉拌匀备用。

2 青、红尖椒去柄、去籽，洗干净，切成米粒备用。

3 锅上火，放油烧至七成热时，放入鲜虾炸熟捞出，控油备用。

4 锅留底油，放入蒜末、黑胡椒碎炒出香味，放入青、红尖椒米和炸好的虾，加入精盐翻锅炒匀即可。

制作关键： 虾要新鲜，炸虾的时候要掌握好油温。

京鲁酱汁鲜鲈鱼

主料： 鲈鱼20千克

调料： 猪油0.5千克、甜面酱0.25千克、白糖0.2千克、姜米0.5千克、热水少许、鲜汤适量、香葱末0.05千克

热菜

制作过程

1 将鲜活鲈鱼宰杀，去鳍、鳃、鳞，开膛去内脏，用清水洗净，切成5厘米长的段，上面剞一字花刀备用。

2 锅上火，放水烧开，将切好的鱼块用开水中稍微烫一下（2～3秒），以刀口形裂开，并除去腥味备用。

3 锅上火，放入猪油、白糖、甜面酱，倒入鲜汤和热水调均匀。烧开后将烫好的鱼块放入锅内，改成微火收20分钟，待汤汁已收去三分之一时，改成小火，将汁收浓出锅，撒上姜末和香葱末即可。

制作关键： 此菜炒酱时，注意不要炒糊。

营/养/价/值

鲈鱼富含蛋白质、维生素A、B族维生素、钙、镁、锌、硒等营养元素；具有补肝肾、益脾胃、化痰止咳之功效，对肝肾不足的人有很好的补益作用。鲈鱼血中含有较多的铜元素，铜能维持神经系统的正常的功能。

麻辣鸡丁

主料： 鸡腿肉5千克

配料： 黄瓜8千克

调料： 植物油4千克、精盐0.05千克、味精0.02千克、料酒0.15千克、豆瓣酱0.25千克、酱油0.075千克、鸡蛋5个、辣椒面0.05千克、水淀粉适量、葱0.12千克、姜0.03千克、蒜0.015千克

制作过程

1 将鸡腿肉去皮，切成1.5厘米的丁。黄瓜去皮、去籽，洗干净，切成和鸡丁大小一样的丁。葱、姜、蒜择洗干净，切末备用。

2 将鸡丁放入盆中，加入少许精盐、料酒，放入鸡蛋清上浆。黄瓜丁用精盐腌15分钟备用。

3 锅上火，放油烧至四成热时，放入鸡丁滑油、滑熟，捞出控油备用。

4 锅留少许油烧热，放入葱末、姜末、蒜末炒香，放入辣椒酱、酱油、辣椒面和黄瓜丁煸炒，放入精盐和鸡丁煸炒，烹入料酒，放入味精炒熟，用水淀粉勾芡均匀即可。

制作关键： 鸡丁滑油要掌握好油温，黄瓜腌一下，煸炒出来发脆口感好。

营/养/价/值

鸡肉中蛋白质的含量较高，氨基酸种类多，而且消化率高，很容易被人体吸收利用，有增强体力、强壮身体的作用。鸡肉中含有对人体生长发育有重要作用的磷脂类，是中国人膳食结构中脂肪和磷脂的重要来源之一。鸡肉对营养不良、畏寒怕冷、乏力疲劳、月经不调、贫血、虚弱等症状有很好的辅助食疗作用。

热菜

清炒鸡毛菜

主料：鸡毛菜10千克

调料：植物油0.15千克、精盐0.05千克、味精0.015千克、葱0.15千克、蒜0.03千克、香油少许

营/养/价/值

鸡毛菜中含有大量纤维，其进入人体内与脂肪结合后，可防止血浆胆固醇形成，促使胆固醇代谢物胆酸得以排出体外；含有大量胡萝卜素，比豆类、番茄、瓜类都多，并且还有丰富的维生素C，进入人体后可促进皮肤细胞代谢，防止皮肤粗糙及色素沉着，使皮肤洁净，延缓衰老；鸡毛菜为含维生素和矿物质最丰富的蔬菜之一，为保证身体的生理需要提供物质条件，有助于增强机体免疫力。鸡毛菜含有粗纤维可促进大肠蠕动，增加大肠内毒素的排出。

制作过程

1 将鸡毛菜去根，摘去黄叶洗净；葱、蒜择洗干净，切末备用。

2 锅上火，放水烧开，放入少许精盐，放入鸡毛菜焯水，捞出控水备用。

3 锅上火，放油烧热，放入葱末、蒜末炒出香味，再放入鸡毛菜煸炒，放入精盐、味精翻炒，均匀炒熟，淋入香油出锅即可。

制作关键：鸡毛菜焯水不要过长。

热菜

肉末蒸水蛋

主料：鸡蛋4千克、肉馅1千克

调料：精盐0.12千克、味精0.02千克、葱0.1千克、姜0.015千克、清汤0.5千克、水适量、水淀粉少许、酱油0.15千克、料酒0.05千克

营/养/价/值

鸡蛋中含有丰富的DHA和卵磷脂等，对神经系统和身体发育有很大的作用，能健脑益智，避免老年人智力衰退，并可改善各个年龄组的记忆力。鸡蛋含有人体需要的几乎所有的营养物质，故被人们称作“理想的营养库”，营养学家称之为“完全蛋白质模式”。

制作过程

1 葱、姜择洗干净切末，鸡蛋打入盆中，放入精盐、味精、葱末，加入水搅成蛋液。

2 把搅好的蛋液放入餐盒中，放入蒸箱蒸15分钟取出。

3 锅上火，放油少许，放葱末、姜末炒出香味，放入肉馅，烹入料酒、酱油煸炒，再加入少许高汤，开锅后放入味精，用水淀粉勾芡均匀，浇在蒸好的鸡蛋上即可。

制作关键：蒸鸡蛋的时候要掌握好火候和时间。

银杏豆腐

主料： 豆腐10千克、银杏600克

调料： 植物油0.15千克、精盐0.075千克、味精0.02千克、香油0.5克、清汤1.5千克、水淀粉适量、葱0.12千克

制作过程

1 将豆腐洗净，切成1.5厘米见方的块；鲜银杏洗净；葱择洗干净，切末备用。

2 锅上火，放水加入少许精盐烧开，倒入豆腐焯水，过凉控水备用。

3 锅上火，放油烧热，放入葱花炒香，加入清汤，放入精盐烧开，放入豆腐和银杏改小火慢炖，待豆腐入味再放入味精，用水淀粉勾芡，淋入香油即可。

制作关键： 银杏要适量，银杏不要炖过长时间。

营/养/价/值

豆腐中富含各类优质蛋白，并含有糖类、植物油、铁、钙、磷、镁等。豆腐能够补充人体营养、帮助消化、促进食欲，其中的钙质等营养物质对牙齿、骨骼的生长发育十分有益；能够防治骨质疏松症，其中的铁质对人体造血功能大有裨益。银杏具有通畅血管，改善大脑功能，延缓老年人大脑衰老，增强记忆力等功效。

热菜

凉拌花椒芽

原料： 花椒芽2千克、盐0.015千克、味精0.005千克、蒜蓉0.05千克、醋0.005千克、香油0.01千克、红尖椒0.01千克

制作过程

1 先将花椒芽洗净，焯水过凉，沥干水分倒入盆中，加入盐、味精、蒜蓉、醋、香油拌均匀装盘。

2 将红尖椒切菱形片，焯水过凉，用红尖椒片点缀即可。

营/养/价/值

此菜气味芳香，可以除各种肉类的腥臊臭气，改变口感，能促进唾液分泌，增加食欲。中医认为，花椒有芳香健胃、温中散寒、除湿止痛、杀虫解毒、止痒解腥之功效。

麻辣干张

原料： 豆腐皮2.5千克、花椒面0.01千克、辣椒面0.05千克、味精0.005千克、老酱汤5千克、香油0.01千克、葱段0.01千克、姜片0.01千克

制作过程

1 将豆腐皮洗净，放入酱汤中，下入葱、姜，用小火煮1个小时，捞出晾凉。

2 改刀切小片，加入辣椒面、花椒面和味精拌均匀，腌1～2小时，食用时淋香油，撒上香菜叶即可。

营/养/价/值

中医理论认为，豆腐皮性平味甘，有清热润肺、止咳消痰、养胃、解毒、止汗等功效。豆腐皮营养丰富，蛋白质、氨基酸含量高，据现代科学测定，含有铁、钙、钼等人体所必需的多种微量元素。儿童食用能提高免疫能力，促进身体和智力的发展。老年人长期食用可延年益寿。孕妇产后期间食用既能快速恢复身体健康，又能增加奶水。豆腐皮还有易消化、吸收快的优点，是一种妇、幼、老、弱皆宜的食用佳品。

手撕兔肉

原料： 净兔肉2.5千克、葱段0.01千克、姜片0.01千克、花椒0.005千克、大料0.005千克、桂皮0.005千克、老酱汤2.5千克、盐0.01千克、味精0.005千克、甜面酱0.05千克、五香粉0.005千克、水适量、香葱0.1千克、香菜0.05千克、香油0.01千克

制作过程

1 先将兔子肉洗净。

2 起锅上火，放入老汤、葱段、姜片、大料、桂皮、花椒、水、酱油、盐，开锅后下入兔子肉，改小火煮1个小时，将汤和肉一起倒入盆中晾凉。

3 将兔肉用手撕成条状放入盆中。

4 将香葱和香菜洗净，切成寸段也放在盆中，和兔肉放在一起，加入味精、香油、醋、拌均匀即可装盘。

营/养/价/值

兔肉富含大脑和其他器官发育不可缺少的卵磷脂，有健脑益智的功效；兔肉中所含的脂肪和胆固醇，低于所有其他肉类，而且脂肪又多为不饱和脂肪酸，常吃兔肉，可强身健体，但不会增肥，是肥胖患者理想的肉食。女性食之，可保持身体苗条。兔肉中含有多种维生素和多种人体所必需的氨基酸。因此，常食兔肉可防止有害物质沉积。

芝麻鱼条

原料： 草鱼3千克、葱段0.02千克、姜片0.02千克、花椒0.005千克、大料0.005千克、番茄酱0.02千克、盐0.015千克、味精0.005千克、糖0.005千克、熟芝麻仁0.05千克、高汤适量、料酒0.01千克、香菜叶少许

制作过程

1 先将鱼去鳞、开膛、去内脏，洗净后去头、去尾、去骨，将鱼一片两半，将鱼肉切成指头粗的条洗净，用葱、姜、花椒、大料、盐、味精、料酒腌1～2个小时。

2 起锅上火，将鱼条用油炸至金黄色捞出控油。锅内留底油加入葱、姜、番茄酱、盐、糖和高汤。开锅后，下入炸好的鱼条，改小火煨40分钟，改大火收汁勾芡淋明油。撒上熟芝麻仁，翻均匀即可出锅。晾凉后装盘，用香菜叶点缀。

营/养/价/值

草鱼含有丰富的不饱和脂肪酸，对血液循环有利，是心血管病人的良好食物。草鱼含有丰富的硒元素，经常食用有抗衰老、养颜的功效。对身体瘦弱、食欲不振的人来说，草鱼肉嫩而不腻，可以开胃、滋补。

第五周

星期二

热
[炒藕丁]
热
[翠玉豆腐]
热
[干炸带鱼]
热
[红焖羊排]
热
[淮山里脊丝]
热
[尖椒炒虾仁]
热
[清炒芥蓝]
热
[西葫芦炒鸡蛋]
凉
[怪味鸭条]
凉
[酱香豆干]
凉
[荆棘拌黄瓜]
凉
[老干妈平鱼]

星期一
星期二
星期三
星期四
星期五

星期二

热菜

- 炒藕丁
- 翠玉豆腐
- 干炸带鱼
- 红焖羊排
- 淮山里脊丝
- 尖椒炒虾仁
- 清炒芥蓝
- 西葫芦炒鸡蛋

凉菜

- 怪味鸭条
- 酱香豆干
- 荆棘拌黄瓜
- 老干妈平鱼

炒藕丁

主料： 莲藕10千克

配料： 红、黄彩椒各2千克

调料： 植物油0.25千克、精盐0.05千克、味精0.015千克、鲜汤0.5千克、葱0.15千克、姜0.03千克、蒜0.015千克、水淀粉少许

制作过程

1 将莲藕去皮，洗净，切成1.5厘米的方丁；彩椒去籽，洗干净，切成和藕丁一样大小的丁；葱、姜、蒜择洗干净，切末备用。

2 锅上火，放水烧开，放入莲藕焯水，焯透捞出，过凉控水备用。

3 锅上火，放油烧热，放入葱、姜、蒜末炒香，倒入彩椒丁煸炒，放入精盐、味精，倒入焯完水的藕丁翻炒均匀，放入鲜汤，用水淀粉勾芡均匀即可。

制作关键： 莲藕焯水要过凉、过透，以防发黑。

营/养/价/值

藕的营养价值很高，富含铁、钙等微量元素，植物蛋白质、维生素以及淀粉的含量也很丰富，有明显的补益气血，增强人体免疫力的作用。藕有大量的单宁酸，有收缩血管的作用，可用来止血。莲藕中含有黏液蛋白和膳食纤维，能与人体内的胆酸盐，食物中的胆固醇及甘油三酯结合，使其从粪便中排出，从而减少脂类的吸收。

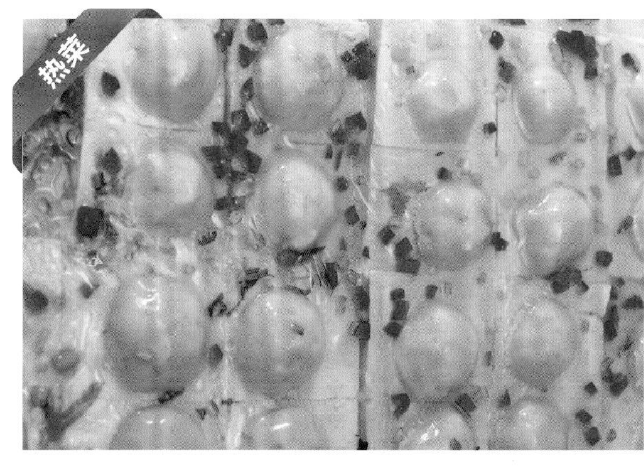

翠玉豆腐

特点：鲜香软嫩 老少皆宜

主料： 豆腐10千克、虾仁2千克、鸡脯肉4千克

配料： 红尖椒0.5千克、香菜梗0.5千克

调料： 精盐0.075千克、味精0.02千克、清汤0.5千克、葱姜水0.25千克、淀粉0.2千克、香油少许

营/养/价/值

豆腐中富含各类优质蛋白，并含有糖类、植物油、铁、钙、磷、镁等。豆腐能够补充人体营养、帮助消化、促进食欲，其中的钙质等营养物质对牙齿、骨骼的生长发育十分有益，能够防治骨质疏松症，其中的铁质对人体造血功能大有裨益。

制作过程

1 将豆腐切成3厘米宽，4厘米长的方块；红尖椒去籽，洗干净切成末；香菜梗洗干净，切成末；虾仁去虾线，鸡脯肉洗干净，用机器搅成蓉，加入鸡蛋、精盐、味精、水淀粉、葱姜水调成馅备用。

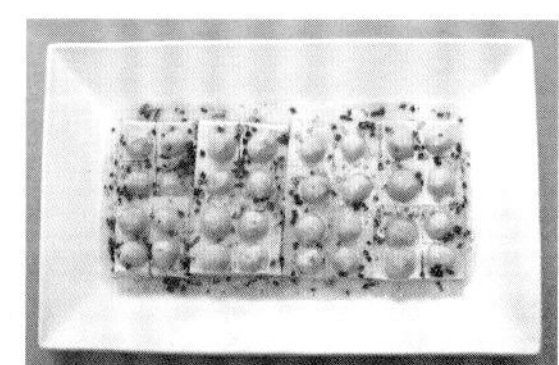

2 将切好的豆腐块从中间挖出，搅好肉馅，酿入豆腐内，豆腐上面撒少许精盐，放入蒸箱，蒸10分钟取出备用。

3 锅上火，放入清汤，加入精盐、味精，开锅后放入香菜末、红尖椒末，用水淀粉勾芡，淋入香油，浇在豆腐上即可。

制作关键： 此菜蒸的时候要掌握好时间，中火为佳。

干炸带鱼

特点：色泽金黄 鱼肉酥嫩

主料： 带鱼15千克

调料： 植物油4千克、葱0.15千克、姜0.1千克、花椒0.1千克、胡萝卜0.5千克、芹菜0.5千克、精盐0.2千克、味精0.05千克、料酒0.25千克、干淀粉1.5千克、椒盐适量

营/养/价/值

带鱼的脂肪含量高于一般鱼类，且多为不饱和脂肪酸，这种脂肪的碳链较长，具有降低胆固醇的作用。带鱼含有丰富的镁元素，对心血管系统有很好的保护作用；有养肝补血、泽肤健美、补益五脏的功效。

制作过程

1 将带鱼去鳞、去头、去尾，开膛去内脏，洗干净，切成6厘米的段，两面剞一字花刀；葱、姜择洗干净，切段和片；胡萝卜和芹菜择洗干净，切段和片备用。

2 将加工好的带鱼加入盆中，加入葱、姜、胡萝卜、芹菜、精盐、料酒、花椒，腌至入味备用。

3 将腌好的带鱼拍上干淀粉备用。

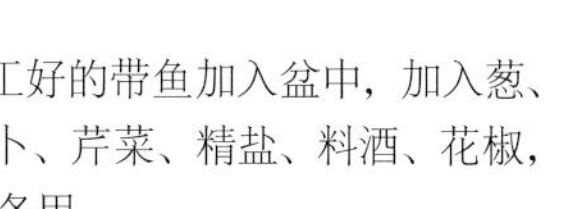

4 锅中放油，烧至七成热时，把拍上粉的带鱼加入锅中，炸熟后捞出控油，然后再下入锅中复炸，炸至金黄色，外焦里嫩时捞出控油，撒上椒盐即可。

制作关键： 炸带鱼时要控制好油温。

红焖羊排

主料：羊排10千克

配料：土豆8千克

调料：植物油0.15千克、精盐0.075千克、味精0.02千克、酱油0.15千克、料酒0.1千克、葱0.15千克、姜0.05千克、大重庆底料2袋、郫县豆瓣辣酱0.12千克、花椒0.03千克、八角0.03千克、香叶0.03千克、豆扣0.03千克、桂皮0.03千克、丁香0.03千克

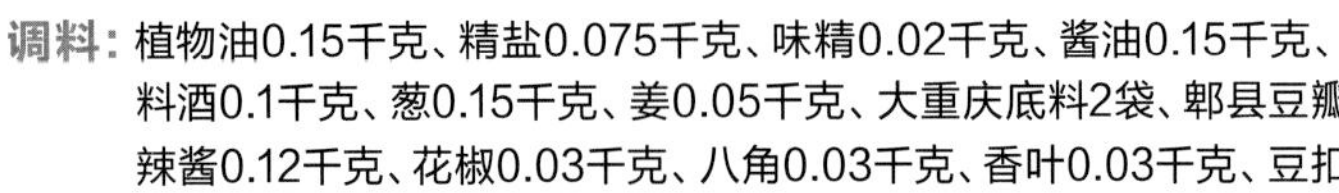

制作过程

1 将羊排洗干净，剁成5厘米长的段。土豆去皮，洗干净，切成滚刀块。葱、姜择洗干净，切段和片备用。

2 锅上火，放水烧开，放入剁好的羊排焯水，撇去浮沫，捞出控水备用。

3 锅上火，放油烧热，放入葱段、姜片、大重庆底料、郫县豆瓣辣酱炒香，烹入料酒、酱油，加入适量的水烧开，把各种香料装入料包系好，与羊排一起放入锅中烧开，改小火，放入精盐，小火焖至2小时左右，焖熟放入味精，搅拌均匀捞出，再放入切好的土豆块焖熟，捞出和羊排一块放入盘中即可。

制作关键：此菜用小火焖制口味更佳。

营/养/价/值

羊肉性温，冬季常吃羊肉，不仅可以增加人体热量，抵御严寒；而且还能增加消化酶，保护胃壁，修复胃黏膜，帮助脾胃消化，起到抗衰老的作用。

淮山里脊丝

特
点
色泽艳丽
鲜脆滑嫩

主料：猪里脊肉5千克、淮山10千克

配料：青尖椒0.5千克、红尖椒0.5千克

调料：植物油4千克、精盐0.075千克、味精0.015千克、鸡蛋清5个、水淀粉0.5千克、清汤适量、葱0.12千克、蒜0.03千克

制作过程

1 将猪里脊肉切成0.5厘米粗，5厘米长的丝，用水冲洗干净，挤干水。用精盐、鸡蛋清、淀粉上浆，淮山去皮，洗干净，切成和肉丝一样粗的丝。青、红尖椒去籽，洗干净，切成一样粗细的丝。葱、姜择洗干净，切末备用。

2 锅上火，放水烧开，放入淮山丝和青、红尖椒丝，焯水捞出，过凉后控水备用。

3 锅上火，放油烧至四成热时，放入肉丝滑油、滑熟，捞出控油。锅留底油放入葱、姜炒出香味，放入少许清汤、精盐、味精调好口味，用水淀粉勾芡，放入肉丝和淮山丝，青尖椒丝、红尖椒丝翻炒均匀即可。

制作关键：滑肉丝时油温不要太高，翻锅要慢，不要翻碎。

营/养/价/值

淮山含有淀粉酶、多酶氧化酶等物质，有利于脾胃消化，含有黏液蛋白，有降低血糖的作用。淮山具有健脾补肺、益胃补肾、固肾益精、聪耳明目，助五脏、强筋骨、长志安神的功效。猪肉为人类提供优质蛋白质和必需的脂肪酸，提供血红素（有机铁）和促进铁吸收的半胱氨酸，能改善缺铁性贫血。中医认为，猪肉性平味甘，具有润肠胃、生津液、补肾气、解热毒的功效。

尖椒炒虾仁

特点：豆豉味香 虾仁滑嫩

主料： 虾仁5千克

配料： 青、红尖椒各3千克

调料： 植物油4千克、精盐0.05千克、味精0.015千克、鸡蛋清5个、料酒0.1千克、良姜豆豉3盒、淀粉0.25千克、清汤少许、葱0.15千克、姜0.02千克

营/养/价/值

虾营养丰富，蛋白质含量是鱼、蛋、奶的几倍到几十倍，还含有丰富的钾、碘、镁、磷等矿物质及维生素A、氨茶碱等成分，且其肉质松软，易消化，对身体虚弱以及病后需要调养的人是极好的食物；虾含有丰富的镁，镁对心脏活动具有重要的调节作用，能很好地保护心血管系统。

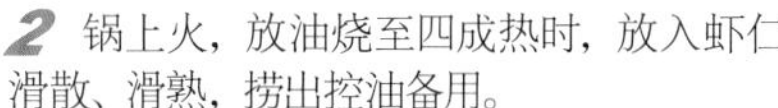

制作过程

1 将虾仁去掉虾线，清洗干净，用蛋清、精盐、淀粉上浆；青、红尖椒去籽，洗干净，顶刀切圈；葱、姜择洗干净切末。良姜豆豉用温水泡开，用刀剁碎备用。

2 锅上火，放油烧至四成热时，放入虾仁滑散、滑熟，捞出控油备用。

3 锅上火，放油烧热，放入葱、姜、豆豉炒出香味，再放入青、红尖椒煸炒，加精盐、虾仁，烹入料酒翻炒，均匀炒熟，最后放入味精和少许清汤，用水淀粉勾芡均匀即可。

制作关键： 豆豉要煸炒出香味，此菜火候不宜太大。

清炒芥蓝

特点：清淡爽口

主料： 芥蓝10千克

调料： 植物油0.15千克、精盐0.05千克、味精0.02千克、香油少许、水淀粉适量、葱0.15千克、蒜0.02千克

营/养/价/值

芥蓝含丰富的维生素A、维生素C、钙、蛋白质、植物糖类，有润肠去热气，下虚火，止牙龈出血的功效。

制作过程

1 将芥蓝去掉老叶，去皮，洗干净；葱、蒜择洗干净，切末备用。

2 锅上火，放水烧开，加入少许精盐，把芥蓝倒入焯水，焯透捞出，过凉，控水备用。

3 锅上火，放油烧热，放入葱末、蒜末炒香，倒入芥蓝，加入精盐、味精翻炒均匀，用水淀粉勾芡均匀即可。

制作关键： 芥蓝焯水时间不要过长，要焯透。

西葫芦炒鸡蛋

主料：鸡蛋5千克

配料：西葫芦10千克

调料：植物油0.25千克、精盐0.075千克、味精0.02千克、葱0.12千克、蒜0.05千克

特点

咸香可口

制作过程

1 将西葫芦去皮、去籽，洗干净，斜刀切成1.5厘米宽的片；葱、蒜择洗干净，切末；鸡蛋打散放入盆中搅成蛋液备用。

2 锅上火，放水烧开，放入西葫芦焯水，捞出控水备用。

3 锅上火，放油烧热，放入蛋液炒散、炒熟，倒出备用。

4 锅上火，放油烧热，放入葱末、蒜末炒香，再放入西葫芦翻炒，最后放入精盐、味精和炒好的鸡蛋炒熟炒匀即可。

制作关键：鸡蛋炒熟后打散，以防发黑。

营/养/价/值

鸡蛋中的蛋白质对肝脏组织损伤有修复作用。蛋黄中的卵磷脂可促进肝细胞的再生，还可提高人体血浆蛋白量，增强机体的代谢功能和免疫功能。鸡蛋的卵磷脂、甘油三酯、胆固醇和卵黄素，对神经系统和身体发育有很大作用。西葫芦富含水分，有润泽肌肤的作用；能够调节人体代谢；西葫芦还含有一种干扰素的诱生剂，可刺激机体产生干扰素，能够提高免疫力。

热菜

营/养/价/值

鸭肉中的脂肪酸熔点低，易于消化，其所含B族维生素和维生素E较其他肉类多。鸭肉中含有较为丰富的烟酸，它是构成人体内两种重要辅酸酶的成分之一，对心肌梗死的心脏疾病患者有保护作用。鸭肉性寒味甘、咸，可大补虚劳、滋五脏之阴、清虚劳之热、补血行水、清热健脾。

怪味鸭条

酸甜苦辣咸麻鲜 清香爽口

原料： 鸭肉2千克、葱段0.02千克、姜片0.02千克、花椒0.005千克、大料0.005千克、盐0.02千克、料酒0.01千克、苦瓜0.005千克、豆豉蓉0.05千克、蒜蓉0.05千克、芝麻酱0.01千克、辣酱0.03千克、糖0.02千克、醋0.015千克、辣椒油0.01千克、酱油0.01千克、红尖椒0.005千克

制作过程

1 先将鸭肉洗干净，用盐、味精、葱、姜、花椒、大料、料酒腌4个小时。

2 起锅，加水、盐、鸭子、葱、姜、花椒、大料、香叶煮1个小时，等肉酥烂时，将汤和肉一起倒入盆中，晾凉后切成条，均匀地码放在盘中。

3 苦瓜洗净去瓤，切成小粒。红尖椒切粒。

4 另起锅，上火放油，下入豆豉蓉、辣酱、蒜蓉炒香，再下入苦瓜粒和红尖椒粒、盐、糖、醋、味精、芝麻酱、辣椒油翻炒均匀，倒入碗中晾凉后，浇在切好的鸭条上，拌匀即可。

营/养/价/值

豆腐干中含有丰富蛋白质，而且豆腐蛋白属完全蛋白，不仅含有人体必需的多种氨基酸，而且其比例也接近人体需要，营养价值较高；豆腐干含有的卵磷脂可除掉附在血管壁上的胆固醇，防止血管硬化，预防心血管疾病，保护心脏；还含有多种矿物质，补充钙质，防止因缺钙引起的骨质疏松，促进骨骼发育，对小儿、老人的骨骼生长极为有利。

酱香豆干

味美干香 酱香浓郁

原料： 豆腐干2.5千克、盐0.01千克、味精0.005千克、香菜叶少许、香油0.01千克、葱段0.01千克、姜片0.01千克、糖0.005千克、老酱汤3千克、香叶少许、油适量

制作过程

1 将豆干洗净。

2 起锅、上火、放油，将豆干炸至金黄色捞出。

3 另起锅，加入葱、姜、老酱汤、盐、味精和水，下入豆干，用小火慢加热1个小时，捞出。

4 将豆干压在一起，等晾凉后放入冰箱，保持常温，食用时切片，码放在盘中，用香菜叶点缀即可。

荆棘拌黄瓜

特点：麻凉清香 味美皮脆

原料： 黄瓜2.5千克、荆棘1.5千克、盐0.015千克、味精0.005千克、醋0.01千克、蒜蓉0.05千克、香油0.01千克

制作过程

1 先将荆棘洗干净，沥干水分。

2 将黄瓜去皮、洗净，一劈两半，切梳子花刀，放入盆中，撒上盐腌20分钟，沥干水分和荆棘一起倒入盆中，加入蒜蓉、盐、味精、醋、香油，拌均匀即可装盘。

营/养/价/值

黄瓜含有蛋白质、脂肪、糖类、多种维生素、纤维素以及钙、磷、铁、钾、钠、镁等丰富的成分。尤其是黄瓜中含有的粗纤维素，可以降低血液中胆固醇、甘油三酯的含量，促进肠道蠕动，加速废物排泄，改善人体新陈代谢。新鲜黄瓜中含有的丙醇二酸，还能有效地抑制糖类物质转化为脂肪。

老干妈平鱼

特点：香辣鲜咸

原料： 平鱼5千克、老干妈酱1千克、葱段0.015千克、姜片0.015千克、糖0.005千克、盐0.01千克、花椒0.005千克、大料0.005千克、料酒0.02千克、油适量、高汤适量

凉菜

制作过程

1 先将平鱼开膛、去头，洗干净，改一字花刀。将一条鱼分成三段，切完洗净，用盐、味精、料酒、葱、姜、大料、花椒、料酒腌4～5小时。

2 起锅、上火、放油，将平鱼拍面粉炸至金黄色捞出，留底油，下入葱、姜、老干妈酱、高汤、盐、糖，下入平鱼，小火煨1个小时，大火收汁，加入味精出锅，码放在盘中，晾凉后食用。

营/养/价/值

平鱼含有丰富的不饱和脂肪酸，有降低胆固醇的功效，对高血脂、高胆固醇的人来说是一种不错的鱼类食品；平鱼含有丰富的微量元素硒和镁。

第五周

星期三

热
[豆豉平鱼]
热
[滑子菇炒冬瓜]
热
[鸡蛋炒菜薹]
热
[酱爆牛肉]
热
[素炒魔芋]
热
[农家小炒]
热
[五仁鸭子]
热
[鱼香豆腐]
凉
[虫草花拌绿豆芽]
凉
[酱汁鸭舌]
凉
[蒜香带鱼]
凉
[凉拌茉莉花]

星期三

热菜

- 豆豉平鱼
- 滑子菇炒冬瓜
- 鸡蛋炒菜薹
- 酱爆牛肉
- 素炒魔芋
- 农家小炒
- 五仁鸭子
- 鱼香豆腐

凉菜

- 虫草花拌绿豆芽
- 酱汁鸭舌
- 蒜香带鱼
- 凉拌茉莉花

豆豉平鱼

主料： 平鱼20千克

调料： 植物油5千克、精盐0.075千克、味精0.02千克、料酒0.12千克、良姜豆豉10盒、葱0.2千克、姜0.075千克、蒜0.03千克、酱油0.25千克、鲜汤适量

制作过程

1 将平鱼去鳍、去鳃、开膛、去内脏，洗干净，上面剞一字花刀，葱、姜、蒜择洗干净，切段和片。平鱼放盆中，放入精盐、料酒腌30分钟备用。

2 锅上火，放油烧至六成热时，放入平鱼，炸至金黄色捞出，控油备用。

3 锅上火，放油烧热，下入豆豉煸香，再放入葱段、姜片、蒜片煸炒，烹入料酒、酱油，加入鲜汤、平鱼。开锅后改小火，放入精盐、味精，烧至汤汁收浓即可。

【制作关键】：豆豉要煸香，烧时火候不宜太大。

营/养/价/值

平鱼含有丰富的不饱和脂肪酸，有降低胆固醇的功效，对高血脂、高胆固醇的人来说是一种不错的鱼类食品；平鱼富含蛋白质和多种营养成分，具有益气养血、柔筋利骨的功效。

滑子菇炒冬瓜

主料： 冬瓜10千克、滑子菇5千克

调料： 植物油0.2千克、精盐0.05千克、味精0.015千克、高汤1千克、水淀粉0.5千克、葱0.15千克、蒜0.05千克、香油少许

制作过程

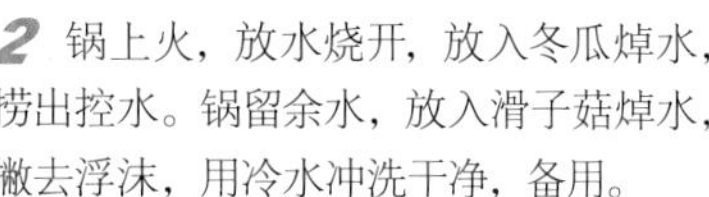

1 将冬瓜去皮、去籽，洗干净，切成厚0.5厘米宽，3厘米长5厘米的片；滑子菇冲洗干净；葱、蒜择洗干净，切末备用。

2 锅上火，放水烧开，放入冬瓜焯水，捞出控水。锅留余水，放入滑子菇焯水，撇去浮沫，用冷水冲洗干净，备用。

3 锅上火，放油烧热，放入葱末、蒜末炒香，加入高汤，放入滑子菇、精盐。开锅后改小火，放入味精，煨熟入味即可。

4 锅上火，放油烧热，放入葱末、蒜末炒出香味，放入冬瓜煸炒，再放入精盐、味精和高汤，开锅后用水淀粉勾芡均匀即可。

制作关键： 冬瓜焯水不要太长，翻锅要慢。

营/养/价/值

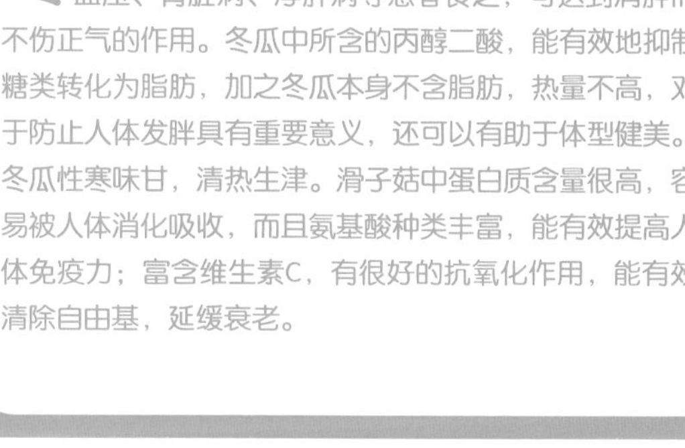

冬瓜含维生素C，且钾盐含量高，钠盐含量较低，高血压、肾脏病、浮肿病等患者食之，可达到消肿而不伤正气的作用。冬瓜中所含的丙醇二酸，能有效地抑制糖类转化为脂肪，加之冬瓜本身不含脂肪，热量不高，对于防止人体发胖具有重要意义，还可以有助于体型健美。冬瓜性寒味甘，清热生津。滑子菇中蛋白质含量很高，容易被人体消化吸收，而且氨基酸种类丰富，能有效提高人体免疫力；富含维生素C，有很好的抗氧化作用，能有效清除自由基，延缓衰老。

热菜

鸡蛋炒菜薹

主料： 鸡蛋5千克、菜薹10千克

调料： 植物油0.35千克、精盐0.05千克、味精0.025千克、葱0.15千克、姜0.02千克、蒜0.05千克、香油少许

制作过程

1 将菜薹摘去黄叶，洗干净，切成4厘米长的段；葱、姜、蒜择洗干净，切末；鸡蛋打散放入盆中，搅成蛋液备用。

2 锅上火，放水烧开，放入少许精盐，放入菜薹焯水焯透，捞出过凉备用。

3 锅上火，放油烧热，放入蛋液炒熟、炒散，倒出备用。

4 锅上火，放油烧热，放入葱、姜、蒜末炒香，再放入菜薹煸炒，加精盐、味精炒熟炒匀，最后放入炒好的鸡蛋，搅拌均匀，淋入香油即可。

制作关键： 菜薹焯水不要太长，炒菜要快。

营/养/价/值

鸡蛋的卵磷脂、甘油三酯、胆固醇和卵黄素，对神经系统和身体发育有很大作用。菜薹营养丰富，含有钙、磷、铁、胡萝卜素、抗坏血酸的成分，多种维生素比大白菜、小白菜都高。

酱爆牛肉

主料：牛通脊肉5千克

配料：青尖椒4千克、红尖椒4千克

调料：植物油3千克、精盐0.05千克、味精0.02千克、甜面酱0.25千克、辣椒酱0.3千克、红酒0.15千克、酱油0.1千克、白糖少许、葱0.12千克、姜0.03千克、淀粉0.35千克、汤少许

制作过程

1. 将牛通脊肉去筋，洗干净，切成0.2厘米厚的片，用水冲洗干净，用鸡蛋、淀粉、精盐、料酒上浆。青、红尖椒去籽，洗干净，切成宽2厘米厚的菱形片。葱、姜择洗干净，切末备用。

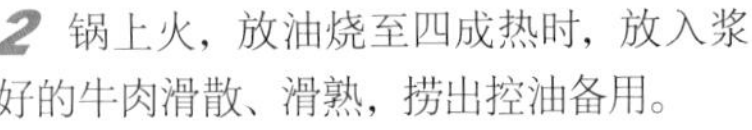

2. 锅上火，放油烧至四成热时，放入浆好的牛肉滑散、滑熟，捞出控油备用。

3. 锅上火，放油烧热，放入青、红尖椒片煸炒，倒出备用。

4. 锅上火放油，放入甜面酱、辣椒酱煸炒，烹入红酒、酱油，加入白糖、精盐、味精，加入少许汤炒开，放入滑好的牛肉和青红尖椒片翻炒，用水淀粉勾芡均匀即可。

制作关键：放入红酒，色泽和口味更佳。

营/养/价/值

牛肉含有丰富的蛋白质，氨基酸组成比猪肉更接近人体需要，能提高机体抗病能力，对生长发育及手术后、病后调养的人在补充失血、修复组织等方面特别适宜。牛肉有补中益气、滋养脾胃、强健筋骨、化痰息风的辅助功效。

素炒魔芋

主料：魔芋花5千克

配料：青、红尖椒各4.5千克

调料：植物油0.15千克、精盐0.075千克、味精0.015千克、葱0.12千克、姜0.03千克、蒜0.015千克、鲜汤1千克、水淀粉适量

制作过程

1. 将魔芋花放入盆中，用清水冲洗干净；黄、红彩椒去籽、去蒂洗干净，切成菱形片；葱、姜、蒜择洗干净，切末备用。

2. 锅上火，放水烧开，放入魔芋花焯水，捞出过晾后控水备用。锅另换水烧开，放入鲜汤、精盐，开锅后，放入魔芋花煨入味，倒入盆中即可。

3. 锅上火，放油少许，放入葱、姜、蒜末炒出香味，放入黄、红彩椒片翻炒，放入味精和煨好的魔芋花翻炒均匀，炒熟后放入味精，用水淀粉勾芡均匀即可。

制作关键：魔芋花用高汤煨至入味，炒的时候要用旺火快炒。

营/养/价/值

魔芋所含的烟酸、维生素C、维生素E等能减少体内胆固醇的积累。魔芋含有铬，能延缓葡萄糖的吸收，有效地降低餐后血糖。另外，魔芋还具有补钙、平衡盐分、洁胃、整肠、排毒等作用。

营/养/价/值

虾营养丰富，蛋白质含量是鱼、蛋、奶的几倍到几十倍，还含有丰富的钾、碘、镁、磷等矿物质及维生素A、氨茶碱等成分，且其肉质松软，易消化，对身体虚弱以及病后需要调养的人是极好的食物。五花肉含有丰富的优质蛋白和必需的脂肪酸，并提供血红素（有机铁）和促进铁吸收的半胱氨酸，能改善缺铁性贫血。五花肉营养丰富，容易吸收，有补充皮肤养分、美容的效果。

农家小炒

主料： 虾仁5千克、五花肉丁2千克

配料： 胡萝卜3千克、莴笋2千克、水发木耳3千克、红尖椒2千克

调料： 植物油4千克、精盐0.075千克、味精0.02千克、酱油0.05千克、料酒0.075千克、鸡蛋3个、淀粉0.3千克、鲜汤适量、葱0.12千克、姜0.03千克、蒜0.015千克

制作过程

1 将虾仁去虾线，洗干净，用精盐、蛋清上浆。胡萝卜去皮。莴笋去根、皮、叶，洗干净。水发木耳去根，撕成小片。红尖椒去籽，洗干净，分别切成大小一样的丁。葱、姜、蒜择洗干净，切末备用。

2 锅上火，放水烧开，放入各种配料焯水，焯透捞出控水备用。

3 锅上火，放油烧至四成热时，放入虾仁，滑散、滑熟，捞出控油。锅留底油，放入五花肉煸炒，加精盐、酱油、味精炒熟备用。

4 锅上火，放油烧热，放入葱、姜、蒜末炒出香味，放入各种配料煸炒，放入精盐、虾仁和五花肉丁翻炒均匀，炒熟后放入味精，用水淀粉勾芡均匀即可。

制作关键： 各种原料焯水要分开。

营/养/价/值

鸭肉中的脂肪酸熔点低，易于消化，其所含B族维生素和维生素E较其他肉类多，能有效抵抗脚气病，神经炎和多种炎症，还能抗衰老。鸭肉中含有较为丰富的烟酸，它是构成人体内两种重要辅酶的成分之一。

五仁鸭子

主料： 白条鸭15千克

配料： 花生米0.5千克、核桃仁0.5千克、杏仁0.5千克、芝麻0.5千克、腰果0.5千克、鸡脯肉2千克

调料： 植物油5千克、精盐0.15千克、味精0.02千克、葱0.2千克、姜0.03千克、花椒0.015千克、鸡蛋0.5千克、淀粉0.35千克、水适量

制作过程

1 将白条鸭去头、去尾尖，从背部劈成两半，洗干净；鸡脯肉切碎，放入搅碎机中，搅成蓉，加入鸡蛋、淀粉、精盐，拌成鸡泥；花生米、核桃仁、腰果碾碎；葱、姜择洗干净，切段和片备用。

2 锅上火，放水烧开，放入葱段和姜片、精盐、味精、花椒，鸭子煮熟捞出，去鸭骨，以皮朝下，肉向上将鸭肉坯整理好。用器皿将其压住放入冰箱冷冻成型，上面拍少许淀粉，抹上鸡泥，蘸上五仁。

3 锅上火放油，待油温升至六成热时，放入蘸上五仁的鸭子，炸至外酥定型，炸熟、炸透，切成4厘米宽的条，装入盘中即可。

制作关键： 鸡泥在鸭肉上不要抹得太厚，炸的时候要炸透。

星期一
星期二
星期三
星期四
星期五

鱼香豆腐

主料： 豆腐10千克

调料： 植物油5千克、精盐0.02千克、味精0.015千克、酱油0.05千克、白糖0.2千克、醋0.25千克、豆瓣辣酱0.3千克、葱0.12千克、姜0.03千克、蒜0.05千克、水淀粉适量、汤1千克

特点 色泽红亮 微酸带辣

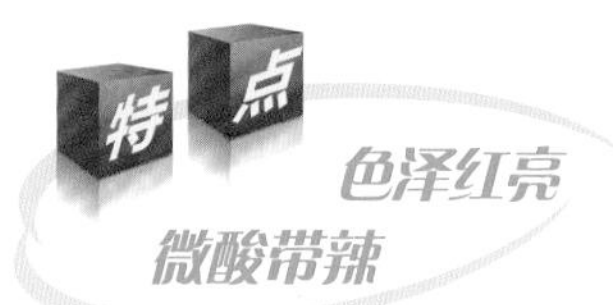

制作过程

1 将豆腐切成1厘米宽，4厘米长的条；葱、姜、蒜择洗干净，切末备用。

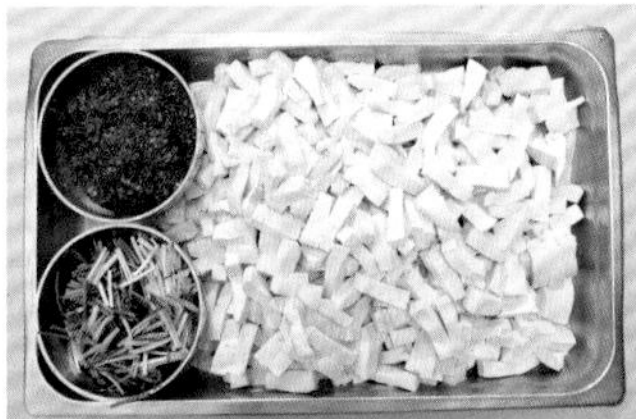

2 锅上火，放油烧至六成热时，放入豆腐炸至金黄色，捞出控油备用。

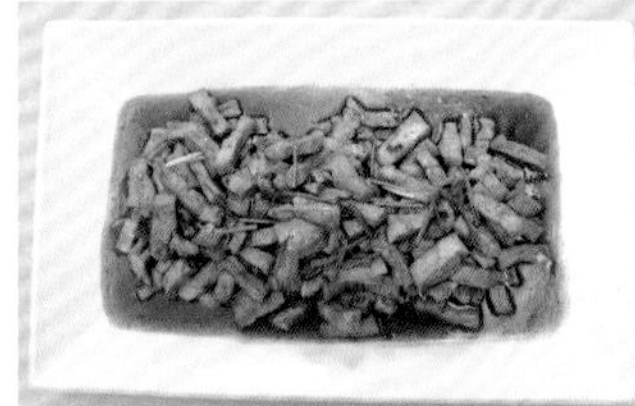

3 锅上火，放油烧热，放入葱、姜、蒜炒香，再放入豆瓣辣酱，烹入醋、酱油，加入汤、白糖、精盐、味精调成鱼香之汁，开锅后放入炸好的豆腐，小火煨入味，用水淀粉勾芡出锅即可。

制作关键： 炸豆腐的时候要掌握油温，不要炸过。

营/养/价/值

豆腐中富含各类优质蛋白，并含有糖类、植物油、铁、钙、磷、镁等。豆腐能够补充人体营养、帮助消化、促进食欲，其中的钙质等营养物质对牙齿、骨骼的生长发育十分有益，能够防治骨质疏松症，其中的铁质对人体造血功能大有裨益。

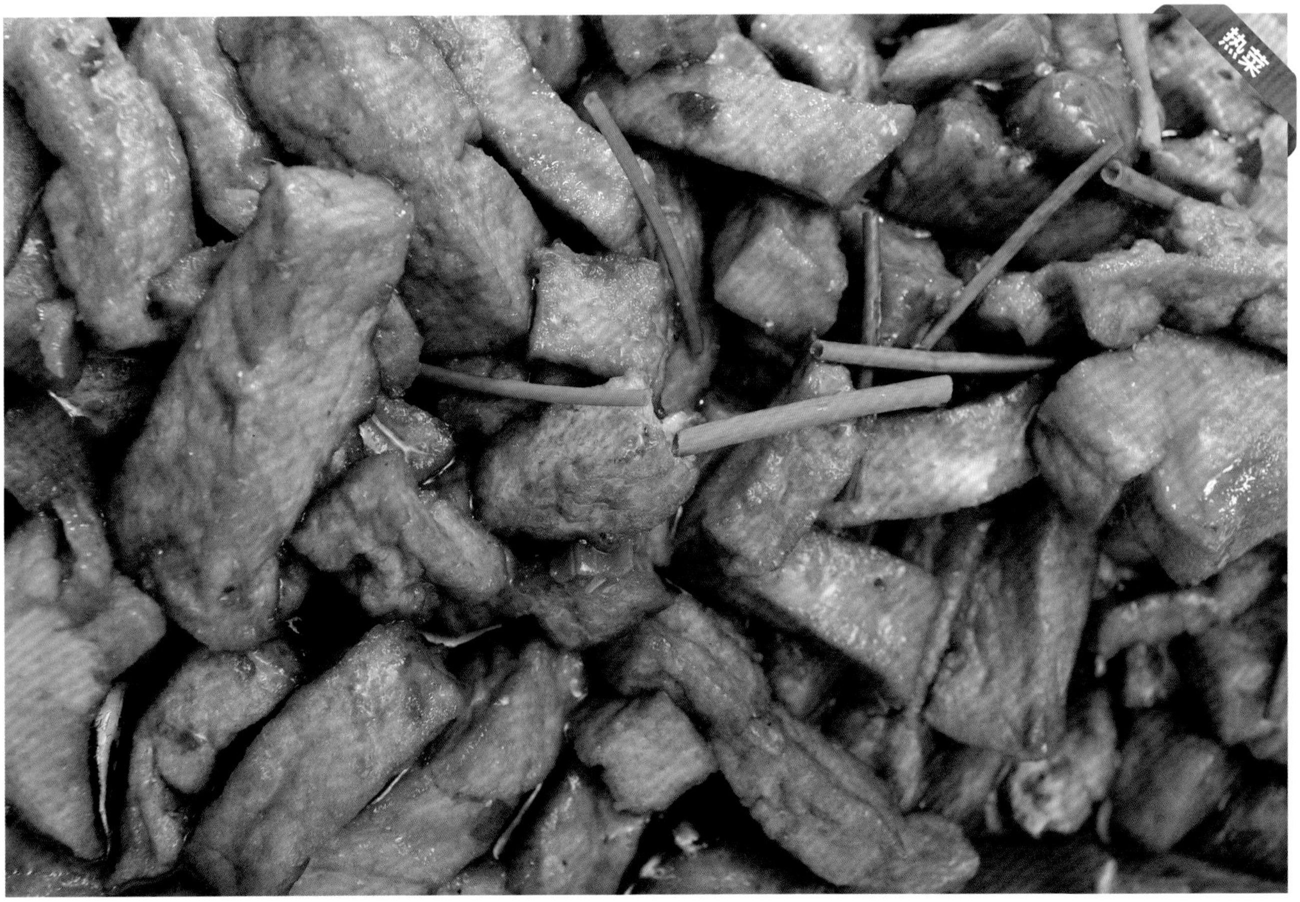

热菜

虫草花拌绿豆芽

原料： 绿豆芽2.5千克、圆白菜0.5千克、青红尖椒各0.5千克、虫草花0.05千克、盐0.02千克、味精0.005千克、花椒油0.02千克、香油0.01千克、醋0.01千克

营/养/价/值

绿豆芽中还含有核黄素，对口腔溃疡的人很适合；它还富含膳食纤维，是便秘患者的健康蔬菜；豆芽的热量很低，而水分和纤维素含量很高，常吃豆芽，可以达到减肥的目的。

制作过程

1 将绿豆芽去头、去尾，洗干净；青、红尖椒洗干净，切丝；圆白菜洗净，切丝；虫草花洗净，用温水浸泡后再洗干净。

2 起锅、上火、放水，分别将绿豆芽、圆白菜丝、青红尖椒丝焯水过凉，沥干水分倒入盆中，加入盐、味精、花椒油、醋、香油和洗干净的虫草花一起拌均匀即可。

酱汁鸭舌

原料： 鸭舌4千克、盐0.03千克、味精0.005千克、葱段0.02千克、姜片0.02千克、大料0.005千克、花椒0.005千克、苹果0.005千克、香叶0.005千克、老酱汤适量、水适量、干辣椒0.01千克

特点：酱香浓郁　肉香滑嫩

营/养/价/值

鸭舌富含蛋白质、脂肪、碳水化合物、烟酸、维生素、胆固醇、钙、磷、锌等元素，具有健脾开胃、调理便秘之功效。

制作过程

1 先将鸭舌洗干净，焯水捞出。

2 起锅加水、老酱汤、葱、姜、花椒、大料、苹果、香叶、盐、味精，下入鸭舌、干辣椒，开锅后改小火煮30分钟即可，连汤带鸭舌一起倒出，晾凉后捞出装盘。

蒜香带鱼

主料： 带鱼4千克

调料： 葱0.02千克、姜0.02千克、花椒0.005千克、大料0.005千克、料酒0.02千克、盐0.02千克、味精0.005千克、胡椒粉0.01千克、辣酱0.05千克、蒜瓣0.2千克、糖0.005千克、老抽0.01千克、油适量、五香粉0.005千克

制作过程

1 先将带鱼去头、去鳍、去鳞，刷洗干净，顶刀切一字花刀，再切成一寸长的段，用盐、料酒、胡椒粉、五香粉、葱、姜、花椒、大料腌 4 ~ 5 个小时。

2 起锅、上火、放油，将带鱼蘸面粉炸至金黄色捞出控油。锅内留底油，下入葱、姜、蒜、辣酱、料酒、老抽、盐、味精、高汤，下入带鱼，开沸后改小火，煨 30 分钟收汁即可倒出，晾凉后码放在盘中即成。

营/养/价/值

带鱼的脂肪含量高于一般鱼类，且多为不饱和脂肪酸，这种脂肪酸的碳链较长，具有降低胆固醇的作用；带鱼含有丰富的镁元素，对心血管系统有很好的保护作用，有利于预防高血压。常吃带鱼还有养肝补血、泽肤健美的功效。

凉拌茉莉花

主料： 鲜茉莉花3千克、红尖椒0.2千克

调料： 盐0.008千克、味精0.005千克、香油0.01千克、花椒油0.005千克

制作过程

1 先将茉莉花洗干净；红尖椒洗干净，切小粒。

2 将茉莉花用淡盐水泡 2 个小时，再用清水冲洗干净。

3 起锅、上火、放水，水开后将茉莉花和红尖椒粒一起焯水过凉，沥干水分倒入盆中，加入盐、味精、香油、花椒油拌均匀即可装盘。

营/养/价/值

茉莉花性寒、味香淡、消胀气，味辛、甘，性温，有理气止痛、温中和胃、消肿解毒，强化免疫系统的功效。

第五周

星期四

热
[过油肉]
热
[腊肉炒茄瓜]
热
[两吃羊棒骨]
热
[芹菜叶豆腐渣丸子]
热
[清炒紫背秋葵]
热
[松仁鱼米]
热
[西芹炒莲子]
热
[小白蘑炒鸡蛋]
凉
[口水鸡条]
凉
[麻辣泥鳅]
凉
[玛瑙豆腐]
凉
[蓑衣莴笋]

星期四

热菜

- 过油肉
- 腊肉炒茄瓜
- 两吃羊棒骨
- 芹菜叶豆腐渣丸子
- 清炒紫背秋葵
- 松仁鱼米
- 西芹炒莲子
- 小白蘑炒鸡蛋

凉菜

- 口水鸡条
- 麻辣泥鳅
- 玛瑙豆腐
- 蓑衣莴笋

过油肉

主料： 猪通脊肉7.5千克

配料： 海参5千克、冬笋3千克

调料： 植物油0.2千克、精盐0.075千克、味精0.02千克、胡椒粉0.015千克、鸡蛋5个、淀粉0.25千克、葱0.12千克、姜0.02千克、蒜0.015千克、料酒0.1千克、酱油0.1千克、鲜汤1.5千克、水适量

制作过程

1 将猪通脊肉去筋，洗干净，切成0.2厘米厚，3厘米长的薄片。用鸡蛋、精盐、淀粉上浆。海参洗十净，切成4厘米长的条。冬笋洗干净，切成梳子片。葱、姜、蒜择洗干净，切末和片备用。

2 锅上火，放水烧至五成热时，放入浆好的肉片汆熟，捞出备用。

3 锅上火，放入鲜汤调味，加冬笋、海参煨入味备用。

4 锅再次上火，放油烧热，加葱、姜、蒜炒出香味，再放入料酒、酱油、精盐、味精，倒入少许高汤，放入肉片、海参、冬笋片轻轻翻炒，用水淀粉勾芡均匀即可。

制作关键： 一般的过油肉都滑油，而我们的过油肉是汆水，这样的低油做法有益健康。

营/养/价/值

猪肉为人类提供优质蛋白质和必需的脂肪酸，提供血红素（有机铁）和促进铁吸收的半胱氨酸，能改善缺铁性贫血。猪肉性平味甘，具有润肠胃、生津液、补肾气、解热毒的功效。海参的营养成分非常丰富，主要成分为水、蛋白质、脂肪、碳水化合物、钠、镁、钾、硒、烟酸及铁、锰、锌、铅、磷等元素。海参能够延缓衰老、消除疲劳、提高免疫力、增强抵抗疾病的能力。

腊肉炒茄瓜

特点：软嫩咸香　美味可口

主料： 腊肉5千克

配料： 茄瓜1千克、青尖椒1千克、红尖椒1千克

调料： 植物油4千克、精盐0.05千克、味精0.02千克、酱油0.05千克、糖0.02千克、葱0.15千克、姜0.03千克、蒜0.05千克、淀粉0.2千克

营/养/价/值

腊肉富含磷、钾、钠，还含有脂肪、蛋白质等。腊肉性甘平、味咸，健脾开胃。茄子含丰富的维生素P，能增强人体细胞的黏着力，增强毛细血管的弹性。

制作过程

1 腊肉放入蒸箱蒸15分钟，取出去皮，切成0.3厘米厚的片。将茄瓜去蒂，洗干净，切成1.5厘米厚，5厘米长的片。青、红尖椒去籽，洗干净，切成1厘米宽，4厘米长的条。葱、姜、蒜择洗干净，切末备用。

2 锅上火，放油烧至五成热时，放入茄瓜条轻炸，捞出控油，备用。

3 锅上火，放水烧开，放入腊肉焯水，捞出过凉，控水备用。

4 锅上火，放油烧热，放入葱、姜、蒜炒出香味，再放入青、红尖椒煸炒，最后再放入茄瓜条、腊肉、精盐、味精、酱油、糖翻炒均匀，用水淀粉勾芡均匀即可。

制作关键： 腊肉太咸，要用水洗去咸度。

热菜

两吃羊棒骨

特点：两种口味　香而不腻

主料： 羊棒骨25千克

配料： 香菜0.5千克

调料： 植物油5千克、精盐0.5千克、味精0.075千克、蒜蓉辣酱5瓶、香葱末0.005千克、葱0.25千克、姜0.15千克、蒜0.03千克、花椒0.05千克、大料0.015千克、香叶0.01千克、小茴香0.015千克、孜然粉0.25千克、辣椒面0.1千克、熟芝麻0.2千克、水适量

营/养/价/值

羊骨含有磷酸钙、骨胶原等成分，有补肾壮骨，温中止泻之功效。中医认为，羊骨味甘、性温。

制作过程

1 将羊棒骨洗干净，葱、姜、蒜择洗干净，分别切段、片和末备用。

2 锅上火，放水烧开，放入羊棒骨焯水、焯透后捞出过凉备用。

3 锅上火，放水烧开，放入精盐、味精、葱、姜、蒜各种香料，放入焯完水的羊棒骨。开锅后，改小火煮1小时，煮熟入味，捞出一半控汤备用。

4 锅上火，放油烧七成热时，放入控完汤的羊棒骨，炸至酥脆放入盘子的一半，将孜然面、辣椒面、熟芝麻拌均匀撒在上面。盘子的另一半放入煮好的羊棒骨，将蒜蓉辣酱、香葱末、精盐、味精加入羊汤兑好汁放入碗中。放在煮好羊棒骨的一边。

制作关键： 羊棒骨要煮入味，煮烂。

星期一
星期二
星期三
星期四
星期五

芹菜叶豆腐渣丸子

主料：豆腐渣10千克

配料：鸡脯肉2千克、芹菜叶2.5千克、胡萝卜2千克

调料：植物油4千克、精盐0.075千克、味精0.02千克、淀粉0.5千克、葱0.15千克、姜0.05千克、鸡蛋0.5千克、花椒盐适量

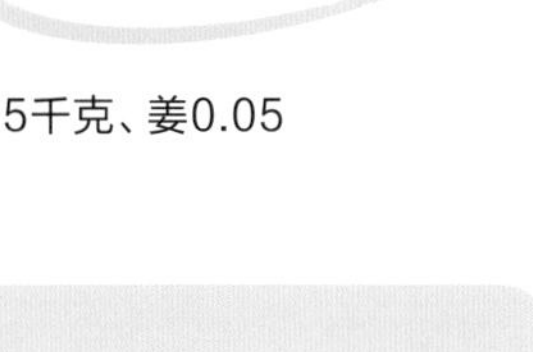

制作过程

1 将鸡脯肉洗干净，搅成鸡蓉；芹菜叶洗干净，剁碎；胡萝卜去皮，洗干净，切成碎末；葱、姜择洗干净，切末备用。

2 将豆腐渣、鸡蓉、芹菜叶、胡萝卜末放入精盐、味精、葱末、姜末、鸡蛋、淀粉调成馅，挤成丸子备用。

3 锅上火，放油烧成七成热时，放入丸子炸成金黄色，上面撒花椒盐即可。

制作关键：调馅要均匀，丸子大小要挤成一致。

营/养/价/值

豆腐渣具有极高的营养价值。中医认为，豆腐渣味甘性凉，具有清热解毒、消炎止血的作用。豆腐渣含有大量食物纤维，是膳食纤维中最好的纤维素，被称为“大豆纤维”。

清炒紫背秋葵

主料：紫背秋葵8千克

调料：植物油0.15千克、精盐0.075千克、味精0.015千克、葱0.12千克、姜0.03千克、蒜0.05千克

制作过程

1 将紫背秋葵去老根，去烂叶，洗干净。葱、姜、蒜择洗干净，切末备用。

2 锅上火放水，将紫背秋葵焯水，捞出控水，备用。

3 锅上火，放油烧热，放入葱、姜、蒜末炒香，放入焯完水的紫背秋葵翻炒，加精盐、味精炒匀火熟即可。

制作关键：焯完水，此菜要洗掉颜色，此菜易掉色。

营/养/价/值

此菜含有果胶，牛乳聚糖等，具有帮助消化、治疗胃炎和胃黏膜之功效；含有铁、钙及糖类等多种营养成分；富含锌和硒等微量元素，能增强人体免疫力。

松仁鱼米

主料： 黑鱼15千克

配料： 青尖椒2千克、红尖椒2千克、松仁0.5千克

调料： 植物油4千克、精盐0.05千克、味精0.02千克、胡椒粉0.015千克、鸡蛋清5个、葱0.12千克、姜0.02千克、蒜0.015千克、鲜汤0.25千克、水淀粉适量

制作过程

1 将黑鱼宰杀开膛，去内脏，洗干净，再去头、去皮、去骨，洗干净，选出净肉切成1.5厘米宽的粒。青、红尖椒去籽，洗干净，切成和鱼肉大小一样的丁。葱、姜、蒜择洗干净，切末备用。

2 将切好的鱼丁，用鸡蛋清、精盐、淀粉上浆备用。

3 锅上火，放油烧四成热时，放入鱼丁，滑油滑散，捞出控油备用。

4 锅再次上火放油，放入松仁炸至金黄色时捞出，控油备用。锅留底油烧热，放入葱、姜、蒜炒出香味，放入青、红尖椒煸炒，再加鲜汤、精盐、味精、胡椒粉，用水淀粉勾芡，最后放入鱼丁、松仁翻炒均匀即可。

制作关键： 炸松仁凉油下锅，慢慢升油温，以防炸糊。

营/养/价/值

黑鱼肉中含有蛋白质、脂肪、多种氨基酸等，还含有人体必需的钙、铁、磷及多种维生素。黑鱼中富含核酸，这是人体细胞所必需的物质。

西芹炒莲子

主料： 西芹10千克

配料： 莲子2千克

特点：清淡爽口 有降血压的作用

调料： 植物油0.15千克、精盐0.05千克、味精0.015千克、鲜汤0.2千克、水淀粉适量、葱0.12千克

制作过程

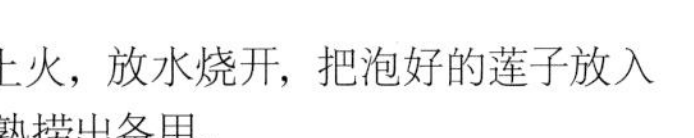

1 将西芹去皮、去筋，切成菱形块；莲子去蕊，用温水泡开；葱择洗干净，切末备用。

2 锅上火，放水烧开，把泡好的莲子放入锅中煮熟捞出备用。

3 锅再次上火，放水烧开，放入西芹焯水，捞出过凉控水备用。

4 锅上火，放油烧热，放入葱末炒出香味，放入西芹翻炒，加入精盐、味精，再倒入煮好的莲子翻炒，用水淀粉勾芡均匀即可。

制作关键： 西芹不要焯水太长，莲子煮的时候要掌握好火候。

营/养/价/值

西芹营养丰富，含蛋白质、粗纤维等营养物质以及钙、磷、铁等微量元素，还含有挥发性物质。

小白蘑炒鸡蛋

特点 鲜咸味美

主料： 鸡蛋5千克

配料： 小白蘑菇8千克、胡萝卜3千克

调料： 植物油1千克、精盐0.075千克、味精0.012千克、葱0.15千克、姜0.02千克、蒜0.015千克、水淀粉适量

制作过程

1 将鸡蛋打散，放入盆中搅成蛋液。小白蘑菇去根，洗干净，胡萝卜去皮，切成菱形片。葱、姜、蒜择洗干净，切末备用。

2 锅上火，放水烧开，放入胡萝卜片和小白蘑菇焯水，捞出控水备用。

3 锅上火，放油烧热，放入蛋液炒熟。锅再次放油烧热，放入葱、姜、蒜末炒出香味，放入焯完水的小白蘑菇和胡萝卜煸炒，放入精盐、味精，再倒入炒好的鸡蛋翻炒均匀。用水淀粉勾芡，搅拌均匀即可。

制作关键： 炒鸡蛋的时候，要掌握好油温。

营/养/价/值

鸡蛋的卵磷脂、甘油三酯、胆固醇和卵黄素，对神经系统和身体发育有很大作用。白蘑菇具有丰富的营养价值，它含有人体必须的多种氨基酸和丰富的维生素B_1、维生素B_2、核苷酸、烟酸等成分。

热菜

口水鸡条

原料：三黄鸡3千克、葱段0.02千克、姜片0.02千克、花椒0.005千克、大料0.005千克、盐0.015千克、味精0.005千克、香叶0.003千克、熟芝麻0.01千克、蒜泥0.05千克、老抽0.01千克、盐0.015千克、味精0.005千克、香油0.01千克

制作过程

1 先将三黄鸡从背上开膛，洗干净，用盐、味精、大料、花椒、香叶腌12个小时。

2 起锅上火，加水、盐、葱、姜、花椒、大料、三黄鸡、香叶煮沸后，改小火煮40分钟，将汤和鸡一起倒出，晾凉后，切成条，码放在盘中。

3 将辣椒油、老抽、蒜泥、熟芝麻、盐、味精、香油兑成碗汁，食用时，浇在盘中的鸡条上即可。

营/养/价/值

鸡肉中蛋白质的含量较高，氨基酸种类多，而且消化率高，很容易被人体吸收利用，有增强体力、强壮身体的作用。鸡肉含有对人体生长发育有重要作用的磷脂类，是中国人膳食结构中脂肪和磷脂的重要来源之一。鸡肉对营养不良、畏寒怕冷、乏力疲劳、月经不调、贫血、虚弱等症状有很好的食疗作用。

麻辣泥鳅

原料：泥鳅4千克、干辣椒面0.2千克、花椒面0.1千克、料酒0.02千克、香油0.01千克、盐0.015千克、味精0.005千克、葱段0.015千克、姜片0.015千克、高汤适量、油适量、熟芝麻仁0.01千克

制作过程

1 将泥鳅宰杀，去头和内脏，洗干净，用料酒、盐、味精、葱段、姜片腌入味。

2 起锅、上火、放油，油温七成热时，将泥鳅炸至香酥捞出控油。

3 炒锅上火，加入少许油烧热，将辣椒面炒香变色，下入花椒面、高汤、糖、料酒、盐、味精烧沸，下入泥鳅改小火，慢慢收汁，待汁浓稠时倒出，撒上熟芝麻仁晾凉后装盘即可。用芹菜叶和红尖椒点缀。

营/养/价/值

泥鳅所含脂肪成分较低，胆固醇少，属高蛋白低脂肪食品，且含不饱和脂肪酸，有利于人体抗血管衰老，故有益于老年人及心血管病人。中医认为，泥鳅味甘、性平，能调中益气、祛湿解毒、滋阴清热、通络补益肾气。

玛瑙豆腐

特点 蛋色透明 色似玛瑙 口味适中

主料： 豆腐2.5千克、松花蛋0.5千克、变蛋0.5千克

调料： 酱油0.005千克、辣椒油0.005千克、香葱末0.015千克、姜末0.005千克、盐0.01千克、味精0.005千克、香油0.02千克

制作过程

1 将豆腐切成1厘米见方的丁。

2 松花蛋上屉蒸10分钟，取出去皮，洗净切丁；变蛋去皮，洗净切丁。

3 起锅、上火、加水，水开后下入豆腐煮一下，捞出过凉，沥干水分，倒盆中，加入盐、味精、姜末、香葱末、香油拌匀，倒入盘中。将切好的松花蛋和变蛋加入辣椒油和酱油拌均匀，撒在豆腐上面即可。

营/养/价/值

豆腐中富含各类优质蛋白，并含有糖类、植物油、铁、钙、磷、镁等。豆腐能够补充人体营养、帮助消化、促进食欲，其中的钙质等营养物质对牙齿、骨骼的生长发育十分有益，能够防治骨质疏松症；铁质对人体造血功能大有裨益。

蓑衣莴笋

特点 色泽碧绿 酸甜咸辣 口感爽脆

主料： 莴笋5千克

调料： 白醋0.01千克、白糖0.01千克、盐0.02千克、干辣椒0.01千克、姜丝0.02千克、辣椒油0.01千克、花椒油0.01千克、香油0.005千克、味精0.005千克

制作过程

1 将莴笋去皮、去筋，切去根部洗干净，逐根剞上蓑衣花刀，放入盆中，放入盐、糖腌30分钟，使其入味。

2 将姜切丝，干辣椒切丝。

3 将腌好的莴笋沥干水分，倒入盆中，加入味精和白醋、香油、辣椒油、花椒油拌均匀码放在盘中，上面撒上姜丝和干辣椒丝。

4 起锅烧热，加入少许油，将油烧热浇在姜丝和干辣椒丝上即可。

营/养/价/值

莴笋含有少量的碘元素，它对人的基础代谢、心智和体格发育甚至情绪调节都有重大影响。因此，莴笋具有镇静作用，经常食用有助于消除紧张，帮助睡眠。不同于一般蔬菜的是，它含有非常丰富的氟元素，可参与牙和骨的生长，能改善消化系统的肝脏功能，刺激消化液的分泌，促进食欲。

第五周

星期五

热
[豆豉鲷鱼]
热
[粉蒸排骨]
热
[锅包牛肉]
热
[海带炖粉条]
热
[镜箱豆腐]
热
[莲藕炒鸭丁]
热
[木耳炒盖菜]
热
[青笋炒南瓜]
凉
[椒盐虾仁]
凉
[凉拌菜瓜]
凉
[凉拌山野菜]
凉
[水晶肘子]

星期五

热菜
- 豆豉鲷鱼
- 粉蒸排骨
- 锅包牛肉
- 海带炖粉条
- 镜箱豆腐
- 莲藕炒鸭丁
- 木耳炒盖菜
- 青笋炒南瓜

凉菜
- 椒盐虾仁
- 凉拌菜瓜
- 凉拌山野菜
- 水晶肘子

豆豉鲷鱼

主料：鲷鱼15千克

调料：植物油4千克、精盐0.15千克、味精0.015千克、料酒0.15千克、酱油0.2千克、醋0.1千克、白糖0.02千克、良姜豆豉10盒、干辣椒段0.15千克、葱0.15千克、姜0.03千克、蒜0.1千克、水淀粉少许、鲜汤适量

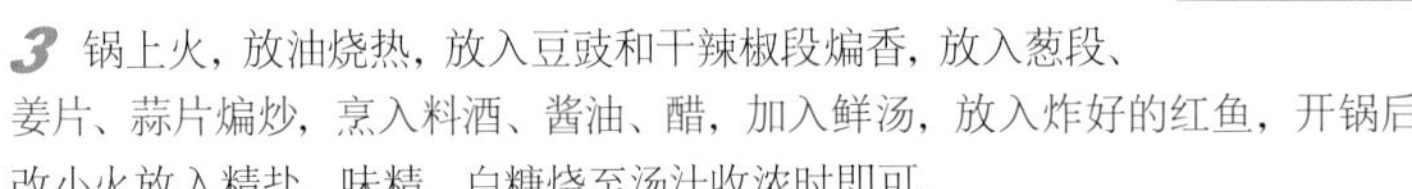

1 将鲷鱼去头、去尾、开膛，去内脏，洗干净；葱、姜、蒜择洗干净，切段和片备用。

2 锅上火，放油烧至六成热时，放入红鱼炸至金黄色，捞出控油备用。

3 锅上火，放油烧热，放入豆豉和干辣椒段煸香，放入葱段、姜片、蒜片煸炒，烹入料酒、酱油、醋，加入鲜汤，放入炸好的红鱼，开锅后改小火放入精盐、味精、白糖烧至汤汁收浓时即可。

制作关键：豆豉和干辣椒要用小火煸炒出香味。

营/养/价/值

鲷鱼肌肉中脂类含量低，属高蛋白低脂肪。肌肉氨基酸含量同其他经济鱼类相比，属中等水平，蛋白质含量高，营养丰富。

热菜

粉蒸排骨

特点：米粉味浓 排骨咸香

主料： 排骨15千克

配料： 自制米粉3千克

调料： 大葱0.12千克、姜0.045千克、甜面酱0.3千克、豆腐乳0.1千克、酱油0.15千克、白糖0.2千克、精盐0.06千克、味精0.015千克、料酒0.15千克、香油少许

营/养/价/值

排骨的营养价值很高，除含蛋白、脂肪、维生素外，还含有大量的磷酸钙、骨胶原、骨黏蛋白等，可为幼儿和老人提供钙质，具有滋阴壮阳、益精补血的辅助功效。

制作过程

1 葱、姜择洗干净，切末备用。

2 将排骨洗净，剁成6厘米的段，用精盐、味精、料酒、酱油、葱、姜各少许，腌渍入味。

3 将排骨用甜面酱、豆腐乳、白糖、酱油、精盐、味精、葱、姜、米粉搅拌均匀，装入餐盒上笼蒸熟即可。

制作关键： 米粉和排骨搅拌时，要黏均匀。

锅包牛肉

特点：咸鲜酥脆

主料： 牛通脊肉10千克

配料： 香菜0.5千克、胡萝卜0.5千克

调料： 植物油5千克、精盐0.075千克、味精0.02千克、糖0.01千克、酱油0.1千克、生抽0.02千克、土豆淀粉1.5千克、料酒0.03千克、葱0.12千克、蒜0.05千克、水适量、汤少许

营/养/价/值

牛肉含有丰富的蛋白质，氨基酸组成比猪肉更接近人体需要，能提高机体抗病能力，对生长发育及手术后、病后调养的人在补充失血、修复组织等方面特别适宜。牛肉有补中益气、滋养脾胃、强健筋骨、化痰息风的辅助功效。

制作过程

1 将牛通脊肉去筋，洗干净，切成4厘米长、0.3厘米厚、3.5厘米宽的片，用刀拍一下，用料酒、精盐腌制入味。香菜择洗干净切段，胡萝卜去皮，洗干净切丝，备用。葱、蒜择洗干净，切丝和片备用。

2 将土豆粉加入适量的水，调成硬糊，放入牛肉片粘匀备用。

3 锅上火放油烧至六成热时，逐片放入蘸上糊的牛肉片，慢慢升油温，反复炸脆并起泡备用。

4 将调料（精盐、味精、糖、酱油、生抽、汤）兑成碗汁；锅上火，放油少许，放入葱丝、姜片、胡萝卜丝炒出香味；倒入兑好的碗汁，放入炸好的牛肉片，迅速翻锅，放入香菜翻匀即可。

制作关键： 此菜用土豆淀粉效果更佳。

海带炖粉条

特点：味道鲜美 粉条筋道

主料： 鲜海带丝10千克

配料： 干粉条2千克、五花肉1千克、青蒜0.5千克

调料： 植物油0.2千克、精盐0.075千克、味精0.015千克、葱0.12千克、姜0.03千克、料酒0.1千克、酱油0.2千克、大料0.015千克、鲜汤适量

制作过程

1 将海带丝洗干净，切成5厘米长的段；粉条用温水泡开泡软，剪成5厘米的段；五花肉去皮，切成长5厘米宽，2厘米的薄片；青蒜择洗干净切成滚刀块；葱、姜择洗干净，切末备用。

2 锅上火，放水烧开，放入海带丝焯水，撇去浮沫捞出，用水洗干净备用。

3 锅上火，放油烧热，放入葱末、姜末和五花肉炒香，放入酱油、大料、料酒，倒入鲜汤，放入精盐烧开后，再放入海带丝炖20分钟后，最后放入粉条炖10分钟，加味精和青蒜搅拌均匀即可。

制作关键： 粉条不要炖得时间太长，否则粉条不筋道。

营/养/价/值

海带的营养价值很高。海带中含有大量的碘，碘是甲状腺合成的主要物质。海带中含有大量的甘露醇，具有利尿消肿的作用。粉条富含碳水化合物、膳食纤维、蛋白质、烟酸和钙、镁、铁、钾等矿物质。

热菜

镜箱豆腐

特点：咸鲜味美　形似箱子

主料：豆腐20千克

配料：虾仁0.5千克、冬笋0.5千克、鲜菇0.5千克、胡萝卜0.5千克

调料：植物油0.45千克、葱0.15千克、姜0.02千克、料酒0.1千克、酱油0.12千克、精盐0.05千克、味精0.015千克，鲜汤适量，香油少许

营/养/价/值

豆腐中富含各类优质蛋白，并含有糖类、植物油、铁、钙、磷、镁等。豆腐能够补充人体营养、帮助消化、促进食欲，其中的钙质等营养物质对牙齿、骨骼的生长发育十分有益。

制作过程

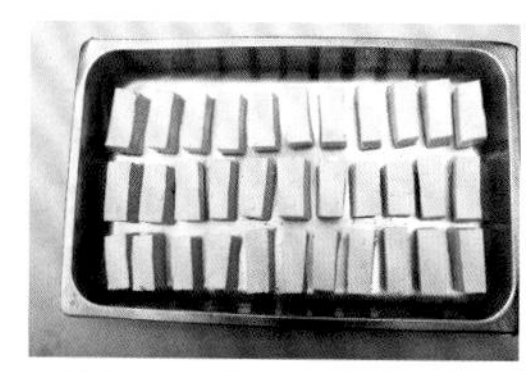

1 将豆腐切成长5厘米，厚3厘米，宽2.5厘米的块，将虾仁去虾线。冬笋、胡萝卜去皮，洗净。鲜菇去根，洗干净，分别切小丁。葱、姜择洗干净，切末备用。

2 锅上火，放油烧热，放入豆腐块炸至金黄色，捞出控油。待冷却后，用小刀从面切开，把豆腐挖空备用。

3 把虾仁、冬笋、胡萝卜、鲜菇焯水，捞出控水，放入锅中煸炒，放入精盐、味精调成馅，酿入豆腐内，摆入盘中备用。

4 锅上火，放油烧热，放入葱、姜炒出香味，加入鲜汤，加入精盐、味精调好口味，开锅后倒入摆豆腐的盘中，放入蒸箱蒸15分钟取出。然后把蒸豆腐的汤汁倒入锅中，开锅后用水淀粉勾芡均匀，浇在豆腐上即可。

制作关键：豆腐要修整齐，蒸的时间不宜过长。

莲藕炒鸭丁

特点：咸淡适口　香而不腻

主料：鸭胸肉8千克

配料：莲藕10千克、彩椒（黄辣椒、红辣椒）各2千克

调料：植物油4千克、精盐0.075千克、味精0.02千克、料酒0.15千克、鸡蛋5个、淀粉0.2千克、酱油0.2千克、葱0.15千克、姜0.03千克、蒜0.015千克

营/养/价/值

藕的营养价值很高，富含铁、钙等微量元素，植物蛋白质、维生素以及淀粉的含量也很丰富，有明显的补益气血，增强人体免疫力的作用。藕有大量的单宁酸，有收缩血管的作用，可用来止血。鸭肉中的脂肪酸熔点低，易于消化，所含B族维生素和维生素E较其他肉类多，能有效抵抗脚气病，神经炎和多种炎症，还能抗衰老。鸭肉中含有较为丰富的烟酸，它是构成人体内两种重要辅酸酶的成分之一。

制作过程

1 将鸭胸肉洗净，切成1.5厘米的丁，用酱油、料酒、精盐、鸡蛋、淀粉上浆。莲藕去皮、去头，洗干净，切成和鸭胸一样大小的丁。彩椒去籽，洗干净，也切成一样的丁。葱、姜、蒜择洗干净，切末备用。

2 锅上火，放水烧开，放入莲藕和彩椒焯水，捞出过凉，控水备用。

3 锅上火，放油烧至四成热时，放入鸭丁滑散、滑熟，捞出控油备用。

4 锅再次上火，放油少许，加入葱、姜、蒜炒出香味，放入莲藕和彩椒丁煸炒，加入精盐、味精和滑好的鸭丁，炒均匀，炒熟，用水淀粉勾芡均匀即可。

制作关键：鸭丁滑油要掌握好油温，滑熟。

木耳炒盖菜

主料：盖菜10千克

配料：水发木耳3千克

调料：植物油0.25千克、精盐0.075千克、味精0.02千克、葱0.12千克、蒜0.03千克

热菜

制作过程

1 将盖菜择洗干净，切成3厘米的段。水发木耳去根，洗干净，撕成小片。葱、蒜择洗干净，切末备用。

2 锅上火，放水烧开，放入少许精盐，倒入盖菜和木耳焯水，捞出过凉，控水备用。

3 锅上火，放油烧热，放入葱末、蒜末炒出香味，下入木耳和盖菜翻炒，最后加精盐、味精翻炒均匀，出锅即可。

制作关键：盖菜焯水不要过长，捞出应过凉，颜色更绿。

营/养/价/值

木耳中铁的含量极为丰富，能养血驻颜，令人肌肤红润，容光焕发；木耳含有抗肿瘤活性物质，能增强机体免疫力；木耳含有维生素K，能减少血液凝块。盖菜含有维生素A、维生素C、维生素D，B族维生素，有提神醒脑的功效。盖菜含有大量的抗坏血酸，是活性很强的还原物质，参与机体重要的氧化还原过程，能增加大脑的含氧量，激发脑对氧的利用，有提神醒脑，解除疲劳的作用。

青笋炒南瓜

主料：青笋8千克、南瓜5千克

调料：植物油0.25千克、精盐0.075千克、味精0.02千克、鲜汤0.15千克、葱0.12千克、蒜0.05千克，水淀粉少许

制作过程

1 将青笋和南瓜分别去皮和籽，洗干净，切成菱形片。葱、蒜择洗干净，切末备用。

2 锅上火，放水烧开，分别放入青笋和南瓜焯水，捞出过凉，控水备用。

3 锅上火，放油烧热，放入葱末、蒜末炒出香味，放入焯完水的青笋和南瓜翻炒，放入精盐、味精炒均匀炒熟，用水淀粉勾芡均匀即可。

制作关键：青笋和南瓜分别焯水，南瓜焯水不要太长。

营/养/价/值

青笋味道清新且略带苦味，可刺激消化酶分泌，促进食欲；所含钾量大于钠量，有利于体内水电解质平衡，促进排尿和乳汁的分泌；含有多种维生素和矿物质，具有调节神经系统功能的作用。南瓜具有解毒、保护胃黏膜、帮助消化、促进生长发育的功用。

椒盐虾仁

原料： 虾仁2千克、盐0.01千克、味精0.005千克、料酒0.005千克、面粉0.5千克、淀粉0.7千克、椒盐0.015千克、胡椒粉0.005千克，油适量

营/养/价/值

虾营养丰富，蛋白质含量是鱼、蛋、奶的几倍到几十倍，还含有丰富的钾、碘、镁、磷等矿物质及维生素A、氨茶碱等成分，且其肉质松软，易消化，对身体虚弱以及病后需要调养的人是极好的食物；虾含有丰富的镁，镁对心脏活动具有重要的调节作用，能很好地保护心血管系统，可减少血液中胆固醇含量。

制作过程

1 先将虾仁洗净，去掉虾线，用盐、料酒、味精、胡椒粉腌2个小时。

2 将盆中加入面粉、淀粉、盐和水，调成糊状。

3 将虾仁沥干水分，倒入盆中搅均匀。

4 起锅、上火、放油，将虾仁挂糊炸至金黄色捞出控油，倒入盘中。食用时，蘸上椒盐即可。

凉拌菜瓜

原料： 菜瓜2.5千克、西红柿0.5千克、精盐0.015千克、味精0.005千克、香油0.01千克、蒜泥0.05千克、辣椒油0.01千克

营/养/价/值

菜瓜瓜肉清甜，是夏季极佳的消暑蔬菜，它含有丰富的矿物质钙、磷、铁，还含有糖、柠檬酸和少量的维生素A、B族维生素、维生素C等。中医认为，菜瓜性寒、味甘，归肠、胃经，具有清热、利尿、解渴、除烦、涤胃、清暑、益气等功效。

制作过程

1 先将西红柿洗干净，切成片，码放在盘子周围。

2 再将菜瓜洗净，去掉两头和瓤，用精盐、味精腌30分钟，沥干水分，顶刀切片，码放在盘子中间。

3 将蒜蓉、精盐、味精、辣椒油和香油兑成碗汁，食用时浇在盘子上拌均匀即可。

凉拌山野菜

原料： 山野菜2.5千克、蒜蓉0.05千克、盐0.01千克、味精0.005千克、香油0.01千克、醋0.01千克

制作过程

先将山野菜洗干净，焯水过凉后沥干水分，倒入盆中，加入精盐、味精、蒜蓉、醋、香油拌均匀，即可装盘。

营/养/价/值

此菜蛋白质含量高于谷物、萝卜、土豆等根茎菜3倍以上；高于大白菜、甘蓝、油菜等叶菜4倍以上；高于茄子、黄瓜、辣椒等果菜4倍以上。与人工种植的蔬菜相比，维生素A的含量高出3～4倍；维生素C的含量高出10倍；维生素B_2的含量高出4倍多。矿物质含量高，与普通蔬菜相比，铁的含量高出10倍；钙的含量高出2～3倍。纤维素含量高，是普通蔬菜的4～7倍。中医药学家认为医食同源、药食同根。山野菜亦菜亦药，具有很高的医疗价值。这是栽培蔬菜无法比拟的。

水晶肘子

原料： 猪肘子3个、猪肉皮2.5千克、葱0.02千克、姜0.02千克、料酒0.01千克、盐0.01千克、醋0.01千克、蒜泥0.3千克、花椒油0.01千克、辣椒油0.01千克、香油0.01千克，水适量

制作过程

1 将肘子洗干净，去毛，焯水过凉，放入盆中加入水和葱、姜、盐，水没住肘子即可，上屉蒸两个小时取出，去掉骨头，将净肉切成大片，码放在盆子中。

2 将肉皮洗净焯水，去掉肥膘肉，将皮切成细条，放在盆中，加入葱、姜、盐和肉皮，水上屉蒸5个小时，用手捻一下肉皮，沾手说明已蒸好，将肉皮和葱、姜捞出。晾凉后，将汤汁倒入码好肘子的盆中，晾凉凝固后，改刀切成大片码放在盘中。

3 将蒜泥放在大碗中，分别加入盐、味精、醋、香油、辣椒油，兑成碗汁，食用时浇在切好的水晶肘子上面拌匀即可。

营/养/价/值

猪肉为人类提供优质蛋白质和必需的脂肪酸。猪肉可提供血红素（有机铁）和促进铁吸收的半胱氨酸，能改善缺铁性贫血。猪肘子营养很丰富，含较多的蛋白质，特别是含有大量的胶原蛋白质，和肉皮一样，是使皮肤丰满、润泽，强体增肥的食疗佳品。猪肘炖烂后，骨头可继续熬汤，食用汤汁可起到补钙、美容之功效。

第六周

星期一

热
[干烧鲫鱼]
热
[莲藕炖鹅肉]
热
[芦笋百合炒虾仁]
热
[美极土豆片]
热
[肉末榨菜炖豆腐]
热
[虾皮小白菜]
热
[鲜蘑烧板栗]
热
[油淋羊肉]
凉
[朝鲜辣白菜]
凉
[凉拌香瓜]
凉
[海米芹菜]
凉
[蒜泥白肉]

星期一 星期二 星期三 星期四 星期五

星期一

热菜

- 干烧鲫鱼
- 莲藕炖鹅肉
- 芦笋百合炒虾仁
- 美极土豆片
- 肉末榨菜炖豆腐
- 虾皮小白菜
- 鲜蘑烧板栗
- 油淋羊肉

凉菜

- 朝鲜辣白菜
- 凉拌香瓜
- 海米芹菜
- 蒜泥白肉

干烧鲫鱼

主料： 鲫鱼20千克

配料： 青豆2袋、五花肉2千克

调料： 植物油7.5千克、葱0.15千克、姜0.1千克、蒜0.075千克、酱油0.15千克、料酒0.12千克、精盐0.06千克、味精0.015千克、白糖0.1千克、豆瓣辣酱0.5千克，鲜汤少许

制作过程

1 将鲫鱼刮鳞、去鳃、开膛，去内脏，洗干净，上面剞一字花刀。五花肉去皮，洗干净，切成小丁。葱、姜、蒜择洗干净，切段和片备用。

2 锅上火，放油烧至七成热时，鲫鱼下锅，炸成金黄色，捞出后控油备用。

3 锅上火，放少许油，放入葱段、姜片、蒜片、五花肉丁、豆瓣酱煸炒，烹入料酒、酱油，加入适量高汤、白糖、精盐、味精，烧开后放入鲫鱼，开锅后转小火慢烧，烹入醋，待汁收浓时即可。

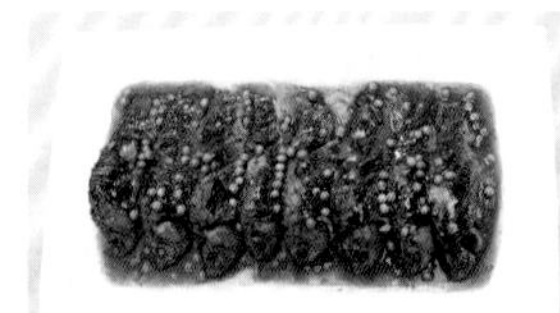

制作关键： 小火慢烧，烧至汤汁发稠见油为好。

营/养/价/值

鲫鱼所含的蛋白质质优、齐全、易于消化吸收，可增强抗病能力。鲫鱼有健脾利湿，和中开胃，活血通络、温中下气之功效。鲫鱼可补气血，暖胃。

莲藕炖鹅肉

特点：鲜香不腻 味道鲜美

主料： 白条鹅20千克

配料： 莲藕8千克

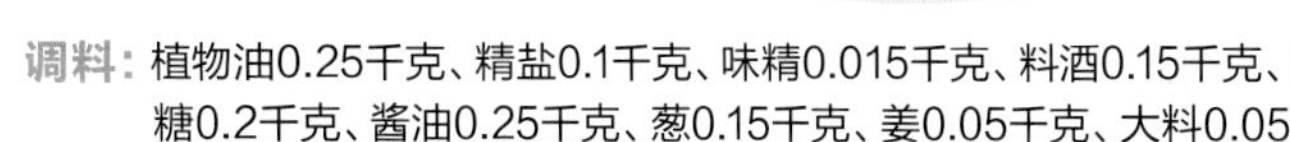

调料： 植物油0.25千克、精盐0.1千克、味精0.015千克、料酒0.15千克、白糖0.2千克、酱油0.25千克、葱0.15千克、姜0.05千克、大料0.05千克、花椒0.025千克，水淀粉适量

制作过程

1 将鹅剁去头、爪子、尾尖，去内脏，洗干净，剁成4厘米大小的块。莲藕去皮，洗干净，切成块。葱、姜择洗干净，切段和片备用。

2 锅上火，放水烧开，放入鹅块焯水，焯透过凉，控水备用。

3 锅上火，放油烧热，放入白糖炒糖色，视糖炒好放入葱段、姜片、大料、花椒、鹅肉煸炒，烹入料酒、酱油，放入热水，开锅后放入精盐，改小火炖一个半小时，炖熟捞出，锅留余汤，放入莲藕炖熟，再放入炖好的鹅肉，待汁收浓时，用水淀粉勾芡即可。

制作关键： 糖色不要炒煳，火候不宜太大。

营/养/价/值

藕的营养价值很高，富含铁、钙等微量元素，植物蛋白质、维生素以及淀粉的含量也很丰富，有明显的补益气血，增强人体免疫力的作用。藕有大量的单宁酸，有收缩血管的作用，可用来止血。鹅肉含有蛋白质，脂肪，烟酸，糖，维生素A、B族维生素，其中，蛋白质的含量很高，同时富含人体必需的多种氨基酸。

热菜

芦笋百合炒虾仁

主料： 虾仁5千克

配料： 芦笋8千克、百合10袋、枸杞0.05千克

调料： 植物油4千克、精盐0.05千克、味精0.015千克、鸡蛋清5个、淀粉0.2千克、葱0.15千克

制作过程

1 将虾仁去虾线，洗干净，用毛巾吸干水，放入精盐、鸡蛋、淀粉上浆。芦笋去皮，洗干净，切成马蹄片。百合掰开，摘取烂瓣洗干净。枸杞用温水泡开。葱择洗净，切末，备用。

2 锅上火，放水烧开，放入芦笋、百合焯水，捞出过凉后控水备用。

3 锅上火，放油烧至三成热时，放入虾仁滑油，捞出控油，锅留底油烧热，放入葱末炒出香味，下入芦笋、百合、枸杞翻炒，再放入精盐、味精，最后倒入虾仁炒均匀炒熟，用水淀粉勾芡均匀即可。

制作关键： 虾仁滑油时，油温不要太高。

营/养/价/值

虾营养丰富，蛋白质含量是鱼、蛋、奶的几倍到几十倍，还含有丰富的钾、碘、镁、磷等矿物质及维生素A、氨茶碱等成分，且其肉质松软，易消化，对身体虚弱以及病后需要调养的人是极好的食物；虾含有丰富的镁，镁对心脏活动具有重要的调节作用，能很好地保护心血管系统。芦笋能增进食欲，帮助消化，有清热解毒、生津利水的功效。

美极土豆片

特点

味道鲜美

土豆片外脆内嫩

主料：土豆10千克

配料：青、红尖椒各2.5千克

调料：植物油5千克、精盐0.05千克、味精0.015千克、白糖0.01千克、美极鲜酱油0.2千克、鲜汤1.5千克、葱0.12千克、姜0.01千克、蒜0.015千克，水淀粉适量

制作过程

1 将土豆去皮，洗干净，切成4厘米长、3厘米宽、0.5厘米厚的片；青、红尖椒去籽，洗干净切成菱形片；葱、姜、蒜择洗干净，切末备用。

2 锅上火，放油烧至六成热时，放入土豆片炸至金黄色炸熟，捞出后控油，备用。

3 将美极鲜酱油、精盐、味精、白糖、鲜汤、水淀粉兑成碗汁备用。

4 锅上火，放油烧热，放入葱、姜、蒜末炒香，再放入青、红尖椒片翻炒，倒入兑好的碗汁，最后放入炸好的土豆片，迅速翻锅，使汁挂均匀即可。

制作关键：此菜操作速度要快，炸土豆片掌握好油温，要炸熟。

营/养/价/值

土豆因其营养丰富而有“地下人参”的美誉。含有淀粉、蛋白质、脂肪、粗纤维，还含有钙、磷、铁、钾等矿物质及维生素A、维生素C及B族类维生素。土豆性平，有和胃、调中、健脾、益气之功效。

肉末榨菜炖豆腐

特点

咸香软嫩

味道鲜美

主料：豆腐10千克

配料：榨菜5袋、肉末0.5千克

调料：植物油0.15千克、精盐0.05千克、味精0.03千克、酱油0.1千克、葱0.12千克、姜0.03千克、蒜0.15千克、料酒0.05千克、高汤1.5千克，水淀粉适量

制作过程

1 将豆腐洗净，切成1.5厘米的块。榨菜切成碎末。葱、姜、蒜择洗干净，切末备用。

2 锅上火，放水烧开，放入少许精盐，放入豆腐焯水过凉后控水备用。

3 锅上火，放油烧热，放入肉末，烹入料酒煸炒，再放入葱、姜、蒜、榨菜末炒出香味，放入酱油，烹入料酒，再放入高汤。烧开锅后放入豆腐、精盐转小火慢炖，炖至入味，放入味精待汤汁收浓时，用水淀粉勾芡均匀即可。

制作关键：此菜炖的时候火候不宜太大。

营/养/价/值

豆腐中富含各类优质蛋白，并含有糖类、植物油、铁、钙、磷、镁等。豆腐能够补充人体营养、帮助消化、促进食欲，其中的钙质等营养物质对牙齿、骨骼的生长发育十分有益；铁质对人体造血功能大有裨益。

虾皮小白菜

主料： 小白菜10千克

配料： 虾皮0.5千克

调料： 植物油0.15千克、精盐0.075千克、味精0.015千克、料酒0.015千克、葱0.15千克、姜0.015千克、蒜0.03千克、香油少许

营/养/价/值

小白菜含有多种营养物质，是人体生理活动所必需的维生素、无机盐及食用纤维素的重要来源。小白菜含有丰富的钙，比番茄高5倍。小白菜性平味甘，可解除烦恼，通利肠胃，利尿通便，清肺止咳的作用。虾皮含有丰富的蛋白质和矿物质，尤其是钙的含量极为丰富。虾皮中含有丰富的镁元素，对心脏活动具有重要的调节作用，能很好地保护心血管系统。老年人食虾皮，可补钙。

制作过程

1 将小白菜去根，择洗干净，切成4厘米长的段；葱、姜、蒜择洗干净，切末备用。

2 锅上火，放水烧开，放入小白菜焯水，捞出控水备用。

3 锅上火，放油烧热，放入葱、姜、蒜末炒出香味，再放入虾皮煸炒，烹入料酒，最后放入小白菜、精盐翻炒炒匀炒熟，加味精，淋入香油搅拌均匀即可。

制作关键： 小白菜焯水时间不要太长。

鲜蘑烧板栗

特 点 鲜咸微甜 味道鲜美

主料： 鲜蘑10千克、去皮板栗3千克

配料： 彩椒5千克

调料： 植物油0.2千克、精盐0.02千克、味精0.015千克、蚝油0.1千克、酱油0.075千克、糖0.02千克、葱0.15千克、姜0.03千克、蒜0.025千克，鲜汤适量，水淀粉少许

营/养/价/值

板栗含有丰富的营养成分，包括糖类、蛋白质、脂肪、多种维生素和无机盐。老年人常食栗子，对抗老防衰、延年益寿大有好处。香菇含有高蛋白、低脂肪、多糖、多种氨基酸和多种维生素。

制作过程

1 将鲜香菇去根，洗干净，片成坡刀片；彩椒去籽，洗干净，切成菱形片；葱、姜、蒜择洗干净，切末备用。

2 锅上火，放水烧开，放入板栗煮熟后捞出备用。

3 锅上火，放水烧开，放入鲜香菇和彩椒焯水，捞出后控水备用。

4 锅上火，放油烧热，下入蚝油、葱、姜、蒜炒出香味，放入焯过水的鲜香菇、彩椒、板栗翻炒，加酱油、精盐、味精、白糖炒熟炒均匀，放入少许高汤，用水淀粉勾芡均匀即可。

油淋羊肉

主料: 羊里脊肉8千克

配料: 粉条2千克、菠菜5千克

调料: 植物油0.25千克、精盐0.075千克、味精0.02千克、鸡蛋清6个、淀粉0.2千克、葱0.15千克、姜0.03千克、蒜0.03千克、鲜汤1.5千克、酱油0.2千克、辣椒面0.3千克、花椒面0.1千克

制作过程

1 将羊里脊肉洗干净，切成3厘米长、2厘米宽、0.2厘米厚的薄片，用精盐、鸡蛋清、淀粉上浆。菠菜择洗干净，切成4厘米长的段。葱、姜、蒜择洗干净，切末备用。

2 锅上火，放油烧热，放入葱、姜、蒜末煸炒，炒出香味放入酱油、鲜汤、精盐、味精。开锅后放入粉条炖入味，再放入菠菜搅拌均匀，改小火炖熟，倒入盘中备用。

3 锅上火，放水烧开，放入少许精盐，下入浆好的羊肉，汆熟捞出，摆在粉条和菠菜上面，撒入辣椒面、花椒面、葱末、蒜末备用。

4 锅上火，放油烧热，淋在上面即可。

制作关键: 羊肉汆水时不要汆老。

营/养/价/值

羊肉富含膳食纤维、蛋白质、维生素、胆固醇、钙、磷、钾、镁、钠等元素。羊肉性温，冬季常吃羊肉，不仅可以增加人体热量，抵御寒冷，而且还能增加消化酶，保护胃壁，修复胃黏膜，帮助脾胃消化，起到抗衰老的作用。

热菜

凉菜

朝鲜辣白菜

原料： 大白菜4千克、苹果0.5千克、梨0.5千克、干辣椒面0.5千克、姜末0.2千克、盐0.1千克、味精0.015千克、香油0.01千克

制作过程

1 先将苹果、梨洗干净，去皮、去梗，剁成碎末。

2 将大白菜洗干净，稍微用温水烫一下，过凉捞出，一劈两半，逐层撒上盐，腌3个小时，沥干水分。将大白菜码放在盒子中，铺上一层菜叶，撒上干辣椒面、苹果末、梨末和姜末，再铺上一层大白菜叶，再撒上干辣椒面、姜末、苹果末和梨末，依次做完，用保鲜膜封严，放进冰箱中（保持常温）。第二天反过来搅动一下，再放进冰箱封严，连续腌3～4天即可食用。食用时改刀切块装盘，淋上香油即可。

营/养/价/值

大白菜的营养价值很高，含蛋白质、脂肪、膳食纤维、钾、钠、钙、镁、铁、锰、锌、铜、磷、硒、胡萝卜素、烟酸、维生素 B_1、维生素 B_2、维生素 C 和微量元素钼。中医认为，白菜微寒味甘，有养胃生津、除烦解渴、利尿通便、清热解毒之功效。

凉菜

凉拌香瓜

原料： 香瓜2.5千克、西红柿0.5千克、盐0.02千克、味精0.005千克、白糖0.05千克、白醋0.01千克、香油0.01千克

制作过程

1 先将香瓜洗干净，去掉两头和瓤，放入盆中，加入盐腌1个小时，沥干水分，加入白糖和白醋，再腌30分钟。

2 将西红柿洗干净，切成大片码放在盘子周围。将香瓜顶刀切条，放在盘子中间即可，淋上香油。

营/养/价/值

香瓜含大量糖及柠檬酸等，且水分充沛，可消暑清热、生津解渴、除烦；香瓜中的转化酶可将不溶性蛋白质转变成可溶性蛋白质。

海米芹菜

特点：色泽鲜美 爽脆咸香

原料：嫩芹菜2千克、水发海米0.3千克、盐0.01千克、味精0.005千克、花椒油0.001千克、香油0.001千克

制作过程

1 将芹菜择好洗干净，切成4厘米长的段，水发海米洗干净。

2 起锅、上火、加水烧开，水沸腾后，下入芹菜焯水捞出，沥干水分放入盆中，加入盐、味精、海米和花椒油、香油拌均匀即可装盘，用红尖椒丝点缀。

营/养/价/值

芹菜营养十分丰富，100克芹菜中含蛋白质2.2克，钙8.5毫克，磷61毫克，铁8.5毫克，其中蛋白质含量比一般瓜果蔬菜高1倍，铁含量为番茄的20倍左右，芹菜中还含丰富的胡萝卜素和多种维生素等，对人体健康十分有益。中医认为，芹菜具有较高的药用价值，其性凉、味甘、无毒，具有散热、祛风利湿、健胃利血、气清肠利便、润肺止咳、降低血压、健脑镇静的作用。

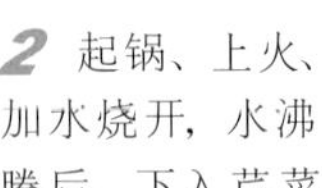

蒜泥白肉

特点：鲜香软糯 肥而不腻

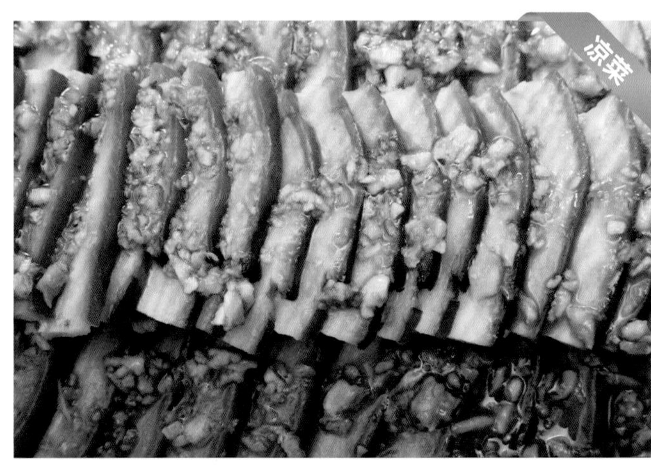

原料：猪五花肉2.5千克、葱段0.02千克、姜片0.02千克、精盐0.05千克、八角0.02千克、花椒0.01千克、草果0.005千克、香叶0.003千克、干辣椒0.01千克、蒜泥0.05千克、酱油0.01千克、香油0.01千克、辣椒油0.01千克、醋0.01千克

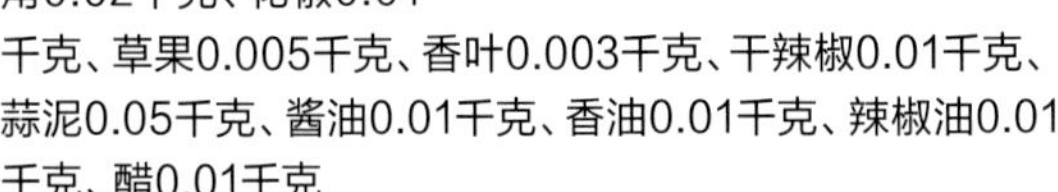

制作过程

1 将五花肉洗干净后焯水。

2 起锅、上火、放水，加入水、盐、葱、姜、大料、花椒、草果、香叶、干辣椒和五花肉，开锅后改小火，将肉煮熟，捞出晾凉后切片装盘。

3 蒜泥、盐、味精、酱油、醋、辣椒油和香油兑成碗汁，食用时浇在切好的白肉上面，用香菜叶点缀即可。

营/养/价/值

猪肉含有丰富的优质蛋白质和必需的脂肪酸，并提供血红素（有机铁）和促进铁吸收的半胱氨酸，能改善缺铁性贫血。

第六周

星期二

热
[茉莉花炒鱼米]
热
[极品串烧虾]
热
[清炒紫菊菜]
热
[扒鸵鸟肉]
热
[水芹里脊丝]
热
[西红柿圆白菜]
热
[腰果炒三丁]
热
[榛蘑烧豆腐]
凉
[醋烹酥鲫鱼]
凉
[凉拌水晶菜]
凉
[凉拌苏子叶]
凉
[玉米色拉]

星期二

热菜
- 茉莉花炒鱼米
- 极品串烧虾
- 清炒紫菊菜
- 扒鸵鸟肉
- 水芹里脊丝
- 西红柿圆白菜
- 腰果炒三丁
- 榛蘑烧豆腐

凉菜
- 醋烹酥鲫鱼
- 凉拌水晶菜
- 凉拌苏子叶
- 玉米色拉

茉莉花炒鱼米

主料： 胖头鱼尾15千克、茉莉花5千克

配料： 金瓜3个

调料： 精盐3千克、味精0.03千克、葱姜水0.6千克、鸡蛋清0.75千克、鲜汤1.5千克，水淀粉适量

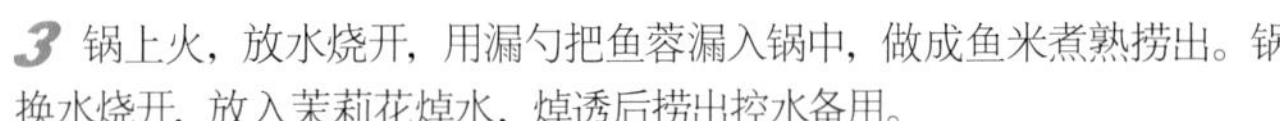

1 将鱼尾洗净，去骨、去皮，取出净鱼肉，除去鱼肉上的腥红，切成0.5厘米的片，在清水中漂洗干净；金瓜去皮、去瓤，洗干净，切成块，放入蒸箱蒸熟，取出晾凉；茉莉花洗干净备用。

2 将选好一半的鱼肉和蒸好的金瓜放入粉碎机中，加入葱姜水、鸡蛋清、精盐、水淀粉搅成鱼蓉上劲，一半鱼肉切成粒，用精盐、鸡蛋清、淀粉上浆备用。

3 锅上火，放水烧开，用漏勺把鱼蓉漏入锅中，做成鱼米煮熟捞出。锅换水烧开，放入茉莉花焯水，焯透后捞出控水备用。

4 锅上火，放油烧至四成热时，放入切好的鱼米粒，滑油、滑散捞出，控油备用。

5 锅上火，放油烧热，下入茉莉花煸炒，加入鲜汤、精盐、味精，放入两种鱼米，轻轻翻炒，用水淀粉勾芡均匀，淋明油出锅即可。

制作关键： 搅金瓜鱼蓉要搅上劲，不要太稠。

营/养/价/值

鱼肉营养丰富，具有滋补健胃、利水消肿、通乳、清热解毒的功效。鱼肉含有丰富的镁元素，对心血管系统有很好的保护作用，鱼肉含有维生素A、铁、钙、磷，常吃鱼有养肝补血、泽肤养发的功效。

热菜

极品串烧虾

特点：酥脆咸鲜 微甜微辣

主料： 鲜虾10千克

调料： 植物油3千克、葱0.2千克、姜0.05千克、花椒0.05千克、精盐0.06千克、味精0.02千克、料酒0.1千克、干淀粉0.5千克、自制酱0.3千克（排骨酱、蒜蓉辣酱、蜜汁烤肉酱）

营/养/价/值

虾肉中含有蛋白质、脂肪、糖类、钙、磷、铁、维生素A、维生素B、烟酸等。虾味甘、咸，性温，有壮阳益肾、补精、通乳之功效。

制作过程

1 将鲜虾去虾须，洗干净；葱、姜择洗干净，切段和片。

2 将鲜虾放入盆中，用精盐、味精、花椒、料酒腌渍入味，用竹签串起，撒匀干淀粉备用。

3 锅上火，放油烧热，放入串好的虾串炸成金黄色，炸熟抹上自制酱即可。

制作关键： 虾要炸酥脆，酱要抹匀。

清炒紫菊菜

特点：清淡爽口 营养丰富

主料： 紫菊菜10千克

调料： 植物油0.2千克、精盐0.075千克、味精0.015千克、葱0.15千克、蒜0.03千克、香油少许

营/养/价/值

此菜营养价值超过菠菜，胡萝卜素的含量几乎与胡萝卜相等，维生素A超过番茄，维生素C超过柑橘类水果，具有清热解毒、止血、利尿、消肿的功效。《嘉祐本草》称其“味辛、平、无毒。主破宿血，养新血，合金疮”。

制作过程

1 将紫菊菜去根，掰成小瓣洗干净；葱、蒜择洗干净，切末备用。

2 锅上火，放水烧开，放入紫菊菜焯水，捞出控水备用。

3 锅上火，放油烧热，加入葱末、蒜末炒出香味，然后倒入焯完水的紫菊菜，放入精盐煸炒炒熟，放入味精，淋入香油翻炒均匀即可。

制作关键： 此菜焯水不要太长，要冲洗，易掉色。

扒鸵鸟肉

主料： 鸵鸟肉（人工养殖）10千克

配料： 白萝卜5千克、粉条2千克、香菜0.05千克

调料： 植物油0.15千克、精盐0.075千克、味精0.02千克、料酒0.15千克、酱油0.1千克、葱0.2千克、姜0.02千克、蒜0.015千克、八角0.015千克、花椒0.01千克，鲜汤适量、水淀粉少许

制作过程

1 将鸵鸟肉洗干净，切成小块。白萝卜去皮，洗干净切丝。粉条用温水泡软。香菜、葱、姜、蒜择洗干净，分别切段、片和末。

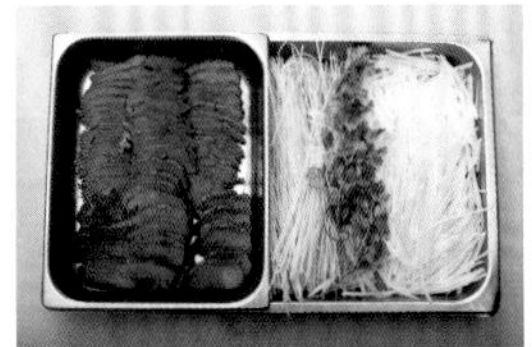

2 锅上火，放水烧开，放入鸵鸟肉，加料酒、葱、姜、八角、花椒、精盐，煮八成熟时捞出晾凉，切成1厘米厚、3厘米宽、6厘米长的片码放在蒸盒中备用。

3 锅上火，放油、葱段、姜片炝锅，烹入料酒、酱油，再放入鲜汤、精盐、味精，开锅后倒入鸵鸟肉的蒸盆中，放入蒸箱，蒸20分钟，取出备用。

4 锅上火，放入鲜汤，加入精盐、味精、酱油，放入粉条煨至入味备用。

5 锅再次上火放油，放入萝卜丝煸炒，放入精盐、味精炒匀、炒熟备用。

6 锅再次上火，把蒸好的鸵鸟肉推入锅中（保持形状不散）。再把煨好的粉条和萝卜丝放在锅中的鸵鸟肉上，小火烧烤，待汤汁收浓时，用水淀粉勾芡均匀，大翻勺出锅装盘即可。

制作关键： 蒸的时候，要掌握好时间。

营/养/价/值

鸵鸟肉营养丰富，具有极高的营养价值。鸵鸟肉低脂肪、低热量、低胆固醇，高铁、高钙、高硒、高锌、高蛋白。

热菜

水芹里脊丝

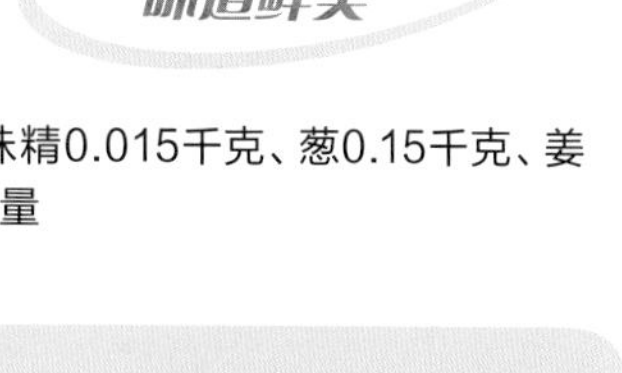

主料：猪通脊肉5千克

配料：水芹10千克

调料：植物油4千克、精盐0.05千克、味精0.015千克、葱0.15千克、姜0.03千克、鸡蛋清5个、水淀粉适量

营/养/价/值

水芹营养丰富，含蛋白质、粗纤维等营养物质以及钙、磷、铁等微量元素，还含有挥发性物质，有健胃、利尿、净血、调经、降压、镇静的作用。猪肉为人类提供优质蛋白质和必需的脂肪酸，提供血红素（有机铁）和促进铁吸收的半胱氨酸，能改善缺铁性贫血。猪肉性平味甘，具有润肠胃、生津液、补肾气、解热毒的功效。

制作过程

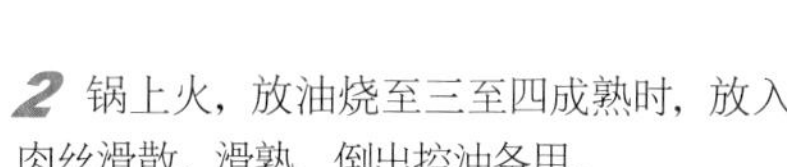

1 将猪通脊肉切成长4厘米宽、0.3厘米粗的丝，用精盐、蛋清、水淀粉上浆备用。水芹摘去老根，洗干净，切成3.5厘米长的段。葱、姜择洗干净，切末备用。

2 锅上火，放油烧至三至四成熟时，放入肉丝滑散、滑熟，倒出控油备用。

3 锅上火，放水烧开，放入水芹段焯水，捞出过凉，控水备用。

4 锅上火，放油烧热，放入葱、姜炒出香味，放入水芹翻炒，放入里脊丝、精盐和味精翻炒均匀，用湿淀粉勾芡均匀即可。

制作关键：里脊丝过油时，要控制好油温。

西红柿圆白菜

主料：圆白菜10千克、西红柿5千克

调料：植物油0.15千克、精盐0.075千克、味精0.02千克、白糖0.015千克、葱0.015千克，蒜0.015千克，香油少许

营/养/价/值

西红柿含有丰富的维生素、矿物质、有机酸，有促进消化、利尿、抑制多种细菌的作用。西红柿中的维生素D可保护血管。圆白菜可增进食欲、促进消化、预防便秘，圆白菜含有铬，对血糖、血脂有调节作用，是糖尿病和肥胖患者的理想食物。

制作过程

1 将圆白菜去根，择去老叶，洗干净，切成3厘米的块；西红柿去蒂，切成小滚刀块；葱、蒜择洗干净，切末备用。

2 锅上火，放水烧开，放入圆白菜块焯水，捞出后控水备用。

3 锅上火，放油烧热，放入葱末、蒜末炒香，放入西红柿煸炒，再放入圆白菜和精盐翻炒炒熟，最后放入味精、白糖搅拌均匀，淋入香油即可。

制作关键：圆白菜焯水不要太长。

星期一
星期二
星期三
星期四
星期五

腰果炒三丁

腰果酥脆
清淡爽口

主料：青笋5千克、胡萝卜3千克

配料：腰果2千克、黄彩椒1千克

调料：植物油1.2千克、精盐0.05千克、味精0.015千克、葱0.12千克、蒜0.03千克、水淀粉适量、香油少许、鲜汤0.25千克

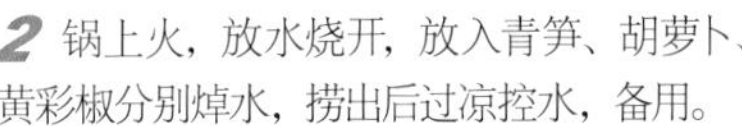

1 将青笋去叶、去皮，洗干净；胡萝卜去皮，洗干净；黄彩椒去籽，洗干净，同样切成2厘米长，1厘米宽的菱形丁；葱、蒜择洗干净，切末备用。

2 锅上火，放水烧开，放入青笋、胡萝卜、黄彩椒分别焯水，捞出后过凉控水，备用。

3 锅上火，放油，倒入腰果，慢慢炸至浅黄色，捞出后控油备用。锅留底油烧热，放入葱末、蒜末炒香，加入焯完水的“三丁”翻炒，放入精盐、味精，最后放入鲜汤炒匀炒熟，用水淀粉勾芡均匀，放入腰果即可。

制作关键：腰果炸的时候要凉油下锅。

营/养/价/值

腰果含有多种维生素和矿物质，具有调节神经系统功能的作用，其富含人体可吸收的铁元素。

榛蘑烧豆腐

特
点

风味独特
鲜香可口

主料：豆腐10千克、干榛蘑2千克

配料：青、红尖椒各2千克

调料：植物油3千克、精盐0.075千克、味精0.02千克、酱油0.15千克、鲜汤1千克、葱0.15千克、姜0.02千克、蒜0.015千克，水淀粉适量

制作过程

1 将豆腐切成1厘米宽、4厘米长的条。干榛蘑去根、泡开，洗干净。葱、姜、蒜择洗干净，切末。青、红尖椒去蒂、去籽，洗干净，切成1厘米宽、4厘米长的条备用。

2 锅上火，放油烧至六成热时，把豆腐炸成金黄色捞出后控油备用。

3 锅上火，放油烧热，放入葱末、姜末、蒜末炒出香味，下入榛蘑和青、红尖椒条煸炒，放入精盐、酱油和豆腐条，翻炒均匀，加入高汤。开锅后，用水淀粉勾芡均匀即可。

制作关键：榛蘑要洗干净烧入味。

营/养/价/值

豆腐中富含各类优质蛋白，并含有糖类、植物油、铁、钙、磷、镁等。豆腐能够补充人体营养、帮助消化、促进食欲，其中的钙质等营养物质对牙齿、骨骼的生长发育十分有益。

醋烹酥鲫鱼

特点

酸咸甜酥香

葱姜蒜香浓郁 风味独特

原料： 鲫鱼5千克、葱段0.005千克、姜片0.005千克、醋1千克、大料0.005千克、花椒0.005千克、胡椒粉0.005千克、料酒0.05千克、盐0.05千克、味精0.005千克、酱油0.05千克、白糖0.1千克、蒜0.05千克，油适量

营/养/价/值

鲫鱼含丰富蛋白质，并含钙、磷、铁等多种矿物质。鲫鱼肉中含很多水溶性蛋白质和蛋白酶，鱼油中含有大量维生素A等，这些物质均可影响心血管功能，降低血液黏稠度，促进血液循环。鲫鱼具有益气健脾、利尿消肿、清热解毒、通络下乳、理疝气的作用。

制作过程

1 先将鲫鱼去鳞、开膛、去内脏，洗干净，用盐、味精、料酒、大料、花椒腌3～4小时。

2 起锅、上火、放油，将鱼炸至两面金黄色时捞出，控油。

3 锅内留底油，下入葱、姜、蒜炒香，下入醋烹香，加入高汤、盐、味精、白糖、酱油调好口味，下入炸好的鲫鱼，开锅后改小火煨两个小时收汁。晾凉后取出，码放在盘中，用香菜叶和红尖椒点缀。

凉拌水晶菜

特点

咸香可口

口味爽脆

原料： 水晶菜3千克、盐0.012千克、味精0.005千克、蒜蓉0.05千克、醋0.01千克、香油0.01千克

营/养/价/值

此菜富含维生素C和钙、磷、钾等多种矿物质。水晶菜含钾高、含钠低。

制作过程

1 先将水晶菜择好，洗干净，用刀切成段。

2 起锅、上火、加水，水开后将水晶菜稍微烫一下，捞出后过凉，沥干水分，倒入盆中，加入盐、味精、蒜蓉、醋、香油拌均匀即可装盘。

凉拌苏子叶

原料： 苏子叶1千克、豇豆1千克、紫葱头0.5千克、胡萝卜0.4千克、黄彩椒0.2千克、蒜蓉0.05千克、花椒油0.01千克、盐0.015千克、味精0.005千克、醋0.01千克、香油0.01千克

制作过程

1 先将豇豆洗干净，顶刀切粒；葱头、胡萝卜去皮，洗干净，切粒；彩椒洗净，切粒。

2 将苏子叶择好，洗干净，切成小片。

3 起锅、上火、加水，分别将豇豆、胡萝卜粒、彩椒焯水过凉，沥干水分，倒入盆中和苏子叶、葱头粒一起加入盐、味精、蒜蓉、香油、醋、花椒油拌均匀即可装盘。

营/养/价/值

苏子叶有解表散寒、抑菌解毒、镇咳化痰、理气安胎之功效。苏子叶具有特异芳香，可解鱼虾蟹毒。国内外广泛用作香味调料、色素、保健饮料。

玉米色拉

原料： 虾仁1千克、玉米粒1千克、青尖椒0.1千克、红尖椒0.1千克、西红柿0.4千克、香蕉0.5千克、青豆0.1千克、柠檬汁0.2千克、沙拉酱0.5千克、盐0.005千克、胡椒粉0.003千克、香油0.01千克

凉菜

制作过程

1 先将虾仁、玉米粒、青豆和青、红尖椒粒分别焯水过凉，沥干水分后倒入盆中。

2 将西红柿焯水、去皮，切成小丁；香蕉去皮，切成片也倒入同一个盆中，加入柠檬汁、胡椒粉、盐、沙拉酱、香油拌均匀，放在冰箱中，冷藏2～3个小时即可食用。

营/养/价/值

此菜营养丰富，蛋白质丰富，还含有丰富的钾、碘、镁、磷等矿物质及维生素A、氨茶碱等成分，且其肉质松软，易消化，对身体虚弱以及病后需要调养的人是极好的食物；含有丰富的镁，镁对心脏活动具有重要的调节作用，能很好地保护心血管系统。玉米中的纤维素含量很高，具有刺激胃肠蠕动、加速粪便排泄的特性；玉米中含有的维生素E则有促进细胞分裂，延缓衰老。

第六周

星期三

热
[枸杞青瓜白灵菇]
热
[得莫利炖活鱼]
热
[干锅驴肉]
热
[烤火鸡腿]
热
[木耳美极菜花]
热
[清炒水晶菜]
热
[西芹银杏鲜百合]
热
[香瓜炒虾仁]
凉
[彩色蛋卷]
凉
[椒盐鸵鸟肉]
凉
[凉拌黄瓜花]
凉
[泡渍三色萝卜]

星期三

热菜
- 枸杞青瓜白灵菇
- 木耳美极菜花
- 得莫利炖活鱼
- 清炒水晶菜
- 干锅驴肉
- 西芹银杏鲜百合
- 烤火鸡腿
- 香瓜炒虾仁

凉菜
- 彩色蛋卷
- 椒盐鸵鸟肉
- 凉拌黄瓜花
- 泡渍三色萝卜

枸杞青瓜白灵菇

主料： 黄瓜10千克、白灵菇3千克

配料： 枸杞0.05千克

调料： 植物油0.15千克、精盐0.075千克、味精0.02千克、葱0.15千克、蒜0.02千克、鲜汤0.2千克，水淀粉适量

制作过程

1 将黄瓜去皮，洗干净，切成宽2厘米、长3厘米的菱形片；白灵菇洗干净，切片；枸杞子用温水泡开；葱、蒜择洗干净，切末备用。

2 锅上火，放水烧开，分别放入青瓜和白灵菇焯水，捞出后控水备用。

3 锅上火，放油烧热，放入葱末、蒜末炒出香味，再放入青瓜和白灵菇煸炒，加入精盐、味精，放入少许高汤和枸杞子炒匀、炒熟，用水淀粉勾芡均匀即可。

营/养/价/值

黄瓜中含有的葫芦素C，具有提高人体免疫功能的作用。黄瓜中含有丰富的维生素E，可起到延年益寿，抗衰老的作用；黄瓜中的黄瓜酶，有很强的生物活性，能有效地促进机体的新陈代谢。用黄瓜捣汁涂擦皮肤，有润肤，舒展皱纹之功效。黄瓜中所含的葡萄糖甙、果糖等不参与通常的糖代谢，故糖尿病人以黄瓜代淀粉类食物充饥，血糖非但不会升高，甚至会降低。白灵菇具有较高的药用价值，其所含丰富的真菌多糖，能够增强人体的免疫功能。

得莫利炖活鱼

特点：鲜香可口　食而不腻

主料： 鲜活鲤鱼15千克

配料： 大白菜10千克、豆腐5千克、粉条2千克

调料： 植物油5千克、精盐0.075千克、味精0.02千克、糖0.02千克、料酒0.2千克、酱油0.15千克、醋0.1千克、胡椒面0.02千克、鲜汤4千克、葱0.15千克、姜0.05千克、蒜0.02千克

营/养/价/值

鲤鱼的蛋白质不但含量高，而且质量也佳，人体消化吸收率可达96%，并能供给人体必需的氨基酸、矿物质、维生素A和维生素D；鲤鱼的脂肪多为不饱和脂肪酸，能很好地降低胆固醇，因此，多吃鱼可以健康长寿。

制作过程

1 将鲜活鲤鱼宰杀开膛，刮鳞、去鳃、去内脏，洗干净，一条鱼切三段。大白菜择洗干净切成长4厘米、宽2.5厘米的块。豆腐切成长4厘米、宽2厘米的片。粉条用温水泡开。葱、姜、蒜择洗干净，切末备用。

2 锅上火，放油烧至六成热时，放入鱼段炸至金黄色时，捞出后控油备用。

3 锅上火，放油烧热，放入葱末、蒜末、姜末炒香，烹入料酒、酱油，放入鲜汤，开锅后放入白菜、粉条、豆腐，炸好的鱼段，再放入味精、白糖、胡椒粉，开锅后改小火炖20分钟，放入胡椒面、醋搅拌均匀即可。

制作关键： 此菜要用小火炖至入味，火候不要太旺。

干锅驴肉

主料： 驴肉15千克

配料： 线椒3千克、美人椒2千克、葱头3千克

调料： 植物油0.2克、精盐0.075千克、味精0.02千克、料酒0.1千克、酱油0.2千克、糖0.015千克、大葱0.12千克、姜0.03千克、花椒0.015千克、八角0.015千克、小茴香0.02千克，鲜汤适量

营/养/价/值

驴肉的营养极为丰富，每100克驴肉含蛋白质18.6克，还含有钙、磷、铁及人体所需的多种氨基酸。中医则认为驴肉的功效一是补气养血，用于气血不足者的补益；二是养心安神，用于心虚所致心神不宁的调养。

制作过程

1 将驴肉洗干净；线椒和美人椒洗干净，顶刀切圈；葱头去皮、去根，洗干净，切成小块；大葱、姜择洗干净，切段和片备用。

2 锅上火加水，放入葱段、姜片、精盐、花椒、八角、小茴香，开锅后放入驴肉煮至八成熟时，捞出待凉，切成长5厘米宽、2.5厘米的薄片备用。

3 锅上火，放油烧至四成热时，放入驴肉滑散，倒出控油备用。锅留底油，放入葱头片煸炒，炒出香味，再放入青红尖椒圈煸炒，烹入料酒、酱油，放入驴肉翻炒，加入精盐、味精，少许鲜汤，改小火收浓汁即可。

制作关键： 驴肉不要煮得太熟。

烤火鸡腿

主料： 火鸡腿25千克

调料： 精盐0.25千克、味精0.01千克、葱0.2千克、芹菜0.15千克、胡萝卜0.25千克、姜0.15千克，自制腌肉酱1千克

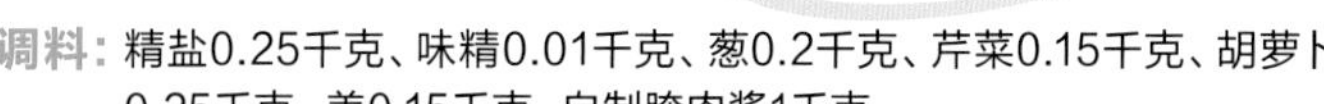

制作过程

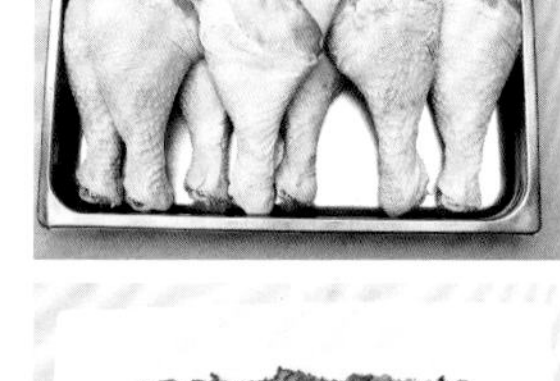

1 将火鸡腿洗干净，上面用刀剞开。葱、姜、芹菜、胡萝卜择洗干净，切段和片备用。

2 将剞开的火鸡腿放入盆中，放入精盐、味精、自制腌酱、芹菜、胡萝卜、葱段、姜片腌8个小时，腌至入味。

3 将腌好的火鸡腿放在烤盘上，送入烤箱内，用165℃的风力烤30分钟，烤至皮色酥脆取出，然后去骨，切成6厘米长、3厘米宽的片，放入盘中即可。

制作关键： 烤箱温度要控制好。

备注： 自制酱（蚝油、生抽、番茄酱、甜面酱、蜜汁烧烤酱）。

营/养/价/值

火鸡肉和其他肉类产品相比，其所含蛋白含量更高，但是热量和胆固醇是最少的；火鸡肉所含的脂肪是不饱和脂肪酸，不会导致血液中胆固醇量的增加；其次，火鸡肉的铁含量也相当高，对于生理期、妊娠期和受伤需调养的人而言，火鸡肉是供应铁质最佳的来源之一。

木耳美极菜花

特点：菜花脆香微辣

热菜

主料： 菜花10千克

配料： 水发木耳3千克、青尖椒2千克、红尖椒2千克

调料： 植物油3千克、精盐0.02千克、味精0.015千克、美极鲜酱油0.5千克、葱0.12千克、蒜0.05千克

制作过程

1 将菜花去根，掰成小朵洗干净；水发木耳去根，洗干净撕成小片，青、红尖椒去籽、去蒂，洗干净，切成菱形片；葱、蒜择洗干净，切末备用。

2 锅上火，放水烧开，放入木耳焯水，捞出后控水备用。

2 锅上火，放油烧至四成热时，放入菜花滑油，捞出控油。放入葱末、蒜末炒出香味，放入青、红尖椒片和木耳煸炒，放入滑过油的菜花，加精盐、味精、美极鲜酱油炒匀、炒熟即可。

制作关键： 一般菜花过水，此菜若过油，口感更佳。

营/养/价/值

菜花含有蛋白质、脂肪、磷、铁、胡萝卜素、维生素B_1、维生素B_2、维生素C和维生素A等。菜花含有抗氧化的微量元素。菜花的维生素C的含量极高，不但有利于人的生长发育，更重要的是能提高人体免疫功能。

热菜

清炒水晶菜

特点：清香爽口

主料： 水晶菜10千克

调料： 植物油0.2千克、精盐0.075千克、味精0.015千克、葱0.12千克、蒜0.02千克、香油少许

制作过程

1 将水晶菜去根，洗干净，切成4厘米长的段；葱、蒜择洗干净，切末备用。

2 锅上火，放水烧开，放入水晶菜焯水，捞出后控水备用。

3 锅上火，放油烧热，放入葱末、蒜末炒出香味，再放入水晶菜煸炒，加入精盐、味精炒匀炒熟，淋入香油即可。

制作关键： 水晶菜焯水时间不易过长。

营/养/价/值

此菜含矿物质丰富，富含维生素C和钙、磷、钾等多种矿物质，具有特殊的芳香味。经常食用可促进消化。

热菜

西芹银杏鲜百合

主料： 西芹10千克

配料： 鲜百合15袋、鲜银杏5袋

特点：色泽亮丽 口味咸香

调料： 植物油0.2千克、精盐0.02千克、味精0.015千克、糖0.01千克、葱0.15千克、水淀粉适量、鲜汤少许

制作过程

1 将西芹去根、去皮，洗干净，切成3厘米的菱形片；百合掰开，捡去烂瓣，洗干净；葱择洗干净，切末备用。

2 锅上火，放水烧开，先烫百合，再下西芹焯水捞出后过凉，控水备用。锅留余水，烧开后放入银杏煮熟，备用。

3 锅再次上火，放油烧热，放入葱末炒出香味，再放入西芹、百合、银杏煸炒，加入精盐、味精、少许鲜汤炒匀炒熟，用水淀粉勾芡均匀即可。

制作关键： 百合烫的时间不要过长。

营/养/价/值

西芹营养丰富，含蛋白质、粗纤维等营养物质以及钙、磷、铁等微量元素，还含有挥发性物质，有健胃、利尿、净血、调经、降压、镇静的作用。

香瓜炒虾仁

特点：清脆鲜香 滑嫩可口

主料： 虾仁5千克

配料： 香瓜13千克

调料： 植物油4千克、精盐0.075千克、味精0.02千克、葱0.12千克、姜0.015千克、蒜0.02千克、鸡蛋清6个、水淀粉适量

制作过程

1 将虾仁去虾线，洗干净，放入精盐、蛋清、淀粉上浆备用。香瓜去籽，洗干净，切成小菱形块。葱、姜、蒜择洗干净，切末备用。

2 锅上火，放水烧开，撒入少许精盐，放入香瓜焯水，捞出控水备用。

3 锅上火放油，烧至三成热时，放入虾仁滑散滑熟，捞出控油备用。锅留少许底油，放入葱末、姜末、蒜末炒出香味，放入香瓜翻炒，加入精盐、味精、虾仁炒匀炒熟，用水淀粉勾芡均匀即可。

制作关键： 虾仁滑油时，油温不要太高。

营/养/价/值

虾营养丰富，蛋白质含量是鱼、蛋、奶的几倍到几十倍，还含有丰富的钾、碘、镁、磷等矿物质及维生素A、氨茶碱等成分，且其肉质松软，易消化，对身体虚弱以及病后需要调养的人是极好的食物。香瓜营养丰富，可补充人体所需的能量及营养素。香瓜含大量碳水化合物及柠檬酸等，且水分充沛，可消暑清热、生津解渴、除烦；香瓜中的转化酶可将不溶性蛋白质转变成可溶性蛋白质，能帮助肾脏病人吸收营养。

热菜

彩色蛋卷

原料：鸡蛋15个、鸡脯肉1.5千克、菠菜汁0.5千克、金瓜汁0.5千克、紫菜0.5千克（20张）、盐0.02千克、味精0.005千克、葱0.02千克、姜0.02千克，油和水各适量

营/养/价/值

此菜中蛋白质的含量较高，氨基酸种类多，而且消化率高，很容易被人体吸收利用，有增强体力、强壮身体的作用；此菜含有对人体生长发育有重要作用的磷脂类，是中国人膳食结构中脂肪和磷脂的重要来源之一。对营养不良、畏寒怕冷、乏力疲劳、月经不调、贫血、虚弱等症状有很好的食疗作用。

制作过程

1 先将鸡蛋加入盐和少许淀粉搅成糊，起锅上火，将鸡蛋糊摊成鸡蛋皮。

2 将鸡脯肉用绞肉机搅成鸡蓉，加入盐和葱姜水、鸡蛋清搅匀后一分两份：一份加入菠菜汁搅匀；一份加入金瓜汁搅匀。

3 将鸡蛋饼铺开摊好，抹上菠菜汁、鸡蓉，抹匀后卷成卷。

4 将紫菜摊好铺平，抹上金瓜汁、鸡蓉摊均匀卷成卷，用湿布分别将两种不同颜色的蛋卷包好，上屉蒸7分钟即可取出，放在盘中用一个较重的物体压2个小时，晾凉后顶刀切片，码放在盘中，用香菜叶和红椒点缀即可。

椒盐鸵鸟肉

原料：鸵鸟肉（人工养殖）1.5千克、葱段0.02千克、姜片0.02千克、盐0.02千克、味精0.005千克、胡椒粉0.005千克、花椒0.005千克、大料0.005千克、料酒0.01千克、花椒盐0.01千克、面粉0.05千克、淀粉0.8千克，水适量、油适量

营/养/价/值

鸵鸟肉含有多种人体必需的氨基酸，具有“五高三低”的特点，即高蛋白、高铁、高钙、高硒、高锌、低脂肪、低胆固醇、低热量，是鸟类中唯一的纯红肌肉。因为鸵鸟以青菜和野草为主食，饲料中不含任何添加剂，无任何抗生激素和药物残留，所以鸵鸟肉是讲究美食，追求绿色健康的理想肉食品，也是高血压、心脏病、高血脂、动脉硬化、患者的最佳保健食品，还被有关专家称为天然钙中钙，鸵鸟肉这一绿色健康食品满足了当今人们追求高质量生活的需求。

制作过程

1 先将鸵鸟肉切片洗净，用葱、姜、盐、大料、味精、花椒、料酒腌3～4小时。

2 将面粉和淀粉加入水和油、盐搅成糊状。

3 起锅、上火，加入油，油温五成热时，将肉片挂糊炸至两面金黄色即可。食用时撒上花椒盐装盘。

凉拌黄瓜花

咸鲜脆嫩

原料： 黄瓜花3千克、蒜蓉0.05千克、盐0.015千克、味精0.005千克、香油0.015千克、花椒油0.015千克

制作过程

将黄瓜花择洗干净，沥干水分，倒入盆中加入盐、味精、蒜蓉、香油、花椒油拌均匀即可装盘。

营/养/价/值

此菜含有蛋白质、脂肪、糖类，多种维生素、纤维素以及钙、磷、铁、钾、钠、镁等丰富的成分。尤其是粗纤维素，可以降低血液中胆固醇、甘油三酯的含量，促进肠道蠕动，加速废物排泄，改善人体新陈代谢。新鲜黄瓜中含有的丙醇二酸，还能有效地抑制糖类物质转化为脂肪。

泡渍三色萝卜

原料： 白萝卜1.5千克、胡萝卜1千克、心里美萝卜1.5千克、干红辣椒0.25千克、生姜0.2千克、盐0.6千克、花椒0.1千克、高粱白酒0.6千克、香油0.01千克

色泽美观
酸咸辣香 爽脆可口

制作过程

将白萝卜、胡萝卜、心里美萝卜全部洗净切成小块，晾晒两天去掉水分，半干时将所有菜料全部放入泡菜坛中搅均匀，卤水浸泡全部菜料，盖上坛盖，沿坛边注入适量水，夏天泡2～3天，冬天泡4～5天，即可食用装盘。用香菜叶点缀，淋上香油即可。

营/养/价/值

此菜具有增强机体免疫功能、帮助消化、促进新陈代谢的功效。常吃萝卜可降低血脂。

第六周

星期四

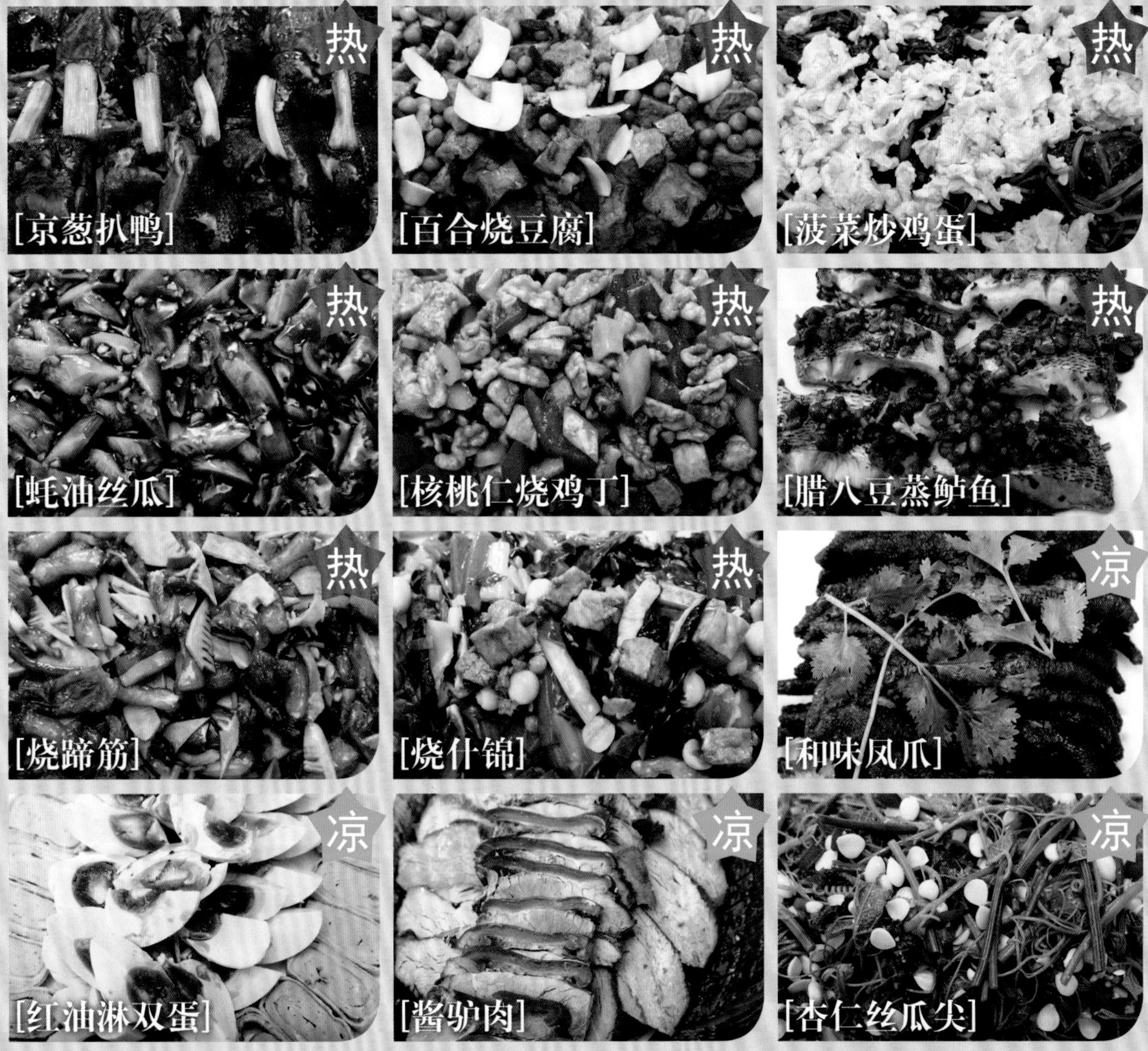
热
[京葱扒鸭]
热
[百合烧豆腐]
热
[菠菜炒鸡蛋]
热
[蚝油丝瓜]
热
[核桃仁烧鸡丁]
热
[腊八豆蒸鲈鱼]
热
[烧蹄筋]
热
[烧什锦]
凉
[和味凤爪]
凉
[红油淋双蛋]
凉
[酱驴肉]
凉
[杏仁丝瓜尖]

星期四

热菜

- 京葱扒鸭
- 百合烧豆腐
- 菠菜炒鸡蛋
- 蚝油丝瓜
- 核桃仁烧鸡丁
- 腊八豆蒸鲈鱼
- 烧蹄筋
- 烧什锦

凉菜

- 和味凤爪
- 红油淋双蛋
- 酱驴肉
- 杏仁丝瓜尖

京葱扒鸭

主料： 白条鸭20只

配料： 油菜5千克、京葱5千克、新鲜排骨5千克

调料： 植物油5千克、绍酒0.25千克、精盐0.08千克、酱油0.15千克、味精0.015千克、白糖0.15千克、糖色0.2千克、水淀粉和香油少许

制作过程

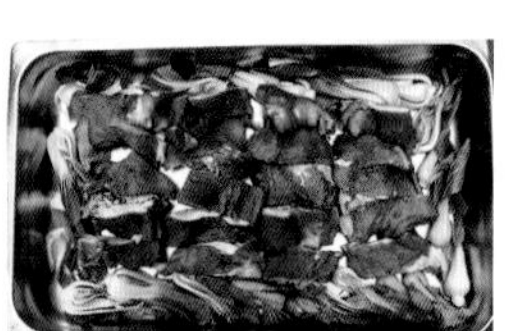

1 将白条鸭去头，去尾尖，从背部劈开洗干净；油菜去外面的老叶，切两半洗干净；排骨剁成大块洗干净；京葱择洗干净，切成4厘米长的段备用。

2 将鸭身用少许酱油抹匀，锅上火放油，烧至六成热时，放入炸成金黄色，捞出后控油备用。

3 锅上火放油，放入葱段炸香，放入开水、绍酒、白糖、精盐、味精，开锅后放入排骨，鸭子放在排骨上面，加盖焖1个小时左右捞出。

4 将捞出的鸭折去骨头，剁成宽3厘米的条，皮朝上码入整盘中，加入汤，上笼蒸30分钟，拿出倒出汤汁。锅上火，放油烧热，放入葱和油菜煸炒，加入精盐、味精炒熟放入盘中，把鸭条放在油菜上面，把汤汁倒入锅中。开锅后用水淀粉勾芡均匀，香油淋在上面即可。

制作关键： 鸭子要蒸烂入味。

营/养/价/值

鸭肉中的脂肪酸熔点低，易于消化，所含B族维生素和维生素E较其他肉类多。鸭肉中含有较为丰富的烟酸，它是构成人体内两种重要辅酶的成分之一。

百合烧豆腐

主料：豆腐10千克

配料：百合15袋、青豆3袋、枸杞子0.01千克

调料：植物油4千克、精盐0.075千克、味精0.015千克、鲜汤1.5千克、酱油0.2千克、葱0.15千克、蒜0.03千克，水淀粉适量

营/养/价/值

豆腐能够补充人体营养、帮助消化、促进食欲，其中的钙质等营养物质对牙齿、骨骼的生长发育十分有益，能够辅助治疗骨质疏松症，而其中的铁质对人体造血功能大有裨益。

制作过程

1 将豆腐切成1.5厘米见方的块；葱、蒜择洗干净，切末；百合掰开，择去外面的烂瓣，洗干净；枸杞子用温水泡开，备用。

2 锅上火，放油烧至六成热时，放入豆腐炸至金黄色，捞出控油备用。

3 锅上火，放水烧开，放入百合烫一下捞出，锅留少许余水，放入青豆煮熟备用。

4 锅上火，放油，放入葱末、蒜末炒出香味，放入酱油、鲜汤、精盐，倒入豆腐。开锅后，改小火慢烧，烧至15分钟后放入味精、百合、青豆、枸杞子，待汤汁收浓时，用水淀粉勾芡均匀即可。

制作关键：豆腐要烧透，百合、青豆不要放得太早。

菠菜炒鸡蛋

特 点
咸鲜适口
香味浓郁

主料：鸡蛋5千克

配料：菠菜10千克

调料：植物油0.25千克、精盐0.02千克、味精0.02千克、葱0.12千克、蒜0.03千克、香油少许

营/养/价/值

菠菜含有丰富维生素C、胡萝卜素、蛋白质，以及铁、钙、磷等矿物质，具有通肠导便、促进生长发育、增强抗病能力之功效。鸡蛋中的蛋白质对肝脏组织损伤有修复作用。蛋黄中的卵磷脂可促进肝细胞的再生。鸡蛋的卵磷脂、甘油三酯、胆固醇和卵黄素，对神经系统和身体发育有很大的作用。

制作过程

1 将菠菜去根，择去黄叶，洗干净，切成4厘米长的段；葱、蒜择洗干净切末，鸡蛋打碎放入盆中，搅成蛋液备用。

2 锅上火，放油烧热，倒入打好的蛋液，炒熟倒出备用。

3 锅上火，放水烧开，放入菠菜焯水，捞出控水备用。

4 锅上火，放油烧热，放入葱末、蒜末炒出香味，倒入菠菜翻炒，放入精盐、味精炒匀，放入炒好的鸡蛋，翻炒均匀，淋入香油即可。

制作关键：菠菜焯水不要太长，炒鸡蛋的时候，要掌握好油温。

蚝油丝瓜

特点：鲜咸味美

主料：丝瓜15千克

调料：植物油0.15千克、精盐0.02千克、味精0.015千克、蚝油0.2千克、蒜0.15千克，水淀粉适量

制作过程

1 将丝瓜刮皮，洗干净，切成2.5厘米长的坡刀片；蒜去皮，洗干净，剁成蓉备用。

2 锅上火，放水烧开，倒入丝瓜焯水，捞出后过凉，控水备用。

3 锅上火，放油烧热，放入葱末、蒜末炒出香味，放入蚝油，倒入丝瓜翻炒，放入精盐、味精翻炒，用水淀粉勾芡均匀即可。

制作关键：丝瓜易出汤，炒的时候要控干，要快。

营/养/价/值

丝瓜中含有蛋白质、脂肪、碳水化合物、粗纤维、钙、磷、铁、瓜氨酸以及核黄素等B族维生素、维生素C，还含有人参中所含的成分——皂苷，是夏秋之家常蔬菜。中医认为，丝瓜味甘，性凉，无毒，有清热利肠、凉血解毒、活络通经、解暑热、消烦渴、祛风化痰、行血脉、下乳汁、杀虫等功效，是夏日保健的佳品。

核桃仁烧鸡丁

主料：鸡腿肉8千克

配料：鲜核桃仁3千克、黄彩椒2千克、红彩椒2千克

特点：鸡丁鲜嫩 桃仁酥脆

调料：植物油4千克、精盐0.075千克、味精0.02千克、料酒0.15千克、酱油0.1千克、鸡蛋清5个、淀粉0.25千克、葱0.15千克、姜0.03千克、蒜0.015千克

制作过程

1 将鸡腿肉洗干净，切成1.5厘米的丁，用精盐、料酒、鸡蛋清、淀粉上浆，葱、姜、蒜择洗干净，切末备用。

2 锅上火，放水烧开，放入鲜桃仁和彩椒焯水焯透，捞出过凉后控水备用。

3 锅上火，放油，烧至四成热时，放入鸡丁滑散、滑熟，捞出后控油备用。

4 锅再次上火，放油烧热，放入葱、姜、蒜末炒出香味，烹入料酒，放入鲜核桃仁和彩椒煸炒，放入精盐、酱油、味精和鸡丁翻炒，炒匀炒熟，用水淀粉勾芡即可。

制作关键：鸡丁滑油要掌握好油温，勾芡不要太稠。

营/养/价/值

鸡腿肉中蛋白质的含量比例较高，种类多，很容易被人体吸收，有增强体力、强壮身体的作用。鸡肉含有对人体生长发育有重要作用的磷脂类，是中国人膳食结构中脂肪和磷脂的重要来源之一。鸡肉对营养不良、畏寒怕冷、乏力疲劳、月经不调、贫血、虚弱等症状有很好的食疗作用。

腊八豆蒸鲈鱼

主料： 鲈鱼15千克

配料： 腊八豆13瓶、香葱0.5千克

调料： 植物油0.15千克、精盐0.03千克、味精0.015千克、料酒200克、葱0.15克、姜0.03千克

制作过程

1. 将鲈鱼刮鳞、开膛，去鳃、去内脏，洗干净，去头、去尾后切成5厘米宽的块，上面剞一字花刀。香葱择洗干净，切末备用。

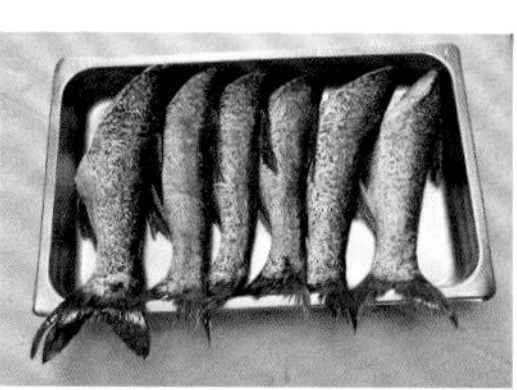

2. 将鲈鱼用精盐、料酒、葱段、姜片腌渍入味，摆入蒸盒里面，撒入腊八豆，放入蒸箱蒸15分钟取出，上面撒入香葱末。

3. 锅上火，放油烧热，淋在蒸好的鲈鱼上面即可。

制作关键： 蒸的时候要掌握好时间。

营/养/价/值

鲈鱼富含蛋白质、维生素A、B族维生素、钙、镁、锌、硒等营养元素；具有补肝肾、益脾胃、化痰止咳之功效，对肝肾不足的人有很好的补益作用；鲈鱼还可治胎动不安、产生少乳等症，准妈妈和产妇吃鲈鱼既补身，又不会造成营养过剩。鲈鱼是健身补血、健脾益气和益体安康的佳品；鲈鱼血中还有较多的铜元素，铜能维持神经系统的正常的功能并参与数种物质代谢的关键酶的功能发挥，铜元素缺乏的人可食用鲈鱼来补充。

烧蹄筋

主料： 水发牛蹄筋5千克

配料： 冬笋3千克、青尖椒2千克、红尖椒2千克

调料： 植物油0.2千克、精盐0.075千克、浓缩鸡汁0.015千克、鲜汤1.5千克、酱油0.2千克、大葱0.25千克、蒜0.05千克、姜0.015千克、料酒0.15克，水淀粉适量

制作过程

1. 将蹄筋洗干净，每根切4厘米长的条；冬笋去皮，洗干净，切成梳子刀片；青、红尖椒去籽、去蒂，洗干净，切成4厘米长的条；葱、姜、蒜择洗干净，分别切成段和片备用。

2. 锅上火，放水烧开，放入冬笋片和青、红尖椒条焯水，捞出后控水备用。

3. 锅上火，放油烧热，放入葱段、姜片和蒜片炒香，放入冬笋片、青红尖椒条煸炒，烹入料酒、酱油，加入鲜汤、浓缩鸡汁、精盐、味精，放入蹄筋。开锅后，改小火慢烧，烧至蹄筋入味收汁，用水淀粉勾芡均匀，淋明油即可。

制作关键： 此菜火候不要大，小火慢烧。

营/养/价/值

蹄筋中含有丰富的胶原蛋白质，脂肪含量也比肥肉低，并且不含胆固醇，能增强细胞生理代谢，使皮肤更富有弹性和韧性；能延缓皮肤的衰老，有强筋壮骨之功效；对腰膝酸软、身体瘦弱者有很好的食疗作用；有助于青少年生长发育和减缓中老年妇女骨质疏松的速度。

烧什锦

主料：西芹3千克、莲子2千克、香菇2千克、胡萝卜4千克、紫甘蓝3千克、油炸豆腐丁1千克

调料：植物油0.2千克、精盐0.075千克、味精0.015千克、白糖0.015千克、清汤0.15千克、葱0.12千克、蒜0.05千克，水淀粉适量

制作过程

1 将西芹、胡萝卜、紫甘蓝、香菇分别去皮、去根，去外面的老叶，择洗干净，切成宽1厘米、长3.5厘米的条；莲子去蕊，用温水泡开，葱、蒜去皮，洗干净，切末备用。

2 锅上火，放水烧开，分别放入西芹、胡萝卜、紫甘蓝、香菇焯水焯透，捞出过凉后控水备用。锅留少许余水，放入莲子煮熟备用。

3 锅上火，放入清汤、精盐、味精，开锅后放入油炸豆腐丁，煨入味倒出备用。

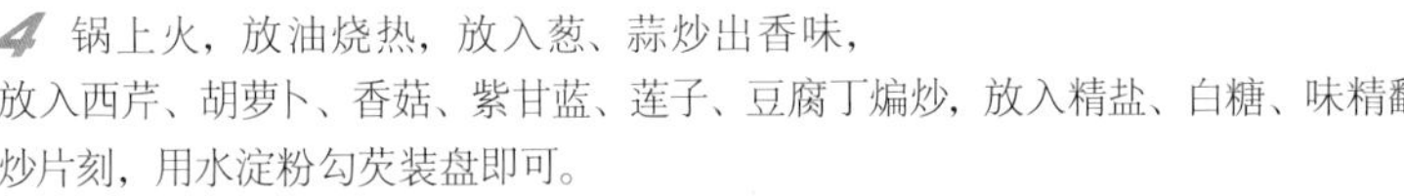

4 锅上火，放油烧热，放入葱、蒜炒出香味，放入西芹、胡萝卜、香菇、紫甘蓝、莲子、豆腐丁煸炒，放入精盐、白糖、味精翻炒片刻，用水淀粉勾芡装盘即可。

制作关键：此菜焯水时要分开，勾芡要均匀，不要太厚。

营/养/价/值

西芹营养丰富，富含蛋白质、碳水化合物、矿物质及多种维生素等营养物质，还含有芹菜油，是一种保健蔬菜。胡萝卜含有大量胡萝卜素，有补肝明目的作用。

热菜

和味凤爪

色泽红亮
口味咸香

原料： 肉鸡脚（凤爪）4千克、葱段0.02千克、姜片0.02千克、豆豉0.2千克、蒜蓉0.05千克、干辣椒0.005千克、高汤适量、水适量、耗油0.02千克、糖0.01千克、鸡精0.02千克、酱油0.05千克、香醋0.5千克、大料0.005千克、花椒0.005千克、料酒0.05千克，香菜叶少许。

制作过程

1 先将鸡脚洗干净，剪去脚指甲焯水，涂上香醋。

2 起锅、上火、放油，将鸡脚炸至皮膨胀时捞出。

3 锅内留底油，下入葱、姜、大料、花椒、豆豉、蒜蓉炒香后下入料酒、盐、酱油、高汤和水、干辣椒，最后放入鸡脚烧至酥烂倒出，晾凉后即可装盘，用香菜叶点缀。

营/养/价/值

鸡爪富含脂肪及胶原蛋白，多吃不但能软化血管，同时具有美容功效。

红油淋双蛋

乳白褐红黄绿
绚丽悦目 清香爽口

原料： 咸鸭蛋20个、鸡蛋15个、菠菜汁0.2千克、鸡蓉0.6千克、辣椒油0.02千克、盐0.005千克、葱0.02千克、姜0.02克、味精0.005千克

制作过程

1 先将咸鸭蛋洗干净，蘸上一层高度白酒，然后再蘸上一层盐，放进坛子中，用保鲜膜把口封严，放在阴凉干燥处，一个月后将其煮熟即可。

2 将鸡蛋打在盆子中，加入盐搅拌均匀制成蛋糊。起锅、上火、抹少许油，将鸡蛋糊摊成鸡蛋皮。

3 在鸡蓉中加入菠菜汁、盐和葱姜水搅均匀。

4 将鸡蛋皮铺好，上层抹一层鸡蓉摊均匀，卷成卷依次做完后，上屉蒸7分钟取出。晾凉后改刀切片，码放在盘子周围。

5 将煮熟的咸鸭蛋去皮，一个鸭蛋切成四瓣，码放在盘子中间，淋上红油即可。

营/养/价/值

鸭蛋含有蛋白质、磷脂、维生素A、维生素B_2、维生素B_1、维生素D、钙、钾、铁、磷等营养物质。中医认为，鸭蛋味甘、咸，性凉；有大补虚劳、滋阴养血、润肺美肤的功效。

酱驴肉

特点：颜色油亮　肉烂味香

原料： 驴肉4千克、葱段0.05千克、姜片0.05千克、盐0.05千克、味精0.005千克、黄酱0.04千克、酱油0.1千克、料酒0.04千克、桂皮0.02千克、花椒0.01千克、大料0.01千克、香菜叶少许、黄瓜1根、红樱桃4个、白糖0.05千克、花生油0.1千克、干辣椒0.01千克、香油少许、酱汤5千克

制作过程

1 先将驴肉洗净，切成大块，焯水去净浮沫，捞出后过凉沥水。

2 起锅、上火，放油少许，下入葱段、大料、桂皮、花椒、干辣椒、料酒、黄酱、酱汤和水、盐、味精、白糖，下入驴肉。开锅后改小火烧两个小时，待肉酥烂时捞出晾凉切片，码放在盘子中间。

3 将黄瓜切成梳子花刀，摆放在盘子周围，用红樱桃点缀即可。

营/养/价/值

驴肉的营养极为丰富，每100克驴肉含蛋白质18.6克，还含有碳水化合物、钙、磷、铁及人体所需的多种氨基酸。中医则认为驴肉的功效有两个：一是补气养血，用于气血不足者的补益；二是养心安神，用于心虚所致心神不宁的调养。

杏仁丝瓜尖

特点：色泽鲜艳　清凉爽口

原料： 杏仁0.5千克、丝瓜尖2.5千克、红尖椒0.05千克、蒜蓉0.05千克、盐0.01千克、味精0.005千克、香葱油0.01千克、香油0.01千克

制作过程

1 先将丝瓜尖洗干净，红尖椒切粒。

2 起锅、上火，分别将丝瓜尖、红尖椒粒和杏仁焯水过凉，沥干水分倒入盆中，加入盐、味精、蒜泥、葱油、香油拌均匀即可装盘。

营/养/价/值

杏仁富含蛋白质、脂肪、糖类、胡萝卜素、B族维生素、维生素C、维生素P以及钙、磷、铁等营养成分。杏仁能止咳平喘，润肠通便。丝瓜中含有蛋白质、脂肪、碳水化合物、粗纤维、钙、磷、铁、瓜氨酸以及核黄素等B族维生素、维生素C，还含有人参中所含的成分——皂苷。

第六周

星期五

热
[白菜红枣炖肉]
热
[炒茄丁]
热
[佛手瓜炒鸡蛋]
热
[炒鳝鱼丝]
热
[干锅鸭舌]
热
[韭薹炒豆腐丝]
热
[柠檬蒸鲜虾]
热
[清炒高山嫩豆苗]
凉
[枸杞穿心莲]
凉
[椒盐土豆丝]
凉
[麻辣牛肉]
凉
[水晶虾仁]

星期五

热菜

- 白菜红枣炖肉
- 炒茄丁
- 佛手瓜炒鸡蛋
- 炒鳝鱼丝
- 干锅鸭舌
- 韭薹炒豆腐丝
- 柠檬蒸鲜虾
- 清炒高山嫩豆苗

凉菜

- 枸杞穿心莲
- 椒盐土豆丝
- 麻辣牛肉
- 水晶虾仁

白菜红枣炖肉

主料：五花肉10千克

配料：红枣2千克、大白菜7.5千克

调料：植物油0.2千克、精盐0.075千克、味精0.03千克、葱0.12千克、姜0.1千克、料酒0.15千克、胡椒粉0.015千克、花椒0.01千克、桂皮0.01千克、大料0.01千克、白糖0.5千克、酱油0.25千克

制作过程

1 将五花肉刮洗干净，切成2.5厘米见方的块。大白菜去根，择洗干净，切成3厘米的块，红枣用温水泡开；葱、姜择洗干净，切段和片备用。

2 锅上火，放水烧开，把切好的五花肉放入锅中焯水，焯透后捞出，控水备用。

3 锅上火，放少许油，放入白糖烧糖色。炒好后，放入花椒、大料、桂皮、葱、姜炒出香味，倒入焯完水的五花肉和红枣煸炒，烹入料酒、酱油，把肉炒上色，加热水、精盐大火烧开，改小火炖60分钟，炖熟捞出，放入盘中。

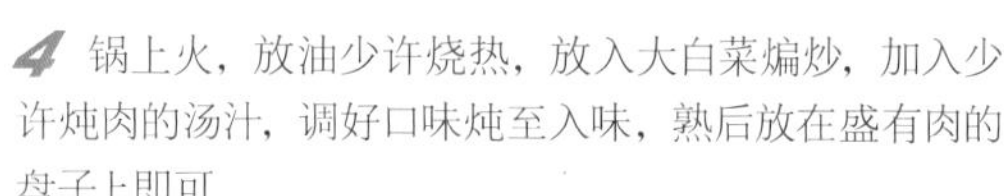

4 锅上火，放油少许烧热，放入大白菜煸炒，加入少许炖肉的汤汁，调好口味炖至入味，熟后放在盛有肉的盘子上即可。

制作关键：糖色不要炒煳，大白菜不要炖得太烂。

营/养/价/值

五花肉含有丰富的优质蛋白和必需的脂肪酸，并提供血红素（有机铁）和促进铁吸收的半胱氨酸，能改善缺铁性贫血。五花肉营养丰富，容易吸收，有补充皮肤养分、美容的效果。白菜含有丰富的粗纤维，不但能起到润肠、促进排毒的作用，又能刺激肠胃蠕动，促进大便排泄，帮助消化。白菜中含有丰富的维生素C、维生素E，多吃白菜，可以起到很好的护肤和养颜效果。

炒茄丁

主料： 茄子15千克

配料： 青椒5千克、五花肉1千克

调料： 植物油0.2千克、精盐0.075千克、味精0.02千克、酱油0.15千克、料酒0.1千克、葱0.15千克、姜0.03千克、蒜0.05千克、水淀粉适量

营/养/价/值

茄子含有蛋白质、脂肪、维生素以及钙、磷、铁等多种营养成分。

制作过程

1 将茄子刮皮，洗干净，切成1.5厘米宽的丁；青椒洗干净，切成和茄子一样的丁；五花肉洗干净，切成宽1厘米的丁；葱、姜、蒜择洗干净，切末备用。

2 锅上火，放水烧开，把茄丁放入焯水，断生捞出，控水备用。

3 锅上火，放油烧热，放入五花肉丁煸炒，烹入料酒、酱油，放入葱、姜、蒜末炒出香味时，倒入青椒煸炒片刻，再放入茄丁煸炒，放入精盐、味精炒匀、炒熟，用水淀粉勾芡均匀即可。

制作关键： 茄子焯水要掌握好时间。

佛手瓜炒鸡蛋

主料： 鸡蛋5千克

配料： 佛手瓜10千克、红尖椒1千克

调料： 植物油0.2千克、精盐0.075千克、味精0.015千克、葱0.15千克、蒜0.03千克、香油少许

营/养/价/值

鸡蛋中含有丰富的DHA和卵磷脂等，对神经系统和身体发育有很大的作用。佛手瓜还含有丰富的矿物元素，如钾、钠、钙、镁、锌、磷、铁、锰、铜等。

制作过程

1 将佛手瓜去籽，洗干净，切成0.3厘米厚的薄片。红尖椒去籽，洗干净，切成1.5厘米宽的菱形片。鸡蛋打散，放入盆中搅成蛋液。葱、蒜去皮，洗干净，切末备用。

2 锅上火，放水烧开，放入佛手瓜焯水，捞出过凉，控水备用。

3 锅上火，放油烧热，放入搅好的蛋液，炒熟炒散，倒出备用。

4 锅上火，放油烧热，放入葱末、蒜末炒出香味，下入佛手瓜和红尖椒片煸炒，放入精盐、味精炒匀，再倒入炒好的鸡蛋，翻炒均匀，淋上香油即可。

制作关键： 炒鸡蛋要掌握好火候，不宜太大。

炒鳝鱼丝

主料：活鳝鱼8千克

配料：冬笋丝、香菜0.5千克、红尖椒2千克

调料：植物油4千克、精盐0.075千克、味精0.05千克、酱油0.15千克、醋0.05千克、葱0.15千克、蒜0.5千克、胡椒粉10袋、水淀粉0.5千克、鲜汤1千克、料酒0.15千克

特点 鲜香味美 鳝鱼丝软嫩

制作过程

1 将活鳝鱼宰杀放血，将鳝鱼去骨、去内脏，选净肉斜刀切成长3厘米的丝，用水淀粉上浆；香菜去根，择洗干净，切成长4厘米的段；红尖椒去籽，洗干净，切成4厘米长的丝；葱、蒜择洗干净，切末和片备用。

2 锅上火，放水烧开，放入冬笋丝焯水，捞出过凉后控水。锅再次上火，放入鲜汤，放入精盐、味精，把笋丝倒入煨入味备用。

3 锅上火放油，烧至五成热时，把鳝鱼丝放入滑油、滑散，捞出控油备用。

4 锅再次上火，放油烧热，放葱末、姜片炒出香味，烹入料酒、酱油，放入笋丝、尖椒丝煸炒，放入精盐、味精、鳝鱼丝翻炒，炒匀炒熟，最后放入醋、胡椒粉、香菜段，淋入香油即可。

制作关键：鳝鱼丝滑油时，油温不要太高。

营/养/价/值

鳝鱼中含有丰富的DHA和卵磷脂，它是构成人体各器官组织细胞膜的主要成分。经常摄取卵磷脂，记忆力可以提高20%。故食用鳝鱼肉有补脑健身的功效。它所含的特种物质——鳝鱼素，能降低血糖和调节血糖，加之所含脂肪极少，因而是糖尿病患者的理想食品。鳝鱼含有的维生素A量高得惊人。维生素A可以增进视力，促进皮膜的新陈代谢。

热菜

热菜

干锅鸭舌

特点：香辣可口 咸香味美

主料： 鸭舌10千克

配料： 美人椒2千克、线椒3千克、莲藕3千克

调料： 植物油0.2千克、精盐0.15千克、味精0.015千克、料酒0.1千克、酱油0.05千克、大葱0.15千克、姜0.03千克、花椒0.015千克、八角0.015千克、小茴香0.01千克、鲜汤适量

营/养/价/值

鸭舌富含蛋白质、脂肪、碳水化合物、烟酸、维生素、胆固醇、钙、磷、锌等，具有健脾开胃、调理便秘之功效。

制作过程

1 将鸭舌洗干净。美人椒、线椒去籽，洗干净，顶刀切圈。莲藕刮皮，洗干净，切成4厘米长、1厘米宽的条。葱、姜择洗干净，切段和片备用。

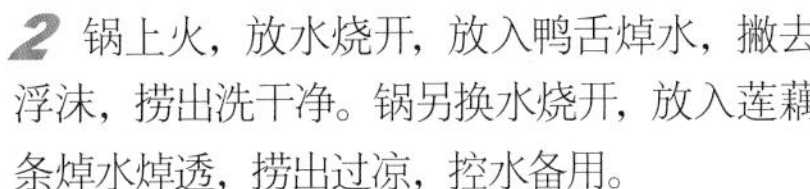

2 锅上火，放水烧开，放入鸭舌焯水，撇去浮沫，捞出洗干净。锅另换水烧开，放入莲藕条焯水焯透，捞出过凉，控水备用。

3 锅上火，放入鲜汤、葱段、姜片、花椒、八角、小茴香、酱油、料酒、精盐。开锅后，放入鸭舌，小火煮熟入味，捞出备用。

4 锅上火，放油烧热，放入青、红椒圈，莲藕条煸炒，烹入料酒、酱油，放入鸭舌、少许鲜汤，开锅后转小火待收浓汤汁出锅即可。

制作关键： 鸭舌煮的时候不宜太长，炒的时候火候不宜太小。

热菜

韭薹炒豆腐丝

主料： 豆腐皮5千克

配料： 韭薹10千克、红尖椒1千克

调料： 植物油0.2千克、精盐0.075千克、味精0.015千克、葱0.12千克、蒜0.03千克、香油少许

营/养/价/值

中医理论认为，豆腐皮性平味甘，有清热润肺、止咳消痰、养胃、解毒、止汗等功效。豆腐皮营养丰富，蛋白质、氨基酸含量高。据现代科学测定，含有铁、钙、钼等人体所必需的多种微量元素。儿童食用能提高免疫能力，促进身体和智力的发展。老年人长期食用可延年益寿。孕妇产后期间食用既能快速恢复身体健康，又能增加奶水。豆腐皮还有易消化、吸收快的优点，是一种妇、幼、老、弱皆宜的食用佳品。

制作过程

1 将豆腐皮切成长4厘米的丝；韭薹择取尾部老根；红尖椒去籽，洗干净，切成和豆腐皮一样的丝；葱、蒜去皮，择洗干净，切末备用。

2 锅上火，放油烧热。放入葱末、蒜末炒香，下入尖椒丝、韭薹翻炒，放入精盐、味精，放入豆腐丝煸炒，炒匀炒透，淋入香油搅拌均匀即可。

制作关键： 韭薹要炒熟，做此菜火候不宜太旺。

柠檬蒸鲜虾

主料： 鲜活虾10千克

配料： 柠檬2.5千克

调料： 精盐0.1千克、味精0.02千克、绍酒0.05千克、葱0.25千克、姜0.05千克

制作过程

1 将柠檬洗干净，切成薄片，铺于盘中；葱、姜择洗干净切段和片，鲜虾洗干净，加入精盐、味精、绍酒、葱、姜腌渍30分钟备用。

2 把柠檬铺在盘子上面，把腌渍好的虾放在上面，然后放入蒸箱蒸5分钟取出即可。

制作关键： 蒸虾的时候必须用旺火，这样，虾肉才会鲜嫩。

营/养/价/值

虾营养极为丰富，蛋白质含量是鱼、蛋、奶的几倍到几十倍，还含有丰富的钾、碘、镁、磷等矿物质及维生素A、氨茶碱等成分，且其肉质和鱼一样松软，易消化，不失为老年人食用的营养佳品，对健康极有裨益；对身体虚弱以及病后需要调养的人也是极好的食物。镁对心脏活动具有重要的调节作用，能很好地保护心血管系统。虾中含有丰富的镁，经常食用可以补充镁的不足。虾的通乳作用较强，并且富含磷、钙，这些物质对小儿、孕妇有益。

清炒高山嫩豆苗

主料： 高山嫩豆苗15千克

调料： 植物油0.15千克、精盐0.02千克、味精0.015千克、葱0.12千克、蒜0.03千克、香油少许

制作过程

1 将嫩豆苗择去老梗，洗干净，切成4厘米的段；葱、蒜择洗干净，切段备用。

2 锅上火，放水烧开，放入嫩豆苗焯水，捞出过凉后控水备用。

3 锅上火，放油烧热，放入葱末、蒜末炒出香味。放入嫩豆苗煸炒，加精盐、味精炒匀炒熟，淋入香油即可。

制作关键： 豆苗焯水不要太长，捞出要过凉，控干水再炒。

营/养/价/值

此菜除了含有B族维生素、维生素C和胡萝卜素，还含有抗坏血酸、核黄素等营养物质。

枸杞穿心莲

原料：穿心莲4千克、枸杞0.05千克、味精0.005千克、蒜蓉0.05千克、香油0.01千克、醋0.02千克

咸鲜可口
健脾补胃

营/养/价/值

穿心莲中含有多种营养成分，丰富的矿质元素和维生素及β胡萝卜素。穿心莲中含有多种氨基酸。中医认为，穿心莲具有味苦，性寒，具有清热解毒，利湿消肿的功效。

制作过程

1 先将枸杞用温水泡发。

2 将穿心莲择好洗干净。

3 起锅、上火、加入水，开锅后，将穿心莲倒入锅中，焯水捞出后沥干水分，倒入盆中加入枸杞、盐、味精、蒜蓉、醋和香油拌均匀即可装盘。

椒盐土豆丝

咸香爽脆

原料：土豆5千克、香菜叶0.03千克、红尖椒0.02千克、花椒盐0.03千克、油适量

营/养/价/值

土豆含有大量淀粉以及蛋白质、B族维生素、维生素C等，能促进脾胃的消化功能。土豆含有大量膳食纤维，能宽肠通便，帮助机体及时排泄代谢毒素。土豆同时又是一种碱性蔬菜，有利于体内酸碱平衡，中和体内代谢后产生的酸性物质，从而有一定的美容、抗衰老作用。

制作过程

1 先将土豆去皮，洗干净，切成细丝，再用清水洗干净，沥干水分。

2 起锅、上火、加入油，油温七成热时下入土豆丝，炸至金黄色时捞出控油。

3 将红尖椒洗干净，切丝；香菜洗净切段和炸好的土豆丝一起撒上花椒盐，拌均匀即可装盘。

麻辣牛肉

原料：牛腱子肉5千克、葱0.03千克、姜0.03千克、盐0.02克、味精0.005千克、白糖0.01千克、甜面酱0.1千克、桂皮0.02千克、大料0.01千克、花椒0.005千克、醋0.01千克、辣椒面0.05千克、花椒面0.02千克、香菜0.015千克，酱油适量、油适量

制作过程

1 先将牛腱子肉焯水，去掉浮沫，捞出过凉。

2 另起锅，加入老酱汤、葱段、姜片、水、盐、味精、花椒、大料、桂皮、酱油、甜面酱、白糖。水开后，下入牛肉，改小火至牛肉熟透捞出过凉，改刀切片放入盆中；葱切丝；香菜切段，也放入盆中，上面再撒上花椒面、辣椒面。

3 起锅、上火，放油烧热，将油浇在辣椒面和花椒面上，放入醋、糖、味精、盐拌均匀即可装盘。

营/养/价/值

牛肉含有丰富的蛋白质，氨基酸组成比猪肉更接近人体需要，能提高机体抗病能力，对生长发育及手术后、病后调养的人，在补充失血、修复组织等方面特别适宜。牛肉有补中益气、滋养脾胃、强健筋骨、化痰息风的功效。

水晶虾仁

原料：虾仁1.5千克、葱0.02千克、姜0.02千克、盐0.015千克、香菜叶0.01千克、味精0.005千克、猪皮肉2.5千克、水适量、香油0.01千克、胡椒粉0.005千克、料酒0.005千克、枸杞少许

制作过程

1 先将虾仁去虾线，洗干净，沥干水分，倒入盆中，加入盐、料酒、胡椒粉、味精和葱、姜腌渍两个小时。

2 将猪肉皮洗干净焯水，去掉肥油，将皮切成丝放入盆中，加入葱、姜、盐、味精和水，用保鲜膜封好，上屉蒸4个小时，用手捻一下汤汁，沾手即可取出，挑出葱、姜捞出肉皮，汤汁备用。

3 将虾仁焯水，沥干水分，倒入蒸好的汤汁中。晾凉后，改刀切片，码放在盘中，撒上香菜叶和泡好的枸杞，淋上香油即可。

备注：如果需要蘸汁吃的话，可将蒜蓉、辣椒油和醋兑成碗汁，根据不同的口味调制。

营/养/价/值

虾营养丰富，蛋白质含量是鱼、蛋、奶的几倍到几十倍，还含有丰富的钾、碘、镁、磷等矿物质及维生素A、氨茶碱等成分，且其肉质松软，易消化，对身体虚弱以及病后需要调养的人是极好的食物；含有丰富的镁，镁对心脏活动具有重要的调节作用，能很好地保护心血管系统，可减少血液中胆固醇的含量。

后记

食堂餐厅化是当今的趋势，但怎样让餐标保持平稳、平衡，这就要在成本控制上下功夫了。这里我们也为您想到了。

俗话说，“省下的就是挣下的”。咱们把菜的边角料、做豆腐的下脚料用好，那就是一笔不小的钱。食堂要懂得抠门一点儿，那可就省很多钱了。比如我们把芹菜叶和玉米面做成小吃、豆腐渣和白面混合成主食，用菠菜汁做鱼丸，用菜汁做花卷、烙饼，这么一来不光省了成本，这些花样还特别受大家欢迎。您瞧，既环保又绿色还低碳，多好！

现代人的饮食，已经从能吃饱上升至吃出健康、吃出营养了。所以我们在书里也处处提示。就说小凉菜吧，我们让它和宾馆、饭店有区别，很多凉菜都不放糖。我们还吸收了大众家常菜的互融优势，尽最大可能让蛋白质和碱性食品、粗纤维相互搭配融合。

书中有不少菜是我们在实践中不断研发创新的。比如由软炸虾仁和酥炸鱼片配成的“炸两样”；一改传统手法的“水煮鱼片”，等等。这些创新菜清淡可口、不辛辣、不油腻，很受大家欢迎。

自助餐的菜肴用料也都和大锅菜一样。只是自助餐的饭菜营养、做工要比大锅菜更精致些、讲究些。我从食材采购、食品安全和烹饪方法这三个方面讲一讲。

首先，大锅菜是为大众服务，人均消费不高，降低食材成本格外关键，要做到以下三点：一是大锅菜不能抢季节，刚上市的蔬菜不要选；二是少用叶菜，因为出成率低；三是要选带点肥的肉，大锅菜一般不太使用通脊肉，成本高，而且不香。

其次，要杜绝食品安全隐患。食堂要设置专门的食材检测部门，用细菌检测纸和仪器检测各类食材。除此之外，青菜现吃现炒、现吃现切。米饭在放入冰箱之前，先把米饭充分打散，使米饭中间的热量散发出来后，覆上保鲜膜，放入冰箱冷藏保存，第二天还可以正常食用。采购时要避开扁豆、芸豆等容易中毒的食材。

最后，大锅菜是很讲究烹饪方法的：一是大锅菜强调组合式烹饪方法，一口锅在一个流程内只能进行一种烹饪方法；二是菜肴的烹饪过程中，必须要采用一次性调味，因为锅大料多，分批次下入调料，不容易将调料均匀地分散开，造成菜肴的味道不匀；三是将温度较高的食材下入热锅中，缩短了加热时间，可使锅内温度迅速上升，产生锅气，烹出香气。四是用大锅做烧菜的时候，要在旺火收汁前，将锅内多余的汤汁捞出，留下一部分汤汁用来收汁即可；五是半荤半素菜，肉要提前加工。当炒制半荤半素的菜品时，肉一定要提前制熟，放到一边。当青菜炒至七成熟的时候，下入肉炒制，两者都刚刚熟，可以一次出锅。

在书中，我们一共为您准备了360道菜，按每周的菜谱编排，基本上够用了，很适合于机关、学校、部队及大型会议采用。

丛书的编写得到多位中国烹饪大师的指导，出版社的同志们亲临现场和我们一起工作，所以，这套丛书是集体、团队的心血结晶。在本卷出版之际，我向各位表示真诚的感谢！同时感谢您对我们的信任。您在使用本书的过程中，发现哪里有毛病，请您多给予指教。

让咱们一起为发扬光大中国大锅菜共同出力！

谢谢大家！

李建国